Hochschultext

Claus Buschmann · Karl Grumbach

Physiologie der Photosynthese

Mit 106 Abbildungen

Springer-Verlag
Berlin Heidelberg New York Tokyo 1985

Dr. CLAUS BUSCHMANN
Dr. KARL GRUMBACH

Botanisches Institut der Universität
Kaiserstraße 12
7500 Karlsruhe 1

ISBN 3-540-15145-1 Springer-Verlag Berlin Heidelberg New York Tokyo
ISBN 0-387-15145-1 Springer-Verlag New York Heidelberg Berlin Tokyo

Das Werk ist urheberrechtlich geschützt. Die dadurch begründeten Rechte, insbesondere die der Übersetzung, des Nachdrucks, der Entnahme von Abbildungen, der Funksendung, der Wiedergabe auf photomechanischem Wege und der Speicherung in Datenverarbeitungsanlagen bleiben, auch bei nur auszugsweiser Verwertung, vorbehalten.

Die Vergütungsansprüche des § 54, Abs. 2 UrhG werden durch die ‚Verwertungsgesellschaft Wort', München, wahrgenommen.

© by Springer-Verlag Berlin · Heidelberg 1985
Printed in Germany

Die Wiedergabe von Gebrauchsnamen, Handelsnamen, Warenbezeichnungen usw. in diesem Werk berechtigen auch ohne besondere Kennzeichnung nicht zu der Annahme, daß solche Namen im Sinne der Warenzeichen- und Markenschutz-Gesetzgebung als frei zu betrachten wären und daher von jedermann benutzt werden dürften.

Druck- und Bindearbeiten: Weihert-Druck GmbH, Darmstadt
2131/3130-543210

Vorwort

Die Photosynthese hat eine zentrale Bedeutung für das Leben auf der Erde. Der Einsatz moderner Analysentechniken brachte in der Photosynthese-Forschung viele neue Ergebnisse.

Das vorliegende Buch versucht, dem Leser einen Überblick über die einzelnen Teilaspekte der Photosynthese zu vermitteln. Hierzu wurde besonders auch die neueste englisch-sprachige Fachliteratur herangezogen.

Neben den biophysikalischen und biochemischen Grundlagen werden die physiologischen und ökologischen Aspekte der Photosynthese abgehandelt. Am Ende eines jeden Kapitels sind Originalarbeiten und zusammenfassende Darstellungen angegeben, die dem Interessenten ein vertieftes Studium der einzelnen Sachgebiete ermöglichen. Die einzelnen Kapitel werden durch Versuchsanleitungen (E) ergänzt. Hierdurch bietet sich dem Leser eine sinnvolle Verknüpfung zwischen Theorie und Praxis.

Karlsruhe, November 1984   Claus Buschmann   Karl Grumbach

Inhaltsverzeichnis

1. Stoffumwandlungen in biologischen Systemen	1
1.1. Einstellung eines dynamischen Gleichgewichtes	1
1.2. Energiebilanz biochemischer Reaktionen	1
1.3. Endergone und exergone Reaktionen	2
1.4. Enzyme - Katalysatoren biochemischer Reaktionen	3
2. Bedeutung der Photosynthese	5
2.1. Erdgeschichtliche Entwicklung	5
2.1.1. Chemische Evolution	5
2.1.2. Biologische Evolution	6
2.2. Grundaufbau eines Ökosystems	7
2.2.1. Stofffluß	7
2.2.2. Energiefluß	9
2.2.3. Einordnung der Photosynthese	11
2.3. Produktion von Biomasse	11
2.3.1. Natürliche Produktion	11
2.3.2. Der Einfluß des Menschen	12
3. Geschichte der Photosynthese-Forschung	14
3.1. Entdeckung der Photosynthese	14
3.2. Aufklärung von Einzelprozessen der Photosynthese	15
3.3. Nutzanwendung und Entwicklungsmöglichkeiten	17
4. Struktur und chemische Zusammensetzung photosynthetisch aktiver Organismen und Gewebe	18
4.1. Prokaryonten	18
4.1.1. Bakterien	19
4.1.2. Blaualgen	19
4.2. Eukaryonten	20
4.2.1. Organismusformen und ihre stammesgeschichtliche Entwicklung	20
4.2.2. Der Chloroplast	23
4.2.3. Rhodoplasten und Phäoplasten	27
E 1 Isolierung von Plastiden	28
E 2 Isolierung der Chloroplastenhüllmembran ("Envelope")	31
E 3 Bestimmung der Intaktheit von Chloroplastenpräparationen	32
E 4 Extraktion von Chloroplastenfarbstoffen und -chinonen	34
E 5 Chromatographische Auftrennung von Chloroplastenfarbstoffen und -chinonen	35
E 6 Quantitative Bestimmung der Chloroplastenfarbstoffe und -chinone	40

E 7 Elektrophoretische Auftrennung von Chlorophyll-Protein-Komplexen ... 44
E 8 Bestimmung des Cytochrom f-Gehaltes isolierter Chloroplasten ... 47
E 9 Bestimmung des P 700-Gehaltes isolierter Chloroplasten ... 49
E 10 Bestimmung des Gehaltes der PS II-Akzeptoren Q, B und Plastochinon ... 51

5. Mechanismus der Photosynthese ... 54
   5.1. Lichtabsorption ... 55
      5.1.1. Die Natur des Lichtes ... 55
      5.1.2. Absorption des Lichtes = Anregung von Farbstoffmolekülen ... 55
      5.1.3. Absorptionsspektren von Pflanzengeweben und Pflanzenextrakten ... 57
   5.2. Abgabe von Fluoreszenz und Wärme ... 62
      5.2.1. Übergang vom angeregten Zustand in den Grundzustand ... 62
      5.2.2. Arten der Fluoreszenz- und Wärmeabstrahlung ... 63
      5.2.3. Spektren der Fluoreszenz- und Wärmeabstrahlung ... 65
      5.2.4. Zusammenhang zwischen Photosynthese und der Abstrahlung von Fluoreszenz und Wärme ... 67
   5.3. Übertragung von Energie in den Antennensystemen ... 70
      5.3.1. Energieübertragung durch Exzitonentransfer ... 70
      5.3.2. Zusammensetzung und Funktion der Antennen ... 72
      5.3.3. Das "tri-partite"-Modell ... 74
      5.3.4. Regulation der Energieübertragung vom LHCP auf die Photosysteme I und II ... 75
   5.4. Elektronentransport ... 77
      5.4.1. Prinzip ... 77
      5.4.2. Komponenten ... 79
      5.4.3. Kinetik ... 87
      5.4.4. Räumliche Anordnung der Komponenten des Elektronentransportes in der Thylakoidmembran ... 87
   5.5. Photophosphorylierung ... 89
      5.5.1. Thermodynamische Grundlagen der ATP-Bildung ... 89
      5.5.2. Struktur der ATPase und Verlauf der ATP-Bildung ... 91
      5.5.3. Arten der Photophosphorylierung ... 92
      5.5.4. Regulation der ATP-Bildung ... 94
      5.5.5. Beispiele für die allgemeine Gültigkeit der chemiosmotischen Hypothese ... 95

E 11 Lichtabsorption von Blattfarbstoffen ... 97
E 12 Messung des Emissions- und des Anregungsspektrums der Chlorophyll-Fluoreszenz ... 98
E 13 Messung der Induktionskinetik der Chlorophyll-Fluoreszenz ("Kautsky-Effekt") ... 100
E 14 Messung der Sauerstoff-Entwicklung ... 103
E 15 Test der photosynthetischen Elektronentransportkette ("Hill-Reaktion") ... 105
E 16 Messung der NADP-Reduktion ... 110
E 17 Messung der Photophosphorylierung an isolierten Chloroplasten ... 111
E 18 Messung des Protonengradienten an isolierten Thylakoidmembranen ... 114

5.6. Reduktiver Pentosephosphat-Zyklus (Calvin-Zyklus)	115
5.6.1. Reaktionsablauf	115
5.6.2. Regulation	123
5.7. Vorgeschaltete CO_2-Fixierung bei C_4- und CAM-Pflanzen	125
5.7.1. C_4-Pflanzen	128
5.7.2. CAM-Pflanzen	130
5.7.3. Regulation der CO_2-Fixierung bei C_4- und CAM-Pflanzen	131
5.8. Photosynthese-Produkte, ihr Transport und ihre Speicherung	133
5.8.1. Transport	133
5.8.2. Speicherung	134
5.8.3. Steuerung des Transports und der Speicherung von Assimilaten	134
E 19 Messung der CO_2-Fixierung an intakten Pflanzen	136
E 20 Bestimmung des CO_2-Kompensationspunktes bei C_3- und C_4-Pflanzen	141
E 21 Stärke-Nachweis in Blättern	142
E 22 Chromatographische Auftrennung der photosynthetischen Primärprodukte	143
E 23 Bestimmung des Säuregehaltes einer CAM-Pflanze im Licht-Dunkel-Wechsel	144
6. Lichtatmung	146
6.1. Reaktionsablauf	147
6.2. Regulation der Lichtatmung und Wechselwirkung mit der Photosynthese	149
E 24 Messung der Lichtatmung bei höheren Pflanzen	150
7. Bakterien-Photosynthese	153
7.1. Lichtreaktion	155
7.2. Dunkelreaktion	155
8. Chemosynthese	157
8.1. Aerobe Chemosynthese	158
8.2. Anaerobe Chemosynthese	159
9. Entstehung der Photosynthese-Aktivität im Licht	161
9.1. Ablauf	161
9.1.1. Entwicklungsstadien der Plastiden	161
9.1.2. Biosynthese von Einzelkomponenten	163
9.1.3. Funktionelle Veränderung	175
9.2. Regulation	176
9.2.1. genetische Kontrolle	176
9.2.2. Einfluß von Phytohormonen	178
9.2.3. Einfluß von Umweltfaktoren	178
10. Photosynthese und natürliche Umweltfaktoren	181
10.1. Licht	181
10.1.1. Lichtintensität	181
10.1.2. Lichtqualität	183

10.2.	Temperatur	191
	10.2.1. Hitze	192
	10.2.2. Kälte und Frost	192
10.3.	Wasserangebot	193
10.4.	Mineralstoffangebot	194
10.5.	Gasstoffwechsel	196
	10.5.1. Abhängigkeit von der äußeren Gaskonzentration	196
	10.5.2. Eindringen von CO_2 in das Blatt	198
	10.5.3. Regulation der Stomataöffnungsweite	199

E 25 Messung der Lichtintensität und der Lichtqualität   201
E 26 Messung der Stomataöffnung   204

11. Photosynthese und anthropogene Faktoren   207
- 11.1. Herbizide   207
  - 11.1.1. Hemmstoffe des photosynthetischen Elektronentransportes   210
  - 11.1.2. Chlorose-induzierende Herbizide   211
- 11.2. Verunreinigungen der Luft   213
  - 11.2.1. Abgase   213
  - 11.2.2. Stäube und Aerosole   215
- 11.3. Verunreinigungen des Bodens   216
  - 11.3.1. Salz   216
  - 11.3.2. Schwermetalle   217
- 11.4. Ionisierende Strahlung   218

12. Biotechnische Ansätze zur Nutzung der Photosynthese   220
- 12.1. Produktion von Biomasse   220
  - 12.1.1. Gezielte Stoffproduktion   220
  - 12.1.2. Gewebe- und Zellkulturen   220
- 12.2. Produktion von Bioenergie   221
  - 12.2.1. Produktion von Wasserstoff   222
  - 12.2.2. Biomembranen   224

E 27 Anlegen einer Kalluskultur   226
E 28 Anlegen einer Submerskultur aus Kallusgewebe   228
E 29 Isolation von Protoplasten   228
E 30 Messung der Wasserstoff-Produktion bei Blaualgen   230

13. Photosynthese und Symbiose   231
- 13.1. Pflanzliche Symbiosegemeinschaften   231
  - 13.1.1. Flechten   231
  - 13.1.2. Mykorrhiza   231
  - 13.1.3. Stickstoff-bindende Bakterien und Blaualgen   232
- 13.2. Symbiose zwischen Tieren und Pflanzen   232
  - 13.2.1. Algen-Tier-Symbiose   232
  - 13.2.2. Chloroplasten-Schnecke-Symbiose   233
- 13.3. Die Pflanzenzelle als symbiontisches System   233

Fachbücher zum Thema Photosynthese   236

Sachregister   239

1. Stoffumwandlungen in biologischen Systemen

1.1. Einstellung eines dynamischen Gleichgewichtes

Beim Ablauf der Reaktion eines Stoffes A mit einem Stoff B zum Stoff AB stellt sich nach einer gewissen Zeit ein Konzentrationsgleichgewicht zwischen den Ausgangsstoffen A und B und dem Endprodukt AB ein. Im Gleichgewichtszustand werden die durch die Hinreaktion A + B → AB verbrauchten Stoffe durch die Rückreaktion AB → A + B ständig neu gebildet. Man spricht von einem "dynamischen Gleichgewicht". Nach dem Massenwirkungsgesetz gibt die Gleichgewichtskonstante Kc das Verhältnis der Konzentrationen der an der Reaktion beteiligten Komponenten im Gleichgewichtszustand wieder. Sie ist temperatur- und druckabhängig.

$$\frac{[AB]}{[A] \cdot [B]} = Kc$$

[AB] = Konzentration von AB in mol / l
[A] = Konzentration von A in mol / l
[B] = Konzentration von B in mol / l
Kc = Gleichgewichtskonstante

1.2. Energiebilanz biochemischer Reaktionen

In lebenden Zellen laufen ständig Auf- und Abbaureaktionen ab. Für den Ablauf von Aufbaureaktionen (Anabolismus, z.B. Photosynthese) wird Energie benötigt. Beim Ablauf von Abbaureaktionen (Katabolismus, z.B. Dunkelatmung) wird dagegen Energie frei.

Die in einem Stoff vorhandene freie Energie, die in Arbeit umgesetzt werden kann, nennt man Freie Enthalpie oder auch Gibbs Energie G. Die Größe der Freien Enthalpie der Reaktionskomponenten ist entscheidend für den Ablauf der Reaktion. Bei einer Reaktion, die Energie liefert, besitzt der Ausgangsstoff eine höhere Freie Enthalpie als das Endprodukt. Die Änderung der Freien Enthalpie G (ΔG = G(Endprodukt) - G(Ausgangsstoff)) bei einer solchen exergonen Reaktion ist negativ. Ist ΔG positiv, so handelt es sich um eine endergone Reaktion, für die zusätzliche Energie aufgenommen werden muß. Die Änderung der Freien Enthalpie im Verlauf einer Reaktion bestimmt auch die Lage des Reaktionsgleichgewichtes:

$$\Delta G = - R \cdot T \cdot \ln K_c$$

ΔG = Änderung der Freien Enthalpie G in J / mol =
   G(Endprodukt) - G(Ausgangsstoff)
R = Gaskonstante = 8,31 J / K / mol
T = absolute Temperatur in K
K_c = Gleichgewichtskonstante

Ist ΔG negativ, so ist die Gleichgewichtskonstante größer als 1. Dies bedeutet, daß die Konzentration des Endprodukts im Gleichgewichtszustand größer ist als das Produkt der Konzentrationen der Ausgangsstoffe. Das Gleichgewicht der Reaktion liegt dann auf der Seite des Endproduktes.

Beim Ablauf einer chemischen Reaktion ändert sich die im System enthaltene Energie, die Innere Enthalpie H. Diese Änderung der Inneren Enthalpie wird bestimmt durch die Änderung der Freien Enthalpie G, durch die Temperatur und durch die Änderung der Entropie S, die ein Maß für die innere Unordnung eines Systems darstellt. Für ein biologisches System gilt bei konstantem Druck und konstantem Volumen:

$$\Delta H = \Delta G + T \cdot \Delta S$$

ΔH = Änderung der Inneren Enthalpie H in J / mol =
   H(Endprodukt) - H(Ausgangsstoff)
ΔG = Änderung der Freien Enthalpie G in J / mol =
   G(Endprodukt) - G(Ausgangsstoff)
T = absolute Temperatur in K
ΔS = Änderung der Entropie S in J / mol

Für die Photosynthese-Reaktion ($6\ CO_2 + 12\ H_2O = C_6H_{12}O_6 + 6\ O_2 + 6\ H_2O$) gilt bei 27° C pro mol Glucose:

ΔH = + 2826 kJ; ΔG = + 2872 kJ; ΔS = - 155 J

Diese Zahlen zeigen, daß für den Ablauf der Photosynthese Energie aufgenommen werden muß, da die Gesamtreaktion endergon ist (positives ΔG). Die Ausgangsstoffe der Photosynthese Wasser und CO_2, sind weniger geordnet als das Endprodukt Glucose. Daher nimmt bei der Photosynthese-Reaktion der Grad der Unordnung des Systems, die Entropie, ab.

1.3. Endergone und exergone Reaktionen

Damit eine endergone Reaktion ablaufen kann, bedarf es einer exergonen Parallelreaktion, die Energie liefert. Der größte Teil der Energie, die für den Ablauf biochemischer Prozesse benötigt wird, stammt aus der Hydrolyse des "Energieäquivalents" Adenosin-5´-triphosphat (ATP; Abb. 1) zu Adenosin-5´-diphosphat (ADP) und anorganischem Phosphat (Pi):

$$H_2O + ATP \longrightarrow ADP + Pi \quad (\Delta G = - 31\ kJ / mol)$$

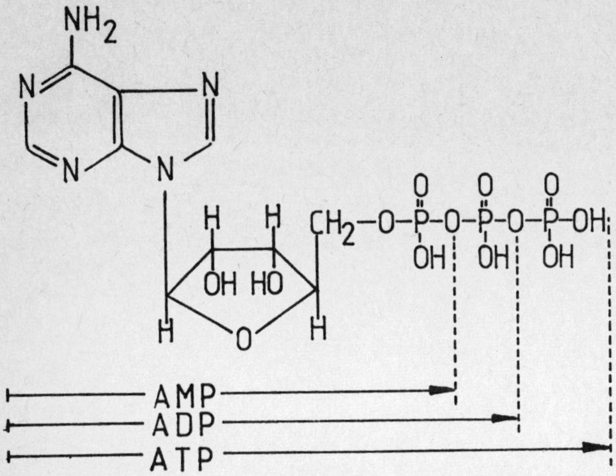

Abb. 1: Strukturformel von Adenosin-5´-triphosphat (ATP).

Im Verlauf der Photosynthese wird ATP gebildet. Die Energie zur Bildung von ATP stammt aus dem von der Pflanze absorbierten Licht (5.5.).

Typische Beispiele für exergone Reaktionen sind die Reduktions-Oxidations-Reaktionen (Redox-Reaktionen) der photosynthetischen Elektronentransportkette, bei denen jeweils Elektronen von einem Elektronendonator D auf einen Elektronenakzeptor A übertragen werden (5.4.1.). Die Fähigkeit einer Redoxsubstanz, Elektronen auf einen Redoxpartner abzugeben, wird durch ihr Redoxpotential E bestimmt. Elektronen werden immer nur dann abgegeben, wenn der Elektronenakzeptor ein höheres Redoxpotential als der Elektronendonator besitzt. Je stärker positiv die Redoxpotentialdifferenz ΔE (= E(Akzeptor) - E(Donator)) zweier Redoxpartner ist, um so negativer ist die Änderung der Freien Enthalpie, d.h. um so mehr exergon ist die Redoxreaktion:

$$-\Delta G = \Delta E \cdot n \cdot F$$

ΔG = Änderung der Freien Enthalpie G in J / mol =
 G(Endprodukt) - G(Ausgangsstoff)
ΔE = Redoxpotentialdifferenz in V =
 E(Elektronenakzeptor) - E(Elektronendonator)
n = Anzahl übertragener Elektronen
F = Faraday-Konstante = 96500 C pro Grammäquivalent Elektronen

1.4. Enzyme - Katalysatoren biochemischer Reaktionen

Ein negativer Wert für die Änderung der Freien Enthalpie (ΔG) garantiert nicht, daß eine Reaktion abläuft. Die Werte für die Freie Enthalpie eines Stoffes schwanken für die einzelnen Moleküle je nach ihrer kinetischen Energie. Die Moleküle reagieren im allgemeinen erst dann miteinander, wenn sie eine Freie Enthalpie besitzen, die höher liegt als die der meisten anderen Moleküle. Die Differenz zwischen dem Mittelwert von G für alle Moleküle und dem Wert von G für ein Molekül, das die Reaktion eingeht, nennt man Aktivierungsenergie.

Technische Katalysatoren, aber auch die an biochemischen Reaktionen beteiligten Enzyme, können die Aktivierungsenergie erniedrigen. Sie machen es möglich, daß mehr Moleküle die Schwelle der Aktivierungsenergie überschreiten und die Reaktion durchführen können. Dadurch wird die Umsetzung beschleunigt. Die Lage des Reaktionsgleichgewichtes bleibt jedoch unbeeinflußt.

Für manche enzymatisch katalysierte Reaktionen wird zusätzlich eine niedermolekulare Hilfssubstanz, ein Cofaktor, benötigt, der an der Reaktion beteiligt ist. Ein typisches Beispiel aus dem Bereich der Photosynthese ist das "Reduktionsäquivalent" $NADPH/H^+$, das z.B. im Calvin-Zyklus zur Reduktion von Phosphoglycerat benötigt wird.

Literatur zu 1:
- Kindl H und Wöber K (1975) Biochemie der Pflanzen. Springer, Berlin
- Morris JG (1976) Physikalische Chemie für Biologen. Verlag Chemie, Weinheim
- Wießner W (1975) Bioenergetik der Pflanzen. G Fischer, Stuttgart

2. Bedeutung der Photosynthese

2.1. Erdgeschichtliche Entwicklung

Nach heutigem Erkenntnisstand ist unser Milchstraßensystem 8 bis 16 Milliarden Jahre alt. Vor etwa 5 Milliarden Jahren sollen unser Sonnensystem und vor 4,6 Milliarden Jahren die einzelnen Planeten enstanden sein. Die meisten Wissenschaftler nehmen heute an, daß der Entwicklung von Lebewesen, der biologischen Evolution, eine chemische Evolution vorausgegangen ist, bei der, ausgehend von chemischen Reaktionen der Uratmosphäre, immer komplexere organische Verbindungen entstanden sind.

2.1.1. Chemische Evolution

Wie man heute annimmt, entstand die Erde gleichzeitig mit den anderen Planeten unseres Sonnensystems vor etwa 4,6 Milliarden Jahren aus einer heißen Wolke von Gas, Staubteilchen und Sternentrümmern. Die Planeten wurden dann zu festen Körpern und kühlten aus. Gase, die aus dem Erdinneren hervordrangen, bildeten die Sauerstoff-freie, reduzierende Uratmosphäre der Erde (Tab. 1).

Tab. 1: Die wichtigsten gasförmigen Komponenten der Erdatmosphäre vor ca. 4 Milliarden Jahren und heute

reduzierende Atmosphäre vor ca. 4 Milliarden Jahren	oxidierende Atmosphäre heute
Wasserstoff	Stickstoff
Methan	Sauerstoff
Kohlenmonoxid	Wasserdampf
Ammoniak	Argon und andere Edelgase
Stickstoff	Kohlendioxid
Schwefelwasserstoff	
Cyanwasserstoff	
Wasserdampf	

Durch Einwirkung von elektrischen Entladungen, ionisierenden und UV-Strahlen sowie hohen Temperaturen sollen aus diesen Gasen zunächst einfache, später komplexere organische Verbindungen, wie z.B. Aminosäuren, enstanden sein (Tab. 2). Diesen Prozeß konnten S. Miller und H. Urey 1954 in einem Modellsystem im Labor simulieren.

Durch Konzentrierung in flüssigem Medium oder durch Energieaufnahme bildeten sich dann aus kleineren Molekülen langkettige Makromoleküle. Aus Aminosäuren entstanden die für den Stoffwechsel, das Wachstum und die Struktur der Lebewesen wichtigen Proteine und aus Ribose, Phosphat und Purin- oder Pyrimidinbasen die für die Vermehrung wichtigen Nukleinsäuren.

Danach sollen die Orte der Chemosynthese der einzelnen Substanzen gegenüber dem übrigen Medium abgegrenzt worden sein. Diese Entwicklung vollzog sich vermutlich über die Bildung von Koazervaten, 1 bis 500 μm kleinen Tröpfchen, die sich aus wäßrigen Lösungen von Makromolekülen spontan bilden. Weniger klare Vorstellungen gibt es von der folgenden Entwicklung des genetischen Apparates für die selbständige Vermehrung der Organismen.

Tab. 2: Die Vorstellung vom Ablauf der chemischen Evolution

1. Bildung von Gasen der Uratmosphäre	H_2, CH_4, CO, NH_3, N_2, H_2S, HCN, H_2O
2. Chemische Reaktion zwischen den Gasen der Uratmosphäre durch elektrische Entladungen, ionisierende und ultraviolette Strahlung und thermische Energie	Ethan, Ethylen, Acetylen, Formaldehyd
3. Chemische Synthese einfacher organischer Moleküle	Acetaldehyd, Ameisensäure, Essigsäure, Propionsäure, Bernsteinsäure, Milchsäure, ß-Hydroxybuttersäure, Aminosäuren
4. Chemische Synthese komplexerer organischer Moleküle durch Konzentrierung oder Energieaufnahme	Purine, Pyrimidine, Porphyrine, Isoprenoide, Kohlenhydrate, Proteine, Ribonukleinsäuren
5. Räumliche Isolierung der Chemosynthese organischer Moleküle	Koazervate aus organischen Molekülen
6. Entstehung erster Lebensformen	sich selbst vermehrende Organismen

2.1.2. Biologische Evolution

Die treibende Kraft der Entwicklung der Lebewesen, der biologischen Evolution, ist nach Darwin der Vorteil, der die Überlebens- und Vermehrungschancen eines Organismus erhöht.

Die ersten Lebewesen vor 3,5 Milliarden Jahren waren vermutlich Bakterien-ähnliche Organismen, die von organischer Materie, also heterotroph, lebten. Vor 3 Milliarden Jahren sollen dann die ersten photosynthetisch aktiven Bakterien aufgetreten sein, die anaerob lebten und erstmals unabhängig von der Zulieferung organischer Materie, d.h. photoautotroph, waren. Kohlenhydrate wurden bei Belichtung durch Reduktion von CO_2 mit Schwefelwasserstoff gebildet:

$$12\ H_2S + 6\ CO_2 \xrightarrow{(Licht)} C_6H_{12}O_6 + 12\ S + 6\ H_2O$$

Erst später bildete sich die photosynthetische Wasserspaltung aus:

$$12\ H_2O + 6\ CO_2 \xrightarrow{(Licht)} C_6H_{12}O_6 + 6\ O_2 + 6\ H_2O$$

Dieser Photosynthese-Prozeß, bei dem anstelle von Schwefel Sauerstoff-Gas freigesetzt wird, findet sich heute in allen Pflanzen. Er führte zur Bildung der oxidierenden Sauerstoff-haltigen Atmosphäre (Tab. 1), die wir heute besitzen. Außerdem bildete sich aus den Sauerstoff-Molekülen der oberen Atmosphäre der Ozongürtel aus, der die Erde auch heute vor intensiver UV-Strahlung schützt. Damit wurde die Entstehung und Erhaltung von Leben auf der Erde begünstigt.

Aus Bakterien und Blaualgen, den Prokaryonten, entwickelten sich vor ca. 1,4 Milliarden Jahren die einzelligen Eukaryonten, die einen echten Zellkern und abgegrenzte Zellorganellen, wie z.B. Mitochondrien und Chloroplasten besitzen. Aus einzelligen Organismen bildeten sich dann - getrennt für Tiere und Pflanzen - vor ca. 0,8 Milliarden Jahren die Vielzeller, die aus einem Gewebe bestehen, dessen einzelne Zellen stark abweichende Funktionen besitzen und dadurch voneinander abhängig sind.

Literatur zu 2.1:
- Möhn E (1984) System und Phylogenie der Lebewesen. E Schweizerbart'sche Verlagsbuchhandlung, Stuttgart (Physikalische, chemische und biologische Evolution, Band 1)
- Spektrum der Wissenschaft (1982) Evolution. Spektrum der Wissenschaften, Heidelberg

2.2. Grundaufbau eines Ökosystems

Unter einem Ökosystem versteht man einen Lebensraum (Biotop) mit all seinen Tieren und Pflanzen und seinen örtlichen Gegebenheiten wie Klima, Boden, Wasser, Luft und Licht. Seine Größe ist nicht genau festgelegt. Ein Ökosystem kann einen Tümpel, eine Wiese, einen Wald, einen See oder sogar einen Ozean umfassen. Durch wechselseitige Beeinflussung im Sinne eines Regelkreisprinzips stellen sich in einem ungestörten System selbständig dynamische Gleichgewichte ein, z.B. zwischen Licht-, Wasser- und Nährstoffangebot und der Anzahl der Organismen bzw. der Tier- und Pflanzenarten.

2.2.1. Stofffluß

Kohlendioxid, Sauerstoff und Wasser befinden sich in jeweils voneinander getrennten Kreisläufen des Ökosystems.

2.2.1.1. Der Kohlendioxid-Kreislauf

Kohlendioxid (CO_2) ist heute mit jahreszeitlichen Schwankungen in der Atmosphäre zu etwa 0,033 Volumen-% vorhanden. Vor hundert Jahren waren es etwa 0,028 Volumen-%. In letzter Zeit nimmt die CO_2-Konzentration um 0,0001 Volumen-% pro Jahr zu. Zwischen der CO_2-Konzentration in der Luft, im Boden und im Wasser besteht ein Gleichgewicht. Der CO_2-Gehalt der Luft wird wesentlich durch den CO_2-Gehalt der Meere reguliert.

CO_2 gelangt durch Atmungsprozesse von Tieren und Pflanzen und durch Verwesung organischer Materie in die Atmosphäre (Abb. 2). Pflanzen

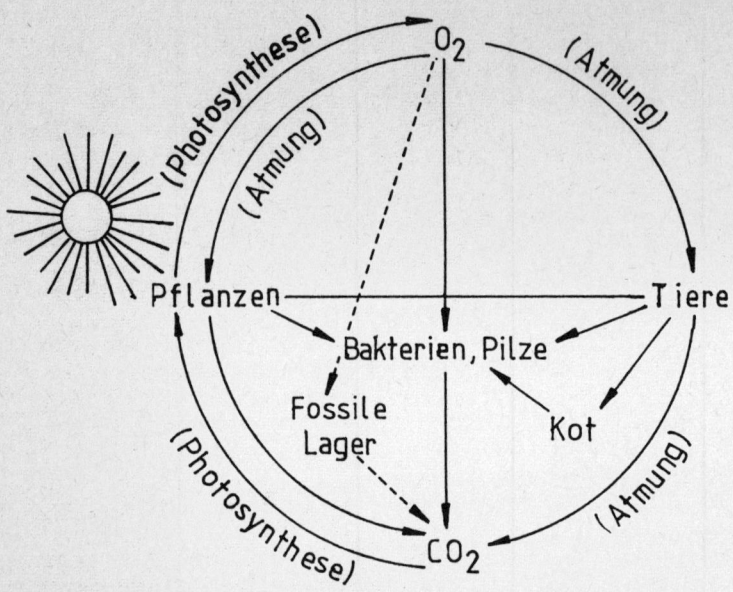

Abb. 2: Stofffluß von Kohlendioxid und Sauerstoff in einem Ökosystem.

verbrauchen CO_2 bei der Photosynthese. Verbrennungsprozesse in der Industrie, im Straßenverkehr und in den Haushalten, aber auch die Vernichtung photosynthetisch aktiver Organismen, wie z.B. beim Abholzen von Wäldern und bei der Verschmutzung von Seen und Meeren, führen zum Anstieg der CO_2-Konzentration in der Atmosphäre. Innerhalb von 20 Jahren wird das gesamte CO_2 der Atmosphäre über die Photosynthese und über Verbrennungsprozesse ausgetauscht.

2.2.1.2. Der Sauerstoff-Kreislauf

Sauerstoff (O_2) macht etwa 21 Volumen-% der Luft aus. Der Gehalt von O_2 in der Atmosphäre hat sich in jüngster Zeit nicht meßbar verändert. O_2 steht wie CO_2 in einem Konzentrationsgleichgewicht mit dem Boden, der Atmosphäre und dem Wasser. Es wird bei der Atmung von Tieren und Pflanzen aber auch bei Verbrennungsvorgängen in der Industrie, im Straßenverkehr und in den Haushalten verbraucht (Abb. 2). Bei der Photosynthese setzen die Pflanzen Sauerstoff frei. Innerhalb von 13000 Jahren wird der gesamte Sauerstoff der Atmosphäre ausgetauscht.

Eine sehr reaktive Form des Sauerstoffs ist das Ozon (O_3). Durch kurzwellige UV-Strahlung werden aus O_2- oder NO_2-Molekülen O-Atome freigesetzt, die dann mit O_2 zu O_3 reagieren. In der Stratosphäre, etwa 25 km über dem Meeresspiegel, bildet sich ein Ozongürtel, der UV-Strahlung <290 nm von der Erdoberfläche zurückhält und somit das Leben auf der Erde vor Strahlungsschäden schützt.

2.2.1.3. Der Wasser-Kreislauf

Wasser bedeckt über 70% der Erdoberfläche. Durch Niederschläge und Verdunstung wird ein ständiger Kreislauf aufrecht erhalten (Abb. 3).

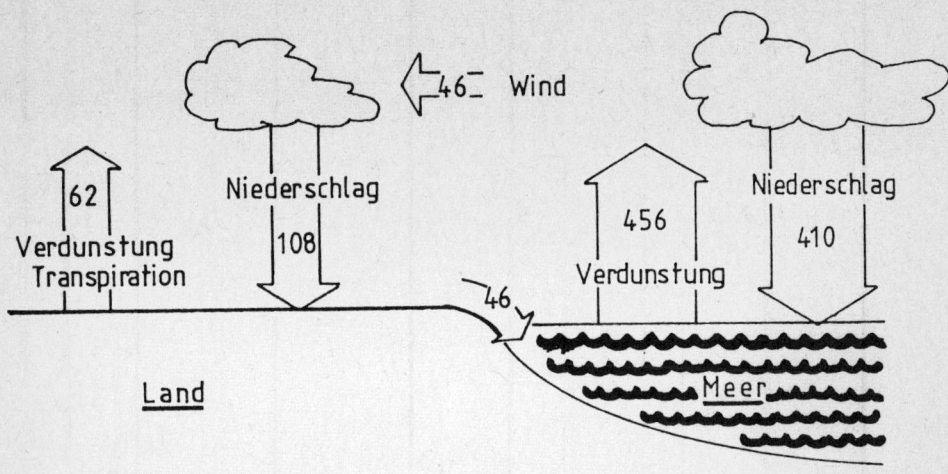

Abb. 3: Kreislauf des Wassers auf der Erde (Austauschraten in 1000 km³ pro Jahr; nach Ehrlich et al. 1977).

In unseren Breiten steigert die Vegetation die Verdunstung um bis zu 70%. Dies hat seine Ursache nicht nur in der Vergrößerung der Verdunstungsfläche, sondern auch in der Wasserabgabe der Pflanzen über die Spaltöffnungen, die die Nährstoffaufnahme aus dem Boden und den Transport der Photosynthese-Produkte in der Pflanze bewirkt. Die Gesamtmenge des Wassers unserer Erde (Boden und Atmosphäre) bleibt mit $1,38 \cdot 10^{18}$ m³ in etwa konstant. Für die Gesamtbilanz des Wasserkreislaufes ist der Verbrauch von Wasser bei der Photosynthese der Pflanzen oder seine Bildung bei Verbrennungsprozessen nur von untergeordneter Bedeutung. Für den Umsatz des gesamten auf der Erde vorhandenen Wassers werden 6 Millionen Jahre angenommen.

2.2.2. Energiefluß

Im Gegensatz zu CO_2, O_2 und Wasser wird Energie dem Ökosystem ständig zugeführt. Als Energiequelle dient das Sonnenlicht. Die Bestrahlungsstärke der Sonne auf der Erdoberfläche müßte 0,137 J / cm² / s (= Solarkonstante) betragen, wenn die Erdatmosphäre für alle Strahlung durchlässig wäre. Ca. 40% des eingestrahlten Sonnenlichtes werden jedoch in der Atmosphäre absorbiert oder gestreut, so daß nur etwa 60% der Strahlung den Erdboden erreichen. Die photosynthetisch nutzbare Sonnenenergie ist innerhalb eines Ökosystems im Verlauf eines Jahres, einer Jahreszeit oder auch eines Tages starken Schwankungen unterworfen. Nur maximal 5-6% der absorbierten Lichtenergie werden von der Pflanze für die Photosynthese genutzt (Tab. 3).

Diese in der Photosynthese biochemisch fixierte Energie wird über die Nahrungskette Pflanze - Tier innerhalb des Ökosystems weitergegeben. Von der Sonne als Energiequelle gelangt die Energie zunächst zur Pflanze, dem Produzenten, dann zu den Pflanzenfressern, den Konsumenten 1. Ordnung, und schließlich zu den Fleischfressern, den Konsumen-

Tab. 3: Energieverlust zwischen Sonnenlicht-Einstrahlung auf der Erde und Photosynthese der Pflanze unter optimalen Bedingungen (nach Hall 1976)

	verfügbare Lichtenergie
- Erdoberfläche	100,0%
- 50% der Lichtenergie an der Erdoberfläche ist photosynthetisch nicht nutzbar (< 400 nm, > 700 nm)	50,0%
- 20% der Lichtenergie, die auf eine Pflanze trifft, wird reflektiert oder dringt durch das Gewebe	40,0%
- 77% der absorbierten Lichtenergie geht verloren, da zehn 680 nm-Quanten zur Fixierung von 1 CO_2 benötigt werden und da das Energiemaximum des Sonnenlichtes bei 575 nm liegt	9,2%
- 40% Energieverlust durch Atmung	5,5%

ten 2. Ordnung. Physiologische Vorgänge wie Wachstum, Atmung und Photosynthese sowie Bewegung und Verdauung setzen Energie aus den Organismen frei, die im allgemeinen nicht weiter genutzt wird. Ebenso ungenutzt bleibt die abgegebene Energie beim Abbau von Tierkot und bei der Verwesung von Tieren und Pflanzen (Abb. 4).

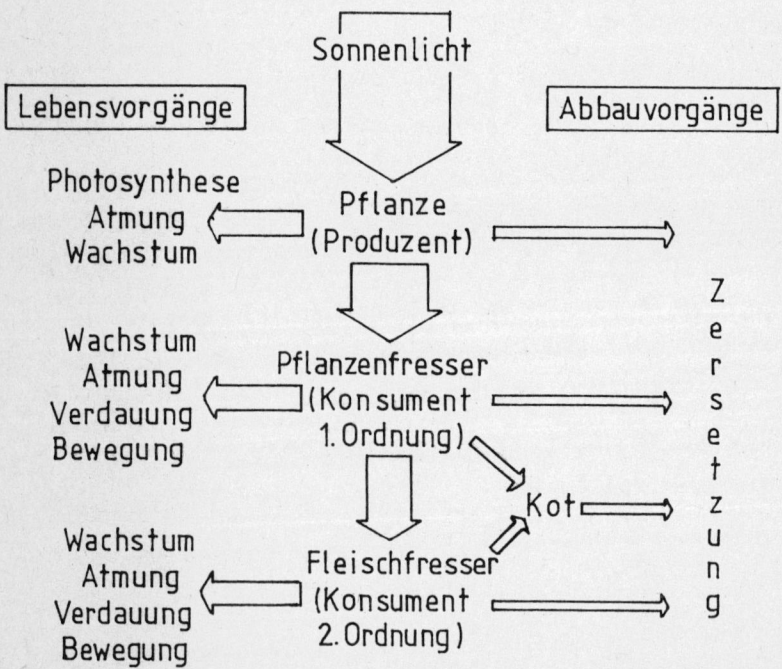

Abb. 4: Energiefluß in einem Ökosystem.

2.2.3. Einordnung der Photosynthese

Die Photosynthese hat für die Erhaltung eines Ökosystems eine zentrale Bedeutung. Sie steht nicht nur im Mittelpunkt der Kreisläufe von CO_2 und O_2, sondern ist auch Ausgangspunkt für den Energiefluß auf der Erde. Der größte Teil der heute zugänglichen Energie stammt aus der Verbrennung von Holz, Kohle, Öl und Erdgas, die ursprünglich aus Photosynthese-Prozessen entstanden sind. Da ein großer Teil der durch die Zivilisation geschaffenen Klimaveränderungen nur durch die Photosynthese wieder ausgeglichen werden kann, könnte eine verstärkte Berücksichtigung der die Photosynthese fördernden Faktoren zur Gesundung der Umwelt beitragen.

Literatur zu 2.2.:
- Cambell R (1980) Mikrobielle Ökologie. Verlag Chemie, Weinheim
- Ehrlich PR, Ehrlich AH, Holdren JP (1977) Ecoscience. WH Freeman, San Francisco
- Heyn, E (1981) Wasser - Ein Problem unserer Zeit. Diesterweg, Frankfurt
- Odum EP (1983) Grundlagen der Ökologie. Thieme, Stuttgart
- Steubing L, Schwantes HO (1981) Ökologische Botanik. Quelle & Meyer, Heidelberg
- Streit B (1980) Ökologie. Thieme, Stuttgart
- Tschumi PA (1981) Umweltbiologie - Ökologie und Umweltkrise. Diesterweg, Frankfurt

2.3. Produktion von Biomasse

2.3.1. Natürliche Produktion

Die Produktion der gesamten Biomasse geht auf die Photosynthese zurück. Sie gewährleistet das Wachstum der Pflanzen und liefert Nahrung für die Tiere (2.2.2.). 99% der Biomasse ($1,87 \cdot 10^{12}$ t Trockenmasse) auf der Erde bestehen aus Pflanzen. Die jährliche Weltproduktion von photosynthetisch gebundenem Kohlenstoff wird auf $75 \cdot 10^9$ t geschätzt. Etwa ein Drittel der pflanzlichen Biomasse wird im Meer gebildet. Die Produktivität der einzelnen Pflanzen hängt stark vom jeweiligen Standort ab (Tab. 4).

Tab 4: Biomasseproduktion am natürlichen Standort (nach Streit 1980)

	g Trockengewicht / m^2 / Jahr
Erde insgesamt	ca. 300 - 360
Meere insgesamt	im Durchschnitt ca. 150 (32% der Erdproduktion)
- offener Ozean	2 - 400
- Kontinentalsockel	200 - 600
- Auftriebsgebiete	400 - 1000
- Flußmündungen	200 - 3500
- Korallenriffe	500 - 4000

(Fortsetzung Tab. 4)

Land insgesamt	im Durchschnitt ca. 770 (64% der Erdproduktion)
- Gletscher und Wüsten	0 - 10
- Halbwüsten	10 - 250
- Tundra	10 - 400
- kaltgemäßigter Nadelwald und warmgemäßigtes Grasland	200 - 1500
- Hartlaubwald, Trockenbüsche und Waldsteppe	250 - 1500
- tropisches Grasland	200 - 2000
- sommergrüner gemäßigter Laubmischwald	400 - 2500
- warmtemperierter Mischwald	600 - 2500
- regengrüner Monsunwald	600 - 3500
- tropischer Regenwald	1000 - 3500
Flüsse, Seen und Sümpfe	im Durchschnitt ca. 250 (2,9% der Erdproduktion)
- Flüsse und Seen	2 - 5000
- Sümpfe und Marschen	800 - 3500

2.3.2. Der Einfluß des Menschen

Der Mensch beeinflußt die Produktion von Biomasse durch die Land- und Forstwirtschaft. Seit etwa 10000 v. Chr. werden Pflanzen kultiviert. Von Vorderasien kam die Landwirtschaft um 4500 v. Chr. nach Mitteleuropa. Die Geschichte des Ackerbaus ist bestimmt durch das Streben nach Ertragssteigerung. Die vergleichsweise geringe Energieausbeute der Pflanze (Tab. 3), die relativ großen Anbauflächen und die langen Wachstumszeiten erklären, warum die Photosynthese nur einen begrenzten Beitrag zur Lösung der Energie- und Ernährungsprobleme der Welt leisten kann. Zur Zeit werden etwa 3% der Erdoberfläche landwirtschaftlich genutzt. Als Nutzpflanzen wird nur eine beschränkte Anzahl von Pflanzenarten angebaut (Tab. 5).

Tab. 5: Hauptsächlich angebaute Nutzpflanzen

- Stärke-reiche Pflanzen:	
. Hordeum vulgare	(Gerste)
. Avena sativa	(Hafer)
. Solanum tuberosum	(Kartoffel)
. Zea mays	(Mais)
. Oryza sativa	(Reis)
. Secale cereale	(Roggen)
. Triticm sativum	(Weizen)
- Zucker-reiche Pflanzen:	
. Saccharum officinarum	(Zuckerrohr)
. Beta vulgaris	(Zuckerrübe)
- Fettsäuren-reiche Pflanzen:	
. Brassica napus	(Raps)
. Helianthus annuus	(Sonnenblume)
- Protein-reiche Pflanzen:	
. Glycine max	(Soja)

Pro Jahr werden 1,4 Milliarden Tonnen Trockensubstanz an pflanzlichen Nahrungsmitteln erzeugt. Eine hohe Photosyntheserate muß nicht unbedingt einen hohen Biomasseertrag garantieren. Speicher- und Abbauprozesse, sowie eine Reihe von Umweltfaktoren (Krankheiten, Nährstoffe, Wasser, Temperatur) bestimmen ebenso den Ernteertrag. Die Produktion der einzelnen Kulturen variiert stark (Tab. 6). Mit Algenkulturen können die höchsten Biomasseerträge erzielt werden. Von den höheren Pflanzen sind die C_4-Pflanzen am ertragreichsten.

Tab. 6: Durchschnittliche Biomasseproduktivität verschiedener Pflanzenkulturen in t / ha / Jahr

1. Algen	
Chlorophyceae (Grünalgen), Israel	92
Tetraselmis (Grünalge), Italien	62
Gracilaria (Rotalge), USA	62
Scenedesmus (Grünalge), Italien	55
2. C_4-Pflanzen	
Saccharum officinarum (Zuckerrohr), Hawai	67
Zea mays (Mais), USA	26
3. C_3-Pflanzen	
Beta vulgaris (Zuckerrübe), Niederlande	22
Glycine max (Sojabohne), Japan	9
Triticum (Weizen), BRDeutschland	4,5

Zur Erhöhung der Ernteerträge werden große Anstrengungen unternommen:
- Düngung, Bewässerung und Lockerung des Bodens
- Bekämpfung von Schädlingen wie Unkräutern, Insekten und Pilzen
- Züchtung spezieller Sorten mit besonders großen Früchten oder guten Resistenzeigenschaften
- Beeinflussung klimatischer Faktoren wie die Regelung der Lichtintensität, der Luftfeuchtigkeit und des CO_2-Gehaltes der Luft in Gewächshäusern

Neben der Landwirtschaft kommt heute der Forstwirtschaft wachsende Bedeutung zu, obwohl der Anteil der von Wald bedeckten Erde gerade in letzter Zeit stark abnimmt. Während der Wald in früheren Jahrhunderten auch als Ernährungsfläche, als Viehweide und zur Bienenzucht diente, wird er heute hauptsächlich als Holzlieferant genutzt. Heute erkennt man den Nutzen des Waldes als Stabilisator des Klimas, als Wasserreservoir und als Erholungsraum.

Literatur zu 2.3.:
- Böger P (1975) Photosynthese in globaler Sicht. Naturwissenschaftliche Rundschau, 28: 429-435
- Ehrlich PR, Ehrlich AH, Holdren JP (1977) Ecoscience. WH Freeman, San Francisco
- Holzner W, Werger MJA, Ikusima (1983) Man's impact on vegetation. Dr W Junk Publ, Den Haag
- Odum EP (1983) Grundlagen der Ökologie. Thieme, Stuttgart
- Streit B (1980) Ökologie. Thieme, Stuttgart

3. Geschichte der Photosynthese-Forschung

3.1. Entdeckung der Photosynthese

Die Untersuchungen von John Priestley im Jahre 1771 werden als eigentlicher Beginn der Photosynthese-Forschung angesehen. Nur allmählich wurden Licht, CO_2 und Wasser als wesentliche Faktoren für die Photosynthese erkannt. Bis zum Ende des 19. Jahrhunderts waren die Kenntnisse über die Photosynthese noch recht unvollständig und auf einzelne Details beschränkt.

um 10000 v. Chr.	Erster systematischer Pflanzenanbau von wildwachsendem Getreide in Vorderasien.
4.Jahrh. v. Chr.	Aristoteles: Das Wachstum der Pflanze ist ausschließlich auf Bodennährstoffe zurückzuführen.
1648	van Helmont: Die Substanz eines Baumes wird aus dem Wasser und nicht aus dem Boden gebildet.
1650	M. Malpighi: Erste Beschreibung von Spaltöffnungen.
1727	S. Hales: Licht und Luft sind Nährstoffquellen für die Blätter.
1771	J. Priestley: Mäuse überleben in einem luftdicht abgeschlossenen Glasbehälter, wenn Pflanzen die verbrauchte Luft reinigen.
1779	J. Ingen-Housz: Sonnenlicht und grüner Pflanzenfarbstoff sind unbedingt nötig für den Gasaustausch.
1782	J. Senebier: CO_2-Verbrauch der Pflanze im Licht, rote Strahlung ist besonders effektiv.
1804	T. de Saussure: Wasser wird zur Assimilation benötigt. Das Verhältnis aufgenommenes CO_2 zu abgegebenem O_2 ist gleich 1.
1815	B. Heyne: Bryophyllum-Blätter schmecken nachts saurer als am Tag (1. Hinweis auf CAM-Stoffwechsel).
1818	F. Pelletier, J.B. Caventou: Benennung des grünen Pflanzenfarbstoffs als Chlorophyll.
1836	C. Daubeny: Photosynthese ist abhängig von der Lichtintensität und von der Lichtfarbe.
1837	H. von Mohl: Erste mikroskopische Beschreibung eines Chloroplasten mit Stärkekörnern.
1838	I. Berzelius: Erster Chlorophyll-Extrakt.
1842	J.R. Mayer: Pflanzen speichern Sonnenenergie als chemische Energie.
1843	J. von Liebig: Organische Säuren sind Zwischenglieder zwischen CO_2 und Zuckern.
1860	G.G. Stokes: Auftrennung von 2 grünen und 2 gelben Pflanzenfarbstoffen.

1862	J. Sachs: Nachweis der Stärke als Produkt der Photosynthese.
1868	J.B. Boussingault: CO_2 gelangt über die Spaltöffnungen in das Blatt.
1873	H.C. Sorby: Absorptionsspektren von Chlorophyll a und b, sowie von 6 Xanthophyllen.
1882	T.W. Engelmann: Erstes Wirkungsspektrum der Photosynthese.
1883	A.W. Schimper: "Chloroplast", "Plastiden", erste Erwähnung der Endosymbionten-Hypothese.
	A. Meyer: Entdeckung und Benennung der "Grana".
1884	G. Bonnier, L. Mangin: Die Atmung läuft auch im Licht ab.

3.2. Aufklärung von Einzelprozessen der Photosynthese

Wie die folgende Aufstellung zeigt, wurden erst mit Beginn des 20. Jahrhunderts durch den Einsatz verfeinerter Techniken und Analysenmethoden wesentliche Teilaspekte der Photosynthese aufgeklärt.

1905	R. Willstätter, A. Stoll: Summenformel des Chlorophylls, Chemie des Chlorophyllabbaus (Nobelpreis für Chemie 1915).
1906	M. Tswett: Erste säulenchromatographische Trennung von Chlorophyllen.
1914	V.S. Iljin: Erkennung der Zusammenhänge zwischen Stomatabewegung und Stärkebildung.
1918	R. Willstätter, A. Stoll: Photosynthesequotient $CO_2/O_2 = 1$.
1922	O. Warburg, E. Negelein: Verfeinertes Wirkungsspektrum der Photosynthese.
1931	C.B. van Niel: Untersuchungen der Photosynthese bei Bakterien, Erkennung der Beteiligung von Photochemie an der Photosynthese.
	H. Kautsky, A. Hirsch: Induktionskinetik der Chlorophyll-Fluoreszenz an photosynthetisch aktiven Blättern ("Kautsky-Effekt"), Hypothese vom Zusammenwirken zweier Lichtreaktionen.
1937	V.M. Albers, H.V. Knorr: Erste Erkenntnisse über Chlorophylle in vivo.
1939	R. Hill: Messung der O_2-Entwicklung an isolierten Chloroplasten nach Zugabe eines Elektronenakzeptors ("Hill-Reaktion").
1940	G.A. Kausche, H. Ruska: Erste elektronenmikroskopische Aufnahme eines Chloroplasten.
	S. Ruben, A.P. Vinogradow: Der Sauerstoff der Photosynthese stammt aus dem Wasser (Versuche mit $H_2^{18}O$).
1941	E.L. Smith, E.G. Pickels: Chlorophyll in vivo an Proteine gebunden.
1944	R. Emerson: Photosynthese führt zur Bildung energiereichen Phosphates.
1946	M. Kofler: Entdeckung des Plastochinons.

1947	S.G. Wildman, J. Bonner: RubP-Carboxylase erstmals isoliert.
1951	R. Hill: Entdeckung von Cytochrom f und Cytochrom b. A.H. Mehler: O_2 kann als Elektronenakzeptor dienen ("Mehler-Reaktion"). B.L. Strehler, W.A. Arnold: Entdeckung der verzögerten Fluoreszenz.
1954	D.I. Arnon, M.B. Allen, F.R. Whatley: Der Chloroplast ist der Ort der CO_2-Fixierung und der Photophosphorylierung.
1956	M. Calvin, J.A. Bassham, A.A. Benson: Aufklärung der photosynthetischen CO_2-Fixierung (Reduktiver Pentosephosphat-Zyklus) (M. Calvin Nobelpreis für Chemie 1961). M.L. Stephenson, K.V. Thimann, P.C. Zamecnik: Proteinsynthese in Chloroplasten.
1957	R. Emerson: Nachweis von 2 Photosystemen ("Emerson-Enhancement"). B. Kok: Nachweis von P 700 (Reaktionszentrumschlorophyll von Photosystem I).
1959	D.I. Arnon: Nachweis der nicht-zyklischen und der zyklischen Photophosphorylierung.
1960	R. Hill, F. Bendall: Einordnung der einzelnen Redoxsubstanzen in den photosynthetischen Elektronentransport ("Z"- oder "Zickzack"-Schema). M. Strell, R.B. Woodward: Totalsynthese des Chlorophylls. M. Thomas, J. Wolf: Aufklärung der CO_2-Fixierung bei Crassulaceen ("Diurnaler Säurerhythmus" = CAM-Stoffwechsel). S. Katoh: Entdeckung des Plastocyanins.
1961	W. Menke: Bezeichnung der Photosynthesemembran als "Thylakoid". P. Mitchell: Chemiosmotische Hypothese der Phosphorylierung (Nobelpreis für Chemie 1978). M. Avron: Nachweis der ATPase in Chloroplasten.
1962	I.K. Tagawa, D.I. Arnon, L.E. Mortenson: Entdeckung des Ferredoxins.
1963	R. Sager, M. Ishida, J.T.O. Kirk: Isolation von Chloroplasten-DNA.
1966	M.D. Hatch, C.R. Slack: Aufklärung der CO_2-Fixierung bei C_4-Pflanzen (C_4-Dicarbonsäure-Zyklus).
1968	G. Döring, H.H. Stiehl, H.T. Witt: Nachweis von P 680 als Reaktionszentrumschlorophyll von Photosystem II.
1971	N.E. Tolbert: Aufklärung der Lichtatmung (Photorespiration). H.T. Witt: Entdeckung der Ladungstrennung an der Thylakoidmembran, elektrochemisches Potential als treibende Kraft der Photophosphorylierung.
1972	W. Butler: Aufklärung der Funktion des Quenchers Q. N. Nelson, J. Neumann: Isolation des Cytochrom b-6/f-Komplexes.
1975	J.P. Thornber: Isolation des "light harvesting"-Chlorophyll a/b-Protein-Komplexes.

1978   W. Butler: Entwicklung des "tri-partite"-Modells zur
            Erklärung der Energieübertragungsprozesse in der An-
            tenne.

3.3. Nutzanwendung und Entwicklungsmöglichkeiten

Heute können immer mehr Erkenntnisse über die Photosynthese in die
Praxis umgesetzt werden. Die Bedeutung des Sonnenlichtes, des CO_2-
Angebots und einer Vielzahl von klimatischen und ernährungsphysiologi-
schen Faktoren werden bereits in der Land- und Forstwirtschaft berücksichtigt. Für die Zukunft gibt es jedoch noch viele Entwicklungsmöglichkeiten:

- Auswahl geeigneter Pflanzen und Standorte nach Kriterien der Photosynthese
- Einsatz von zusätzlicher Beleuchtung und Begasung
- Untersuchung von "source - sink"-Beziehungen (5.8.3.) und des Phyto-
  hormongleichgewichtes der photosynthetisch aktiven Pflanze
- Auslese und Züchtung neuer Pflanzensorten nach Kriterien der Photosynthese
- gezielte Veränderung der genetischen Substanz
- Aufbau synthetischer Photosynthesereaktionen (Bioreaktoren)

Durch diese Möglichkeiten können folgende Ziele erreicht werden:

- Erhöhung der Produktion von Biomasse
- Gewinnung von Bioenergie
- Erzeugung von hochwertigen Naturstoffen
- Optimierung der Photosynthese bestimmter Pflanzenarten durch :
    . Ausschaltung der Lichtatmung (wie bei C_4-Pflanzen)
    . Zusätzliche CO_2-Aufnahme während der Nacht (wie bei CAM-
      Pflanzen)
    . Erhöhung der Lichtausbeute und der Lichtsättigungsrate (wie
      bei Schatten- bzw. C_4-Pflanzen)
    . Kombination des photosynthetischen Elektronentransportes
      mit der Nitratreduktion (wie bei Blaualgen)

Literatur zu 3:
- Arnon DI (1977) Photosynthesis 1950-1975 - Changing concepts and
  perspectives. In: Trebst A, Avron M (eds) Encyclopedia of plant
  physiology. Springer, Berlin (Photosynthesis I, photosynthetic elec-
  tron transport and photophosphorylation, Vol 5) pp 7-56
- Loomis WE (1960) Historical introduction. In: Ruhland W (Hsrg)
  Handbuch der Pflanzenphysiologie. Springer, Berlin (Die CO_2-Assimi-
  lation, Band 5,1) pp 85-114
- Takamiya A (1974) Selected Papers in biochemistry. University
  Park Press, Baltimore (Photosynthesis, Vol 12)

4. Struktur und chemische Zusammensetzung photosynthetisch aktiver Organismen und Gewebe

4.1. Prokaryonten

Die Bakterien und Blaualgen besitzen alle Anlagen einer autotrophen Pflanzenzelle. Sie kommen meist als Einzeller aber auch in lockeren Zellverbänden vor. Allen gemeinsam ist das Fehlen von durch Membranen abgeschlossenen Zellorganellen, wie z.B. Mitochondrien und Chloroplasten. An Stelle eines echten Kerns besitzen sie ein "Kernäquivalent", das DNA enthält aber nicht durch eine äußere Membran gegenüber dem Cytoplasma abgegrenzt ist. Wegen dieser Vorstufe eines Kernes werden die Bakterien und Blaualgen auch als Prokaryonten zusammengefaßt. Sie enthalten eine Vielzahl spezifischer Farbstoffe (Tab. 7).

Tab. 7: Pigmentzusammensetzung der photosynthetisch aktiven Bakterien, einiger Algen und der höheren Pflanzen

    I   = Spermatophyta (Samenpflanzen)   VI = Chlorobiaceae (Grüne Bakterien)
    II = Chlorophyceae (Grünalgen)
    III = Phäophyceae (Braunalgen)   VII = Rhodospirillaceae (Nicht-Schwefelbakterien)
    IV = Rhodophyceae (Rotalgen)
    V   = Cyanophyceae (Blaualgen)   VIII = Chromatiaceae (Schwefelbakterien)

	I	II	III	IV	V	VI	VII	VIII
- Chlorophylle:								
Chlorophyll a	x	x	x	x	x	-	-	-
Chlorophyll b	x	x	-	-	-	-	-	-
Chlorophyll c	-	-	x	-	-	-	-	-
Chlorophyll d	-	-	-	x	-	-	-	-
Bakteriochlorophyll a	-	-	-	-	-	(x)	x	x
Bakteriochlorophyll b	-	-	-	-	-	x	x	x
Bakteriochlorophyll c	-	-	-	-	-	x	-	-
- Carotinoide:								
ß-Carotin	x	x	x	x	x	x	x	x
Lutein	x	x	-	x	-	-	-	-
Fucoxanthin	-	-	x	-	-	-	-	-
Myxoxanthophyll	-	-	-	-	x	-	-	-
Spirilloxanthin	-	-	-	-	-	-	x	x
- Phycobiline:								
Phycoerythrin	-	-	-	x	(x)	-	-	-
Phycocyanin	-	-	-	(x)	x	-	-	-
Allophycocyanin	-	-	-	x	x	-	-	-

Die Prokaryonten sind von einer mehrschichtigen Zellwand und oft von
Kapseln und Schleimhüllen umgeben. Im Cytoplasma befinden sich neben
dem Kernäquivalent, 70 S-Ribosomen und Speicherstoffe. Bei den photosynthetisch aktiven Prokaryonten enthält das Cytoplasma die Enzyme des
Calvin-Zyklus. Außerdem kommen freie Membranen vor, die als intracytoplasmatische Membranen oder auch als Thylakoide bezeichnet werden. Sie
enthalten die Komponenten des photosynthetischen Elektronentransportes
und der Photophosphorylierung. Neben den Farbstoffen, die das Licht
für die Photosynthese absorbieren, enthalten die Thylakoide Proteine
und Lipide als Membranstruktur-Komponenten und als Bestandteile der
Pigment-Protein-Komplexe.

4.1.1. Bakterien

Bakterien sind 0,3 bis 2 µm groß. Die einzelnen Arten haben sehr unterschiedliche Formen. Als Speicherstoffe sind Lipide, Polysaccharide
und Polysulfide im Cytoplasma eingelagert. Für die photosynthetisch
aktiven Bakterien sind frei im Cytoplasma liegende Thylakoide charakteristisch. Diese intracytoplasmatischen Membranen gehen aus Ausstül-
pungen der Cytoplasmamembran hervor. Sie können die Form von Vesikeln,
Tubuli oder Lamellen haben (Abb. 5). Die typischen Bakterienfarbstoffe

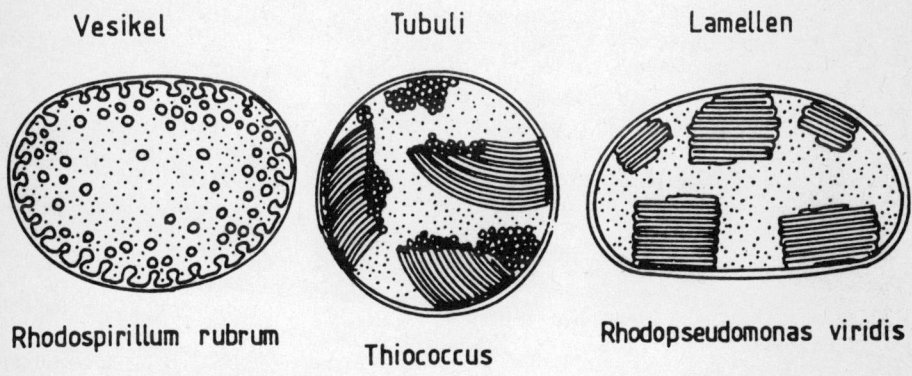

Abb. 5: Ultrastruktur photosynthetisch aktiver Bakterien mit den verschiedenen Formen intracytoplasmatischer Membranen (Vesikel,
Tubuli, Lamellen).

Bakteriochlorophyll a, b, c und d, sowie über 75 verschiedene Carotinoide befinden sich ausschließlich in den Thylakoiden (Tab. 7).

4.1.2. Blaualgen

Blaualgen, auch Cyanobakterien oder Cyanophyceae genannt, sind zwischen 1 und 10 µm groß. Sie können in fädigen Zellverbänden vereinzel-
te Zellen, die Heterocysten, ausbilden, die auf die Fixierung von
Stickstoff spezialisiert sind. Alle Blaualgen besitzen freie Thylakoide, die sich meist am Rand des Cytoplasmas befinden (Abb. 6). Die
Thylakoide enthalten Chlorophyll a und Carotinoide sowie die typischen
Blaualgenfarbstoffe Phycocyanin, Phycoerythrin und Allophycocyanin

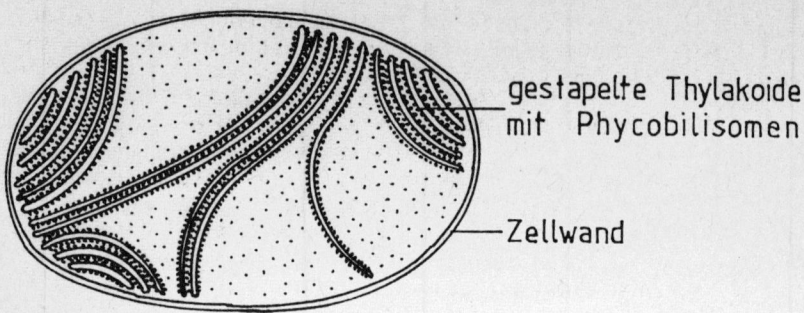

Abb. 6: Ultrastruktur einer Blaualge.

(Tab. 7). Diese Phycobiline sind zusammen mit Proteinen in den Phycobilisomen enthalten, die in regelmäßigen Abständen als kleine Kugeln (Durchmesser ca. 400 Å) auf den Thylakoidmembranen aufliegen und als Antennen zur Absorption des Lichtes dienen. Im Cytoplasma können Polyglucane und Proteine als Reservestoffe gespeichert werden.

Literatur zu 4.1.:
- Carr NG, Whitton BA (1973) The biology of blue green algae. Blackwell Scientific Publ, Oxford
- Drews G, Griesbrecht P (1981) Die Bauelemente der Bakterien und Blaualgen. In: Metzner H (Hrsg) Die Zelle. Wissenschaftliche Verlagsgesellschaft, Stuttgart, pp 407-541
- Oelze J (1983) Structure of phototrophic bacteria, development of the photosynthetic apparatus. In: Ormerod JG (ed) The phototrophic bacteria. Blackwell Scientific Publ, Oxford, pp 8-34

4.2. Eukaryonten

Im Gegensatz zu den Prokaryonten besitzen die Eukaryonten in ihren Zellen durch Membranen abgegrenzte Bereiche (Zellkompartimente). Dazu gehören ein Zellkern und eine Reihe anderer Zellorganelle, wie z.B. die Mitochondrien. Bei den eukaryontischen Pflanzen (alle Pflanzen außer den Bakterien und Blaualgen) läuft die Photosynthese in den Chloroplasten ab. Während bei den niederen Pflanzen jede Zelle Chloroplasten enthält, sind diese bei den höheren Pflanzen meist auf die Blattzellen beschränkt.

4.2.1. Organismusformen und ihre stammesgeschichtliche Entwicklung

Im Verlauf der Evolution haben sich aus den einzelligen Bakterien und Algen vielzellige Organismen entwickelt. Bei den einfachsten Vielzellern, den im Wasser lebenden Algen, treten kugel- und fadenförmige Zellverbände auf. Höher entwickelte Braunalgen besitzen zum ersten Mal ein Gewebe. Die Moose nehmen eine Zwischenstellung zwischen den im Wasser lebenden Algen und den an das Landleben angepaßten höheren

Pflanzen ein. Moose bestehen aus einer oder mehreren Chloroplasten-haltigen Zellschichten. Die Lebermoose und die Laubmoose besitzen einschichtige Blättchen.

Bei den Farnen tritt erstmals eine vollständige Gliederung in eine feste Sproßachse, eine Wurzel zur Wasser- und Nährstoffaufnahme und Blätter als Photosynthese-Gewebe auf. Eine äußere Zellschicht, die Epidermis, schützt das Blatt vor Wasserverlust. Wasserabgabe und Gasaustausch mit der Luft werden über die verschließbaren Spaltöffnungen der Blätter geregelt. Das Palisadenparenchym im oberen Teil der Blätter besteht aus dicht aneinandergereihten Zellen; der untere Teil der Blätter, das Schwammparenchym, ist von mehr runden Zellen ausgefüllt, zwischen denen größere Zwischenräume, die "Interzellularen", liegen. Palisaden- und Schwammparenchym bilden das von der äußeren Epidermis umschlossene Mesophyll. Chloroplasten befinden sich nur in den Mesophyllzellen und in den Schließzellen der Epidermis, die die Spaltöffnungen umgeben (Abb. 7).

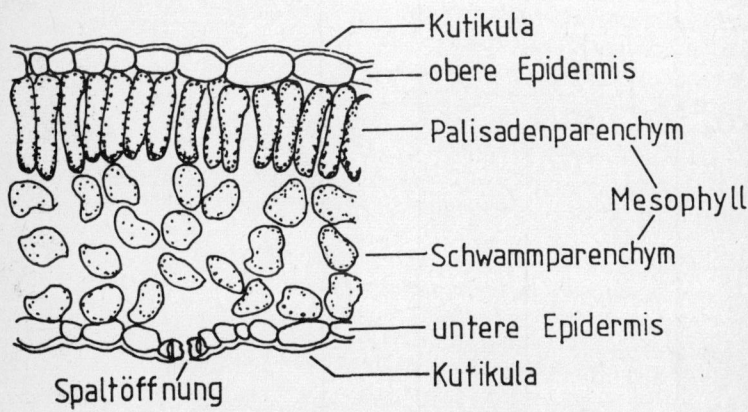

Abb. 7: Querschnitt durch ein Laubblatt.

Die Struktur einer autotrophen Pflanzenzelle und einer heterotrophen Tierzelle ist in Abb. 8 vergleichend dargestellt. Im Gegensatz zu Tierzellen enthalten die Pflanzenzellen Chloroplasten und Glyoxisomen. Außerdem besitzen sie eine Zellwand, an die sich das Plasmalemma anschließt. Das Cytoplasma der Pflanzenzelle enthält die Vakuole, die von einem Tonoplasten umgeben ist. Tier- und Pflanzenzellen enthalten einen Zellkern, ein endoplasmatisches Reticulum, einen Golgi-Apparat, Mitochondrien, Oleosomen und Peroxisomen. Die Lysosomen sind spezifische Organellen der Tierzelle, die in der Pflanzenzelle nicht vorkommen. In Tab. 8 sind die biologische Bedeutung, die typischen Enzyme und die austauschbaren Stoffwechselprodukte (Metabolite) der einzelnen Zellkompartimente dargestellt.

Tab. 8: Zellkompartimente der Tier- und Pflanzenzelle und ihre Bedeutung, typische Enzyme und austauschbare Metabolite

Kompartiment	Tier	Pflanze	Biologische Bedeutung	typische Enzyme	austauschbare Metabolite
Zellkern	+	+	Träger der Erbinformation	DNA-Ligasen	DNA, RNA, Enzyme
Lysosom	+	-	Zellabbau (suicide particle)	Proteasen	Enzyme
Endoplasmatisches Reticulum	+	+	Biosynthese von Proteinen, Terpenoiden und Acyllipiden	Glucose-6-Phosphatase, Esterasen	Antikörperglobuline (Transport in Plasmazellen)
Peroxisom	+	+	Biosynthese von Glycin	Katalase	Glycolat, Serin, Glycin, Glycerat
Glyoxisom	-	+	Glyoxylat-Zyklus; ß-Oxidation der Fettsäuren	Isocitrat-Lyase	Fettsäuren, Succinat
Vakuole	-	+	Osmoregulation, Speicher für Zellgifte	-	Ionen, Alkaloide, Anthocyane, Saponine
Mitochondrium	+	+	heterotropher Energielieferant: Decarboxylierung von Pyruvat; Citrat-Zyklus; Atmungskette; ß-Oxidation von Fettsäuren; Biosynthese von Proteinen, Lipiden, Terpenoiden und Nukleinsäuren	Cytochrom c-Oxidase	Pyruvat, O_2, Acetat, Fumarat, Aspartat, Malat, Isocitrat
Chloroplast	-	+	autotropher Energielieferant: Photosynthese; Biosynthese von Nukleinsäuren, Proteinen, Lipiden und Terpenoiden	Ribulose-1,5-bis-phosphat-Carboxylase	CO_2, Phosphat, Dicarboxysäuren, Phosphoglycerat, Pyruvat, Acetat, Phosphoglycolat
Oleosom	+	+	Fettspeicher	Lipasen	Fette und Fettsäuren
Cytoplasma	+	+	Biosynthese von Proteinen, Lipiden, und Terpenoiden; Gluconeogenese; Transport von Zellmetaboliten; Osmoregulation	Glucose-6-Phosphat-Dehydrogenase	Ionen, Wasser, $NADH/H^+$, Aminosäuren, Fettsäuren, Zucker, Zuckerphosphate
Golgi-Apparat	+	+	intrazelluläre Sekretbildung; Speicher von Zellprodukten; Biosynthese von Polysacchariden	Hydroxylasen, Glykosyltransferasen	Lipide, Aminosäuren, Kohlenhydrate

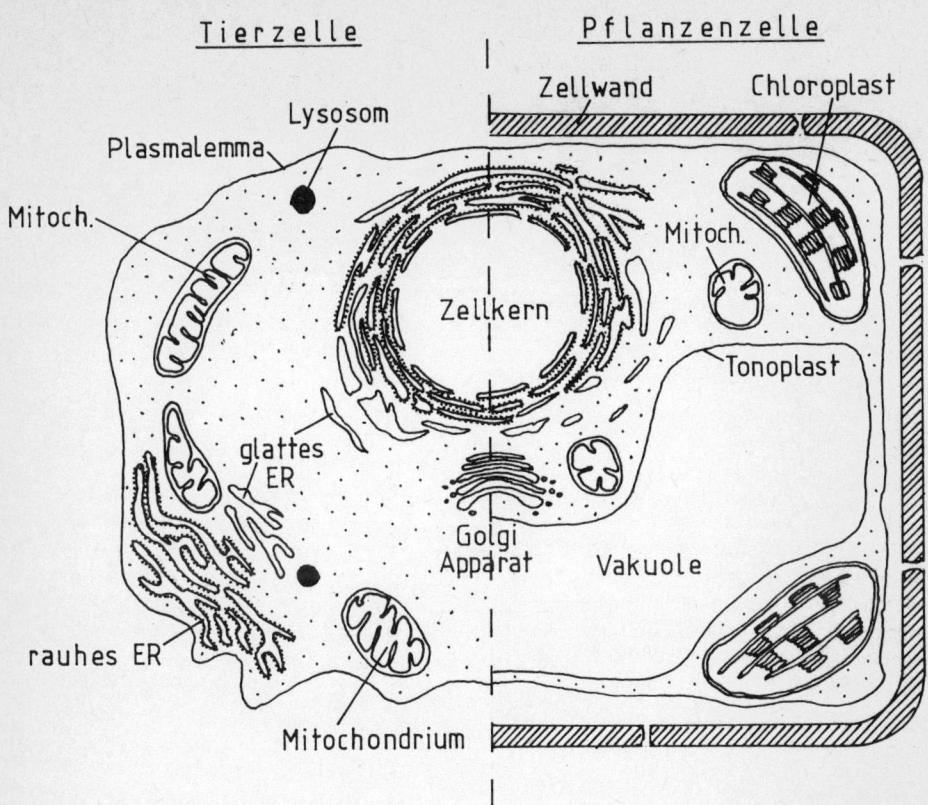

Abb. 8: Ultrastruktur einer Tier- (linke Hälfte) und einer Pflanzenzelle (rechte Hälfte).

4.2.2. Der Chloroplast

Chloroplasten, die für die photosynthetisch aktive höhere Pflanze typischen Zellorganellen, sind nicht vorhanden in Wurzel- und Epidermiszellen (ausgenommen den Schließzellen der Spaltöffnungen), sowie in Pilzen, Bakterien und Blaualgen. Die Zahl der Chloroplasten pro Zelle liegt zwischen 1 und 400. Bei der Zellteilung werden die Chloroplasten der Ursprungszelle auf die entstehenden Tochterzellen verteilt. Über Eizellen werden sie an die Folgegeneration übertragen. Chloroplasten vermehren sich durch Teilung oder Sprossung.

Bei Belichtung verkleinern die Chloroplasten ihr Volumen und können innerhalb der Zelle Bewegungen durchführen. Neben allen Einzelkomponenten zur Photosynthese enthalten Chloroplasten ein vollständiges System zur Proteinsynthese (DNA, RNA, 70 S-Ribosomen), durch das sie eine gewisse Unabhängigkeit gegenüber der übrigen Zelle erlangen. Der Chloroplast ist aber nur durch eine koordinierte Wechselwirkung mit dem Cytoplasma lebensfähig. Nach der Endosymbionten-Hypothese sollen Chloroplasten in der Evolution aus Mikroorganismen hervorgegangen sein, die in die Zelle der höheren Pflanze eingewandert sind.

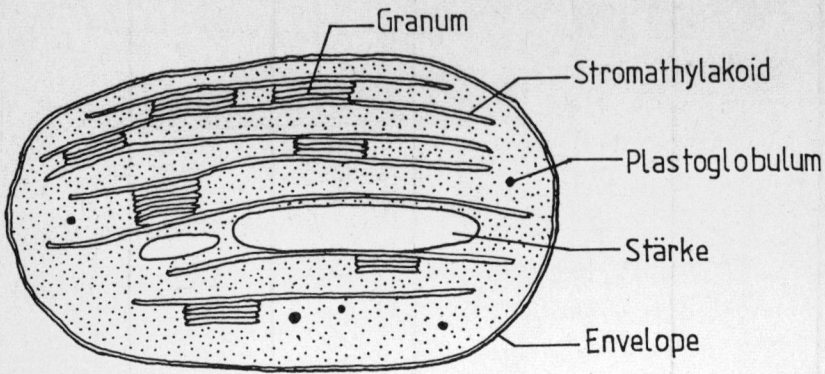

Abb. 9: Ultrastruktur eines Chloroplasten.

Chloroplasten besitzen meistens eine ellipsoide Form und sind im ausgewachsenen Zustand 5 µm lang und 2 µm breit. Ihr Volumen beträgt 40 µm^3. Bei einigen Algenarten können die Chloroplasten tassen-, band-, schrauben-, netz- oder sternförmig aussehen. Chloroplasten besitzen eine äußere Doppelmembran, den "Envelope", ein amorphes Innenmedium, das Stroma, und ein System von inneren Membranen, den Thylakoiden (Abb. 9). Die chemische Zusammensetzung und die Funktion der einzelnen Chloroplastenkomponenten sind in Tab. 9 zusammengefaßt.

Tab. 9: Chemische Zusammensetzung und Funktion von Chloroplasten-Substrukturen

	Chemische Zusammensetzung	Funktion
I. Hüllmembran ("Envelope")		
Proteine:	-Phosphat-Translokator	Austausch von anorganischem Phosphat und phosphorylierten Stoffwechselprodukten zwischen Chloroplast und Cytoplasma
	-Enzyme zur Biosynthese von von Galaklipiden und Sulfolipid sowie von Phosphatidsäure	Galakto- und Sulfolipid-Biosynthese
	-Strukturproteine	Aufbau von Membranstrukturkomponenten
Lipide:	-Galakto- und Phospholipide sowie Sulfolipid	Aufbau von Membranstrukturkomponenten
II. Stroma		
Proteine:	-Enzyme des Calvin-Zyklus	Biosynthese von Kohlenhydraten
	-Enzyme zur Proteinbiosynthese	Biosynthese von Membranstruktur- und Stoffwechselproteinen
	-Enzyme zur Fettsäurebiosynthese	Biosynthese von Fettsäuren
	-Enzyme zur Biosynthese von sekundären Pflanzenstoffen	Biosynthese von sekundären Pflanzenstoffen
Nukleinsäuren:	-DNA, RNA, 70 S-Ribosomen	Transkription und Translation

(Fortsetzung Tab. 9)

III. Plastoglobuli		
	-Plastochinon, Plastohydrochinon, α-Tocopherol und Triglyceride	Lipidspeicher
IV. Stärkekörner		
	-Stärke	Kohlenhydratspeicher
V. Thylakoidmembran		
Proteine:	-Wasser-spaltendes Enzym	Photolyse des Wassers (Sauerstoff-Entwicklung)
	-ATPase	ATP-Bildung (Photophosphorylierung)
	-Ferredoxin-NADP-Reduktase	Reduktion von $NADP^+$
	-CO_2 bindendes Protein	Elektronentransport
	-Membranproteine	Membranstrukturkomponenten und Bestandteile der Pigment-Protein-Komplexe
	-Eisen-Schwefel-Proteine	Elektronentransport
Lipide:	-Galakto- und Phospholipide, Sulfolipid	Membranstrukturkomponenten
Farbstoffe:	-Chlorophylle und Carotinoide	Absorption des Lichtes und Übertragung der Lichtenergie in den Antennen, Ladungstrennung am Reaktionszentrum
Redoxsubstanzen:		
	-Plastochinon und Plastohydrochinon	Elektronentransport
	-α-Tocochinon	Elektronentransport ?
	-α-Tocopherol	Membranstrukturkomponente und Antioxidans
	-Phyllochinon	?
	-Cytochrome (f, b-563, b-559)	Elektronentransport
	-Ferredoxin	Elektronentransport

4.2.2.1. Die Chloroplastenhüllmembran ("Envelope")

Der Chloroplast ist durch eine ca. 300 Å dicke Doppelmembran, den Envelope, gegen das Cytoplasma abgegrenzt. Über den Envelope tauscht der Chloroplast Stoffe, wie z.B. Ionen und phosphorylierte Stoffwechselprodukte mit dem Cytoplasma aus. Der Envelope besteht aus Lipiden und Proteinen. Am Envelope werden die Galaktolipide synthetisiert.

4.2.2.2. Das Stroma

Das Stroma der Chloroplasten weist im elektronenmikroskopischen Bild zum Teil feine Fibrillen auf, über deren Funktion noch wenig bekannt ist. Als Einschlüsse sind die osmiophilen Plastoglobuli, die als Speicherorte für Lipide dienen im Stroma junger und alter Plastidenstadien vorhanden. In Chloroplasten mit hoher Photosynthese-Aktivität kommen Stärkekörner als Stromaeinschlüsse vor. Kristalline Einschlüsse, wie z.B. Carotinoid-Kristalle, findet man in Chromoplasten. Chloroplasten von Algen enthalten meistens einen rundlichen "Pyrenoid", der bei Grünalgen sehr viel Stärke enthält. Im Stroma befinden sich die Enzyme des Calvin-Zyklus, der Biosynthese von Fettsäuren, sekundären Pflanzenstoffen und Proteinen sowie DNA, RNA und 70 S-Ribosomen.

4.2.2.3. Die Thylakoidmembran

Im Inneren der Chloroplasten befinden sich die Thylakoide, ausgedehnte Systeme von Membranen, die flachgedrückten Säcken gleichen (Thylakoid = sackähnlich). Das wäßrige Innenmedium der Thylakoide hat zum Stroma keinen Kontakt. Thylakoide können zu Granastapeln übereinander gelagert sein, die von oben gesehen wie Geldrollen aussehen (Durchmesser 3000-6000 Å). Frei im Stroma liegende ungestapelte Thylakoide, die Stromathylakoide, gehen zum Teil in gestapelte Thylakoide, die Granathylakoide, über (Abb. 10). Thylakoide sind etwa 75 Å dick.

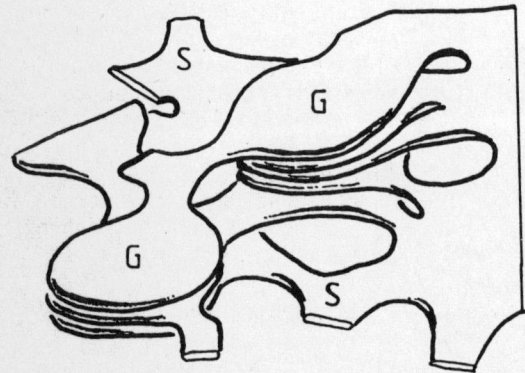

Abb. 10: Räumliche Anordnung der Thylakoide im Chloroplasten nach Wehrmeyer 1972 (G = gestapelte Grana, S = ungestapelte Stromathylakoide).

Basierend auf dem Flüssigmosaik-Modell von Singer und Nicolson (1972) nimmt man heute an, daß die einzelnen Membrankomponenten in vertikaler Richtung mehr oder weniger unverändert bleiben, in horizontaler Richtung aber relativ frei beweglich sind. Im elektronenmikroskopischen Bild lassen sich an Gefrierätzpräparaten von Thylakoiden relativ gleichmäßig verteilte Proteinpartikel erkennen. Diese Partikel haben eine unterschiedliche Größe und sind auf der Membranoberfläche unterschiedlich dicht verteilt. Kleine Partikel innerhalb der Stromathylakoide werden als Photosystem I-Partikel, die größeren auf der Membranaußenseite als ATPase gedeutet. Photosystem II-Partikel mit dem "light harvesting"-Chlorophyll a/b-Protein-Komplex sollen als große Partikel in den Granathylakoiden sichtbar sein.

Membranen können als Einlagerung von Proteinen in eine Lipidschicht, als Lipidmatrix, aufgefaßt werden. Bei den Thylakoiden besteht diese im wesentlichen aus Galakto- und Phospholipiden sowie aus Sulfolipid. An Proteine gebundene Chlorophylle und Carotinoide sind wesentliche Bestandteile der Pigment-Protein-Komplexe, die der Lichtabsorption und der Übertragung der Lichtenergie zur photosynthetischen Elektronentransportkette dienen. Mit den Pigment-Protein-Komplexen sind Redoxsubstanzen, wie Cytochrome und Chinone aber auch Enzyme, wie das Wasser-spaltende Enzym und die NADP-Reduktase assoziiert.

4.2.3. Rhodoplasten und Phäoplasten

Bei den Rot- und Braunalgen läuft die Photosynthese in den Plastiden ab, die den Chloroplasten ähneln. Bei diesen Plastiden wird das Grün des Chlorophylls jedoch von spezifischen Farbstoffen überlagert.

Die Rhodoplasten der Rotalgen enthalten hauptsächlich rotes Phycoerythrin, aber auch blaues Phycocyanin und Allophycocyanin. Diese Phycobiline sind wie bei den Blaualgen (4.1.2.) in kugelförmigen Phycobilisomen enthalten, die einen Durchmesser von ca. 400 Å aufweisen (Abb. 11). Die Phycobilisomen der Rotalgen sitzen auf der Oberfläche der Rhodoplastenthylakoide, bei den Blaualgen aber auf den intracytoplasmatischen Membranen (Thylakoiden). Die Zusammensetzung der Rhodoplasten entspricht weitgehend der der Chloroplasten. Charakteristisch für Rhodoplasten ist das Fehlen von Chlorophyll b (Tab. 7).

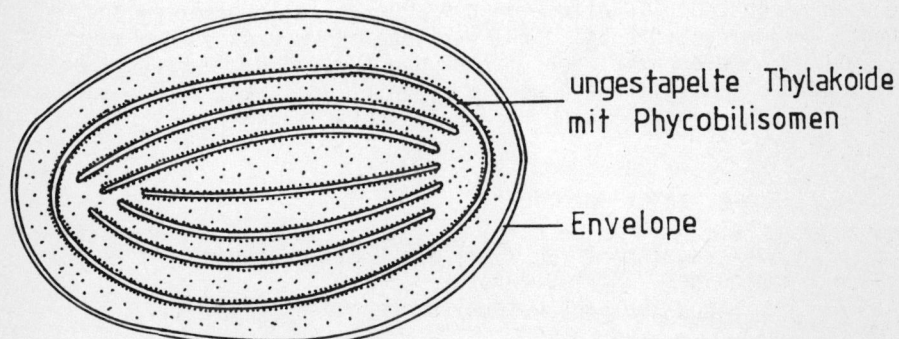

Abb. 11: Ultrastruktur eines Plastiden von Rotalgen (Rhodoplast).

Die Phäoplasten der Braunalgen enthalten sehr viel Fucoxanthin, ein Carotinoid, das ihnen die typische braune Farbe verleiht. Anstelle von Chlorophyll b ist Chlorophyll c vorhanden (Tab. 7).

Literatur zu 4.2.:
- Glazer AN (1981) Photosynthetic accessory proteins with bilin prostethic groups. In: Hatch MD, Boardman NK (eds) The biochemistry of plants. Academic Press, New York (Photosynthesis, Vol 8) pp 51-96
- Hiller RG, Goodchild DJ (1981) Thylakoid membrane and pigment organization. In: Hatch MD, Boardman NK (eds) The biochemistry of plants. Academic Press, New York (Photosynthesis, Vol 8), pp 1-49
- Mühlethaler K (1977) Introduction to structure and function of the photosynthetic apparatus. In: Trebst A, Avron M (eds) Encyclopedia of plant physiology. Springer, Berlin (Photosynthesis II, Photosynthetic electron transport and photophosphorylation, Vol 5) pp. 503-521

- Sitte P (1981) Allgemeine Mikromorphologie der Zelle. In: Metzner H (Hrsg) Die Zelle. Wissenschaftliche Verlagsgesellschaft, Stuttgart, pp 9-89

E 1   Isolierung von Plastiden

Für Photosynthese-Messungen, Biosynthesestudien und Stoffanalysen werden in manchen Fällen isolierte Plastiden benötigt. Isolierte Plastiden sind meist nur einige Stunden, höchstens aber wenige Tage, lebensfähig (Ausnahme: 13.2.2.). Zur Isolation wird das Blattgewebe in einem Medium homogenisiert, das zur Neutralisation des sauren Vakuolensaftes eine Puffersubstanz (z.B. HEPES, Tris, MES, Tricin) und gegen ein osmotisches Aufbrechen einen Zucker als Osmotikum (z.B. Sorbit oder Saccharose) enthält. Eine Reihe von zusätzlichen Ionen, wie z.B. Mg^{2+} und Cl^-, hat sich für die Stabilisierung der Struktur und für die Erhaltung der Funktionsfähigkeit der Plastiden als günstig erwiesen.

Das Homogenat wird durch ein engmaschiges Gewebe filtriert, um ganze Zellen oder Zellverbände weitgehend zurückzuhalten. Die Plastiden werden dann durch Zentrifugation von den anderen Zellorganellen abgetrennt. Die Kräfte, die bei der Zentrifugation wirksam sind, werden bestimmt durch die Anzahl der Umdrehungen (U) und den Radius (r) des Zentrifugenrotors. Allgemein wird die Zentrifugalkraft Z, die an einem Partikel wirkt, als Vielfaches der Erdbeschleunigung (g = 9,81 m / s) angegeben:

$$Z = 1{,}118 \cdot r \cdot U^2 \cdot 10^{-5}$$

Z = Zentrifugalkraft (cm / s^2) als Vielfaches von g
r = Radius des Zentrifugenrotors (cm)
U = Umdrehungszahl des Rotors (Umdrehungen / min)

Bei der Zentrifugation in einem gleichmäßig dichten Medium setzen sich die Organellen mit größter Masse zuerst ab. Mit einem Dichtegradienten kann man die Chloroplasten noch sauberer von den anderen Organellen trennen. Dazu gibt man in die Zentrifugenröhrchen ein inertes Medium mit nach oben hin abnehmender Dichte. Bei der Zentrifugation wandern dann die Organellen bis zu der Zone, bei der die Dichte des Mediums gleich der Dichte der Organellen ist. Werden die Plastiden in ionenfreiem Medium aufgenommen, so erhöht sich der Anteil an intakten Plastiden (Methode B nach Nakatani und Barber).

Um möglichst intakte Chloroplasten zu erhalten, soll die Isolation möglichst schnell ablaufen. Außerdem sollten die Gefäße und Lösungen auf 4° C vorgekühlt werden, um die bei der Homogenisierung freiwerdenden zersetzenden Enzyme zu hemmen.

Die hier für Chloroplasten angegebenen Methoden können auch für andere Plastiden verwendet werden. Da bei vielen Pflanzen während der Homogenisierung Substanzen freigesetzt werden, die Struktur und Funktion der Plastiden zerstören, eignen sich nur wenige Pflanzen zur Isolation von intakten Plastiden.

Literatur zu E 1:
- Leegood RC, Walker DA (1983) Chloroplasts. In: Hall JL, Moore AL (eds) Isolation of membranes and organelles from plant cells. Academic Press, New York, pp 185-210
- Reeves SG, Hall DO (1980) Higher plant chloroplasts and grana. In: San Pietro A (ed) Methods in enzymology. Academic Press, New York (Photosynthesis and nitrogen fixation, part C, Vol 69) pp 85-94

Material

- Pflanzengewebe: a) für Chloroplasten: grüne Blätter von Spinacia oleracea (Spinat), Beta vulgaris (Rübe), Nicotiana tabacum (Tabak), Raphanus sativus (Radieschen) oder Pisum sativum (Erbse)
  b) für Chromoplasten: Karotten oder Blütenblätter
  c) für Amyloplasten: Kartoffeln
  d) für Etioplasten: Blätter von etiolierten Keimlingen von Phaseolus vulgaris (Bohne) oder Raphanus sativus (Radieschen)
- Homogenisator
- Nylontuch
- Zentrifuge
- 4 g / l NaOH (MG: 40,00)

Gefäße und Lösungen müssen auf 4° C vorgekühlt sein

Methode A:

- Isolationsmedium:
  . 60,1 g Sorbit (MG: 182,18)
  . 10,7 g MES = 2-Morpholinoethansulfonsäure (MG: 213,25)
  . 1,17 g NaCl (MG: 58,44)
  . 0,17 g $NaNO_3$ (MG: 85,01)
  . 0,74 g EDTA $\cdot Na_2 \cdot$ 2 H_2O = Ethylendinitrilotetraessigsäure = "Titriplex III" (MG: 372,24)
  . 0,40 g Natrium-isoascorbat (MG: 198,11)
  . 0,20 g $MnCl_2 \cdot$ 4 H_2O (MG: 197,91)
  . 0,20 g $MgCl_2 \cdot$ 6 H_2O (MG: 203,31)
  . 0,087 g K_2HPO_4 (MG: 174,18)

  zusammen in 800 ml Wasser lösen, mit NaOH-Lösung auf pH 6,1 einstellen und mit Wasser auf 1 l auffüllen
- Suspensionsmedium:
  gleiche Zusammensetzung wie Isolationsmedium jedoch mit NaOH-Lösung auf pH 6,7 einstellen

Methode B:

- Isolationsmedium:
  . 60,1 g Sorbit (MG: 182,18)
  . 40,7 g $MgCl_2 \cdot$ 6 H_2O (MG: 203,31)
  . 4,27 g MES = 2-Morpholinoethansulfonsäure (MG: 213,25)

  zusammen in 800 ml Wasser lösen, mit NaOH-Lösung auf pH 6,5 einstellen und mit Wasser auf 1 l auffüllen
- Tris-Lösung:
  . 0,06 g / l Tris = Tris-(hydroxymethyl)-aminomethan (MG: 121,14)

- Suspensionsmedium:
    - 60,1 g / l Sorbit (MG: 182,18)
    mit Tris-Lösung auf pH 7,5 einstellen

Dichtegradientenzentrifugation

- Zentrifuge mit Ausschwingrotor
a) Saccharose-Gradient:
- Mischer zum Herstellen eines linearen Gradienten
- Dichtegradientenmedium:
    - 35,7   g HEPES = 2-(4-(2-Hydroxyethyl)-1-(piperazinyl)-ethansulfon-
          säure (MG: 238,31)
    - 1,02 g $MgCl_2 \cdot 6 H_2O$ (MG: 203,31)
    zusammen in 800 ml Wasser lösen, mit NaOH-Lösung auf pH 7,5 einstellen und mit Wasser auf 1 l auffüllen
- dichtestes Medium:
    - 150   g Saccharose in 100 ml Dichtegradientenmedium lösen
          (60% Saccharose w/w)
b) Percoll-Gradient:
- Dichtegradientenmedium:
    - 60,1 g Sorbit (MG: 182,18)
    - 35,7 g HEPES = 2-(4-(2-Hydroxyethyl)-1-(piperazinyl)-ethansulfon-
          säure (MG: 238,31)
    - 1,02 g $MgCl_2 \cdot 6 H_2O$ (MG: 203,31)
    zusammen in 800 ml Wasser lösen, mit NaOH-Lösung auf pH 7,5 einstellen und mit Wasser auf 1 l auffüllen
- Percoll (gleiches Volumen wie Dichtegradientenmedium)

Durchführung

20 g gesäubertes Blattmaterial werden mit ca. 100 ml Isolationsmedium etwa 10 s mit hoher Geschwindigkeit im Homogenisator zerkleinert. Das Homogenat wird durch 8 Lagen Nylontuch filtriert und das Filtrat in Zentrifugenbecher gefüllt.

Methode A (Jensen RG, Bassham JA (1966) Proc Nat Acad Sci USA 56: 1095-1101): Man zentrifugiert 1 min bei 100xg. Der Überstand wird abgetrennt und 5 min bei 660xg zentrifugiert. Die sedimentierten Chloroplasten werden mit ca. 5 ml Suspensionsmedium aufgenommen und zu einer möglichst gleichmäßigen Suspension verrührt.

Methode B (Nakatani HY, Barber J (1977) Biochim Biophys Acta 462: 510-512): Man zentrifugiert 1 min bei 2200xg. Das Sediment wird mit 20 ml Suspensionsmedium aufgenommen und nochmals 1 min bei 2200xg zentrifugiert. Die sedimentierten Chloroplasten werden mit ca. 5 ml Suspensionsmedium aufgenommen und zu einer möglichst gleichmäßigen Suspension verrührt.

Dichtegradientenzentrifugation:

a) Saccharose-Gradient: Mit einem Gradientenmischer wird ein kontinuierlicher Dichtegradient in die Zentrifugenröhrchen eingefüllt (Saccharose: 60 bis 20% w/w).

b) Percoll-Gradient: Gleiche Volumina Percoll und Dichtegradientenmedium werden in die Zentrifugenröhrchen eingefüllt. Durch Zentrifugation (100 min bei 10000xg) stellt sich der Dichtegradient im Röhrchen selbständig ein.

Etwa 2 ml der nach Methode A oder B erhaltenen Chloroplastensuspension werden vorsichtig auf den Gradienten geschichtet. Anschließend wird 20 min bei 3000xg zentrifugiert. Mit einer Pasteurpipette entnimmt man die untere, dicke, grüne Bande mit den Chloroplasten. Diese Suspension wird mit dem zuvor verwendeten Suspensionsmedium verdünnt und 5 min bei 660xg zentrifugiert. Die sedimentierten Chloroplasten werden mit ca. 5 ml Suspensionsmedium aufgenommen und zu einer gleichmäßigen Suspension verrührt.

E 2 Isolierung der Chloroplastenhüllmembran ("Envelope")

Die Hüllmembran der Chloroplasten erhält man, indem man intakte Chloroplasten in einem hypotonischen Medium osmotisch aufbricht und diese Suspension dann über einen zweischichtigen Dichtegradienten zentrifugiert. Isolierte Envelopes werden für Stoffanalysen sowie Transport- und Biosynthesestudien verwendet.

Literatur zu E 2:
- Douce R, Joyard J (1982) Purification of the chloroplast envelope. In: Edelman M, Hallwick RB, Chua NH (eds) Methods in chloroplast molecular biology. Elsevier, Amsterdam, pp 239-256

Material

- isolierte Chloroplasten (E 1)
- Ultrazentrifuge mit Ausschwingrotor
Gefäße und Lösungen müssen gut auf 4° C vorgekühlt sein
- 4 g / l NaOH (MG: 40,00)
- hypotonisches Medium:
  . 1,79 g Tricin = N-(Tris-(hydroxymethyl)-methyl)-glycin
       (MG: 179,18)
  . 0,80 g $MgCl_2 \cdot 6 H_2O$ (MG: 203,31)
  zusammen in 800 ml Wasser lösen, mit NaOH-Lösung auf pH 7,6 einstellen und mit Wasser auf 1 l auffüllen
- oberes Gradientenmedium:
  . 31,8 g Saccharose (MG: 342,30)
     in 100 ml hypotonischem Medium lösen (0,93 mol Saccharose)
- unteres Gradientenmedium:
  . 20,5 g Saccharose (MG: 342,30)
     in 100 ml hypotonischem Medium lösen (0,60 mol Saccharose)

Durchführung

Die Zentrifugenröhrchen werden jeweils mit den beiden Gradientenmedien (1/1, v/v) gefüllt. Isolierte Chloroplasten (E 1) werden 5 min bei 660xg abzentrifugiert. Die sedimentierten Chloroplasten werden mit 3 ml hypotonischem Medium wieder aufgenommen und 10 min gerührt. Dabei brechen die Chloroplasten osmotisch auf. 2 ml der Suspension mit den aufgebrochenen Chloroplasten werden vorsichtig auf den 2-Stufen-Gradienten geschichtet. Danach zentrifugiert man 60 min bei 72000xg und entnimmt dann die Envelope-Fraktion an der Grenzschicht des Gradienten.

E 3 Bestimmung der Intaktheit von Chloroplastenpräparationen

Die Intaktheit isolierter Chloroplasten kann man über eine Messung der Hill-Aktivität (Methode A1 oder A2) oder im Mikroskop (Methode B) prüfen.

Methode A1 und A2: Man mißt die Hill-Aktivität (E 15) einer Präparation mit Kaliumhexacyanoferrat(III) als Elektronenakzeptor und NH_4Cl als Entkoppler. Da Kaliumhexacyanoferrat(III) bei intakten Chloroplasten nicht durch die Hüllmembran dringt, ist an vollständig intakten Chloroplasten keine Hill-Aktivität meßbar. Sie wird erst nach dem osmotischen Aufbrechen der Chloroplasten meßbar. Durch Vergleich der Hill-Aktivität vor und nach der Zugabe eines hypotonischen Mediums kann man die relative Intaktheit der Chloroplastenpräparation berechnen. In Methode A1 wird das von den Chloroplasten nicht reduzierte Fe^{3+} im Spektralphotometer bestimmt. Dazu gibt man 1,10-Phenanthrolin zu der Probe und mißt die Extinktion des gebildeten Fe^{3+}-1,10-Phenanthrolin-Komplexes bei 510 nm (ϵ = 105000 l / mol / cm). Verwendet man zur Messung der Hill-Aktivität eine Sauerstoff-Elektrode (Methode A2), so wird Glycerinaldehyd zugegeben, um die ohne künstlichen Hill-Akzeptor ablaufende Sauerstoff-Entwicklung zu unterbinden.

Methode B: Die Intaktheit einer Chloroplastenpräparation kann man auch im Mikroskop mit einem Phasenkontrastzusatz erkennen. Durch diesen Zusatz werden Phasenunterschiede des Objekts kontrastreich hervorgehoben, die bei Strukturelementen mit geringen Brechungszahldifferenzen auftreten und vom Auge gewöhnlich nicht erfaßt werden können. Intakte Chloroplasten erscheinen als hell leuchtende Partikel, nicht vollständig intakte Chloroplasten sehen dunkel aus.

Literatur zu E 3:
- Radunz A, Schmid GH, Menke W (1971) Antibodies to chlorophyll and their reactions with chloroplast preparations. Zeitschrift für Naturforschung 26b: 435-446
- Gerlach D (1976) Das Lichtmikroskop. Thieme, Stuttgart

Material

- isolierte Chloroplasten (E 1)
- hypotonisches Medium = in E 1 verwendetes Suspensionsmedium jedoch ohne Sorbit

Methode A1 und A2:

- Lichtquelle (>20000 lx)
- Suspensionsmedium wie in E 1

- 0,165 g / 50 ml   Kaliumhexacyanoferrat(III) (MG: 329,26)
- 0,34 g / 25 ml NH_4Cl (MG: 53,49)

A1 (Spektralphotometer):
- Spektralphotometer
- 0,135 g $FeCl_3 \cdot 6\ H_2O$ (MG: 270,3)

in 2,5 ml Essigsäure lösen und mit Wasser auf 50 ml auffüllen
- 0,58 g / 10 ml   tri-Natriumcitrat $\cdot\ 2\ H_2O$ (MG: 294,10)
- 0,50 g 1,10-Phenanthrolin (MG: 198,22)

mit Ethanol lösen und auf 25 ml auffüllen

A2 (Sauerstoff-Elektrode):
- Sauerstoff-Elektrode zur Messung in wäßrigem Medium (E 14)
- 0,239 g / 10 ml   Glycerinaldehyd (MG: 90,1)

Methode B:

- Mikroskop mit Phasenkontrastzusatz
- Objektträger, Deckgläser

Durchführung

Methode A1 (Spektralphotometer): In eine Photometerküvette gibt man:
    0,05 ml Chloroplastensuspension,
    2,3 ml Suspensionsmedium,
    0,1 ml NH_4Cl-Lösung und
    0,1 ml Kaliumhexacyanoferrat(III)-Lösung.
Dann belichtet man die Küvette für genau 2 min. Nach der Belichtung gibt man in die Küvette:
    0,1 ml tri-Natriumcitrat-Lösung,
    0,1 ml $FeCl_3$-Lösung und
    0,1 ml 1,10-Phenanthrolin-Lösung.
Nach 3 min Reaktionszeit mißt man die Extinktion bei 510 nm. Nach der Messung der Präparation mit intakten Chloroplasten wiederholt man die Messung mit aufgebrochenen Chloroplasten. Dafür wird anstelle des Suspensionsmediums das hypotonische Medium verwendet. Zur Bestimmung des Blindwertes verwendet man den gleichen Ansatz jedoch ohne Chloroplasten (dafür 0,05 ml Suspensionsmedium mehr). Die Auswertung erfolgt nach folgender Formel:

$$100 \cdot \frac{E(a) - E(i)}{E(a) - E(B)} = \%\ \text{Intaktheit}$$

$E(a)$ = Extinktion bei 510 nm beim Ansatz mit aufgebrochenen Chloroplasten
$E(i)$ = Extinktion bei 510 nm beim Ansatz mit intakten Chloroplasten
$E(B)$ = Blindwert = Extinktion bei 510 nm beim Ansatz ohne Chloroplasten

Methode A2 (Sauerstoff-Elektrode): Die Sauerstoff-Elektrode wird zuerst geeicht (E 14). Dann gibt man in die Küvette:
    0,1 ml Chloroplastensuspension,
    4,6 ml Suspensionsmedium,

0,2 ml NH₄Cl-Lösung,
0,2 ml Kaliumhexacyanoferrat(III)-Lösung und
0,2 ml Glycerinaldehyd-Lösung.

Man belichtet die Küvette und mißt dabei die Änderung der Sauerstoffkonzentration. Dann wiederholt man die Messung, wobei - zum Aufbrechen der Chloroplasten - an Stelle des Suspensionsmediums das hypotonische Medium verwendet wird. Die Intaktheit der Chloroplastenpräparation errechnet sich wie folgt:

$$100 \cdot \frac{r(a) - r(i)}{r(a)} = \% \text{ Intaktheit}$$

$r(a)$ = Sauerstoff-Entwicklungsrate (μmol O_2 / ml / h) mit aufgebrochenen Chloroplasten

$r(i)$ = Sauerstoff-Entwicklungsrate (μmol O_2 / ml / h) mit intakten Chloroplasten

Methode B (Mikroskop mit Phasenkontrastzusatz): Die Chloroplasten werden bei ca. 200facher Vergrößerung im Lichtmikroskop mit Phasenkontrastzusatz betrachtet (helle Partikel: intakte Chloroplasten; dunkle Partikel: nicht intakte Chloroplasten). Durch Zugabe des hypotonischen Mediums kann man beobachten, wie intakte Chloroplasten osmotisch aufgebrochen werden.

E 4 Extraktion von Chloroplastenfarbstoffen und -chinonen

Chlorophylle und Carotinoide, die als Photosynthese-Farbstoffe der Absorption von Licht dienen, sind in den Thylakoiden enthalten. Chinone sind als Redoxsubstanzen oder Antioxidantien in den Thylakoiden lokalisiert oder werden als Speicherstoffe in den Plastoglobuli eingelagert.

Mit polaren organischen Lösungsmitteln, wie z.B. Aceton, können die Chloroplastenfarbstoffe und -chinone aus Pflanzengewebe extrahiert werden. Beim Zerkleinern des Gewebes gibt man etwas $NaHCO_3$ zu, um saure Zellsäfte zu neutralisieren, die Farbstoffe und Chinone angreifen können. Um später die Substanzen chromatographisch auftrennen oder besser quantitativ bestimmen zu können, überführt man die Farbstoffe und Chinone in ein unpolares Medium. Dazu gibt man den wäßrigen Aceton-Extrakt in einen Scheidetrichter und überschichtet mit Petrolbenzin. Durch leichtes Schwenken des Scheidetrichters gehen die Farbstoffe und Chinone in die unpolare Petrolbenzinphase. Zu kräftiges Schütteln führt zu Emulsionsbildung an der Phasengrenze, die die spätere Phasentrennung erschwert. Durch Zugabe von NaCl wird die Acetonphase stärker polar gemacht und dadurch die Trennung verbessert. Die Acetonphase wird verworfen und die Petrolbenzinphase mit den Farbstoffen und Chinonen mehrmals mit Wasser versetzt, um Acetonreste auszuwaschen. Durch Zugabe von Na_2SO_4 wird der Extrakt wasserfrei gemacht.

Material

- Pflanzengewebe, Kallusgewebe (E 27), Protoplasten (E 29) oder isolierte Chloroplasten (E 1)
- Homogenisator oder Mörser (für Pflanzen- oder Kallusgewebe)
- $NaHCO_3$
- Aceton
- Zentrifuge oder Filtriereinheit: Saugflasche, Nutsche, Filtrierpapier, Wasserstrahlpumpe

zusätzlich für wasserfreie Extrakte:
- Scheidetrichter (1 l)
- Petrolbenzin (Siedebereich 50-70° C)
- gesättigte wäßrige NaCl-Lösung
- wasserfreies Na_2SO_4

Durchführung

a) Extraktion aller Farbstoffe und Chinone aus Pflanzen oder Kallusgewebe: Etwa 5 g Pflanzen- oder Kallusgewebe werden mit 300 ml Aceton und einer Spatelspitze $NaHCO_3$ versetzt. Dann zerkleinert man das Pflanzenmaterial mit einem Homogenisator oder einem Mörser.
b) Extraktion aller Farbstoffe und Chinone aus isolierten Chloroplasten und Protoplasten: Isolierte Chloroplasten bzw. Protoplasten werden 5 min bei 660xg abzentrifugiert und dann mit 100 ml Aceton versetzt.
c) Extraktion zur schnellen quantitativen Bestimmung des Gesamt-Chlorophyllgehaltes aus isolierten Chloroplasten und Protoplasten: 0,1 ml der Chloroplasten- bzw. Protoplastensuspension werden mit 4,9 ml 80%igem wäßrigen Aceton versetzt.

Das Homogenat wird abfiltriert oder 10 min bei 2000xg abzentrifugiert.

Zur Herstellung eines wasserfreien Extraktes gibt man den Aceton-Extrakt in einen Scheidetrichter und überschichtet vorsichtig mit etwa 100 ml Petrolbenzin. Dann fügt man 300 ml der NaCl-Lösung zu und schwenkt den Scheidetrichter vorsichtig. Die farblose untere wäßrige Acetonphase wird abgelassen. Man fügt nochmals die gleiche Menge Wasser hinzu und schüttelt nochmals aus. Dieser Vorgang wird wiederholt bis das abgelassene Wasser nicht mehr nach Aceton riecht. Zum Schluß gibt man in den Petrolbenzinextrakt eine Spatelspitze Na_2SO_4, um die noch vorhandenen Reste Wasser zu entfernen.

E 5 Chromatographische Auftrennung von Chloroplastenfarbstoffen und -chinonen

Zur Isolierung der einzelnen Chloroplastenfarbstoffe und -chinone verwendet man die chromatographische Trennung auf Dünnschichtplatten oder Säulen. Mit organischen Lösungsmitteln wird zunächst ein Extrakt hergestellt (E 4). Das Gemisch aus Chlorophyllen, Carotinoiden und Chinonen wird auf eine Trägersubstanz, wie z.B. Kieselgel oder Zellulose gegeben. Die einzelnen Komponenten des Extraktes werden je nach Polarität unterschiedlich schnell auf der Platte bzw. der Säule transportiert.

Man unterscheidet zwischen Adsorptions- und Verteilungschromatographie. Bei der Adsorptionschromatographie (Methoden A1c und B1) erfolgt die Auftrennung der Einzelkomponenten in einem homogenen Laufmittel auf Grund der unterschiedlich starken Adsorption an die Trägersubstanz, das Adsorbens. Bei der Verteilungschromatographie (Methoden A1a, A1b und A2) werden die Einzelkomponenten auf Grund ihres unterschiedlichen Verteilungskoeffizienten in zwei verschiedenen, nicht miteinander mischbaren Lösungsmitteln getrennt. Ein Lösungsmittel, die stationäre Phase, bleibt an der Trägersubstanz, das andere Lösungsmittel, die mobile Phase, läuft daran vorbei.

Chlorophylle lassen sich gemeinsam mit Carotinoiden (Methode A), jedoch nicht gemeinsam mit Chinonen (Methode B) auftrennen. Chlorophylle, Carotinoide und Chinone lassen sich sowohl über die Dünnschicht- (Methoden A1 und B1) als auch über die Hochdruckflüssigkeitschromatographie (Methoden A2 und B2) trennen.

Bei der Dünnschichtchromatographie ist darauf zu achten, daß die Gasphase der Trennkammer mit Dämpfen des Laufmittels gesättigt ist. Dazu gibt man das Laufmittel etwa 1/2 h vor Beginn der Chromatographie in die Kammer und läßt die Kammer während der Trennung immer gut verschlossen. Um das Ausbleichen der Farbstoffe zu verhindert, führt man die Trennung im Dunkeln durch. Nach der Trennung werden die Einzelkomponenten von der Platte abgekratzt und mit organischen Lösungsmitteln von der Trägersubstanz eluiert. Um die Chinone genau zu lokalisieren, muß man die Platte mit Rhodamin-B besprühen. Die Lage der Einzelkomponenten auf der Platte wird durch ihren Rf-Wert angegeben :

$$Rf = \frac{\text{Strecke (Start - Komponente)}}{\text{Strecke (Start - Laufmittelfront)}}$$

Substanzen mit hohen Rf-Werten werden weit transportiert, Substanzen mit niedrigen Rf-Werten bleiben nahe am Start zurück.

Bei der Hochdruckflüssigkeitschromatographie (HPLC = high pressure liquid chromatography) werden die Einzelkomponenten nacheinander von der Säule eluiert. Am Ende der Säule befindet sich ein Spektralphotometer als Detektor. Den Austritt eines Farbstoffs oder Chinons erkennt man am Anstieg der Extinktion bei einer für die jeweilige Substanz charakteristischen Wellenlänge. Zur Charakterisierung der Laufeigenschaften in einer Säule gibt man für die Einzelkomponenten die Retentionszeiten (= Zeit zwischen Einspritzen in die Säule und Austritt aus der Säule) an.

Literatur zu E 5:
- Christen W (1975) Dünnschichtchromatographie. GIT-Verlag, Darmstadt
- Krauß GJ, Krauß G (1981) Experimente zur Chromatographie. VEB Deutscher Verlag der Wissenschaften, Berlin
- Schwedt G (1979) Chromatographische Trennmethoden. Thieme, Stuttgart

Material

- Extrakt der Blattfarbstoffe und Chinone (E 4)

Methode A (Auftrennung von Chlorophyll a, b und Carotinoiden):

A1 (Dünnschichtchromatographie):
- Dünnschichtchromatographie-Trennkammer
- Fritte
- Diethylether
- Ethanol

A1a:
- Streichgerät
- Glasplatten (20 x 20 cm)
- Schichtmittel (für 5 Platten):
  . 30 g Zellulose
- Imprägnierlösung:
  . 100 ml Speiseöl (Livio)
  . 1900 ml Petrolbenzin (Siedebereich 50-70° C)
- Laufmittelgemisch:
  . 75 ml Methanol
  . 25 ml Aceton
  . 5 ml Wasser

A1b:
- Homogenisator
- Streichgerät
- Trockenschrank
- Glasplatten (20 x 20 cm)
- Schichtmittel (für 5 Platten):
  . 12 g Kieselgur
  . 3 g Kieselgel
  . 3 g $CaCO_3$
  . 0,02 g $Ca(OH)_2$
  . 0,06 g Natriumascorbat
- Laufmittelgemisch:
  . 100 ml Petrolbenzin (Siedebereich 100-140° C)
  . 15 ml Isopropanol
  . 0,25 ml Wasser

A1c:
- fertige Kieselgel-Dünnschichtplatten (20 x 20 cm)
Laufmittel:
- 100 ml Diethylether

A2 (Hochdruckflüssigkeitschromatographie):

- HPLC-Gerät mit photometrischem Detektor, Säule: 250 mm lang, 3 mm Innendurchmesser, Säulenfüllung: Nucleosil 50 (Korngröße 5 um)
- µl-Spritze
- Laufmittelgemisch:
  . 900 ml iso-Oktan
  . 98 ml Ethanol
  . 2 ml Wasser

Methode B (Auftrennung von Chinonen):

B1 (Dünnschichtchromatographie):

- Dünnschichtchromatographie-Trennkammer
- Sprühgerät
- Fritte
- fertige Kieselgel-Dünnschichtplatten (20 x 20 cm)
- Laufmittelgemisch:
  . 80 ml Hexan oder Petrolbenzin (Siedebereich 50-70° C)
  . 20 ml Diethylether
- Referenzextrakt: Extrakt vermischt mit isoliertem α-Tocopherol und α-Tocochinon
- 0,1 g Rhodamin B
in Ethanol lösen
- Ethanol

B2 (Hochdruckflüssigkeitschromatographie):
- HPLC-Gerät mit photometrischem Detektor, Säule: 250 mm lang, 3 mm Innendurchmesser, Säulenfüllung: Nucleosil 8,5 (Korngröße 5 μm)
- μl-Spritze
- Laufmittelgemisch:
  . 950 ml Methanol
  . 50 ml Wasser

Durchführung

Methode A (Auftrennung von Chlorophyll a, b und Carotinoiden):

A1 (Dünnschichtchromatographie): Für die Methoden A1a und A1b müssen erst Glasplatten mit Schichtmittel versehen werden. Mindestens 1/2 h vor dem Chromatographieren gibt man das Laufmittel in die Trennkammer.

A1a (Verteilungschromatographie nach Egger K (1962) Planta 58: 664-667): Die Zellulose wird mit 60 ml Wasser gemischt. Dann wird die Suspension kräftig geschüttelt und mit einem Streichgerät auf die Glasplatten aufgetragen. Die Platten werden über Nacht an der Luft getrocknet. Die trockenen Platten werden dann bis auf eine ca. 5 cm breite Zone in die Imprägnierlösung getaucht.

A1b (Verteilungschromatographie nach Hager A und Meyer-Bertenrath (1966) Planta 69: 198-217): Die Substanzen des Schichtmittels werden mit 60 ml Wasser versetzt und mit einem Homogenisator gut vermischt. Dann wird die Suspension mit einem Streichgerät auf die Glasplatten aufgetragen. Die Platten werden über Nacht bei 90° C getrocknet.

Der Pigmentextrakt wird mit einer Pasteurpipette ca. 2 cm vom Rand bandförmig auf die Platte aufgetragen. Die Platte wird mit dem aufgetragenen Extrakt nach unten in das Laufmittel gestellt. Die Trennkammer wird verschlossen und abgedunkelt. Wenn die Laufmittelfront ca. 2 cm unter dem oberen Plattenrand angelangt ist, identifiziert man die Pigmente an Hand ihrer Rf-Werte:

Substanz	Rf-Wert Methode A1a	Rf-Wert Methode A1b	Rf-Wert Methode A1c
Chlorophyll a	0,13	0,65	0,84
Chlorophyll b	0,25	0,60	0,71
α- und ß-Carotin	0,01	0,95	0,98
Lutein	0,56	0,52	0,63
Zeaxanthin	0,56	0,52	0,63
Antheraxanthin	0,72	0,45	0,55
Lutein-5,6-epoxid	0,72	0,45	0,55
Violaxanthin	0,84	0,38	0,41
Neoxanthin	0,95	0,24	0,20

Dann kratzt man die Komponenten einzeln von der Platte, überführt das abgekratzte Kieselgel in eine Fritte und eluiert den Farbstoff (Chlorophyll a, b und ß-Carotin mit Diethylether; Xanthophylle mit Ethanol).

A2 (Hochdruckflüssigkeitschromatographie - Verteilungschromatographie nach Stransky H (1978) Zeitschrift für Naturforschung 33c: 836-840): Die Flußrate des Laufmittels wird auf 1 ml / min eingestellt. Man spritzt 5-20 μl Pigmentextrakt in den Hochdruckflüssigkeitschromatographen. Die Farbstoffe werden bei 440 nm detektiert. Die Retentionszeiten betragen:

ß-Carotin	1,5 min
Chlorophyll a	2,5 min
Chlorophyll b	3,3 min
Lutein	4,3 min
Zeaxanthin	4,3 min
Antheraxanthin	5,6 min
Violaxanthin	6,8 min
Neoxanthin	12,7 min

Methode B (Auftrennung von Chinonen):

B1 (Dünnschichtchromatographie - Adsorptionschromatographie nach Lichtenthaler et al. (1977) Physiologia plantarum 40: 105-110): Mindestens 1/2 h vor dem Chromatographieren füllt man das Laufmittel in die Trennkammer. Der Pigmentextrakt wird mit einer Pasteurpipette ca. 2 cm vom Rand bandförmig auf die Platte aufgetragen. In gleicher Höhe trägt man punktförmig den Referenzextrakt auf. Die Platte wird mit den aufgetragenen Extrakten nach unten in das Laufmittel gestellt. Dann wird die Trennkammer verschlossen und abgedunkelt.

Wenn die Laufmittelfront ca. 2 cm unter dem oberen Plattenrand angelangt ist, werden die einzelnen Chinone identifiziert. Dazu besprüht man den Plattenteil, auf dem der Referenzextrakt gelaufen ist, gleichmäßig mit Rodamin B-Lösung. Dadurch verfärben sich die Chinone blauviolett. Man stellt die Laufstrecke der einzelnen Chinone im angefärbten Bereich mit Hilfe der Rf-Werte fest:

Plastochinon	0,93
Phyllochinon	0,93
α-Tocopherol	0,66

Plastohydrochinon   0,53
α-Tocochinon   0,13

Dann kratzt man die Chinone im nicht angefärbten Bereich von der Platte. Die mit den Chinonen beladenen Kieselgelstücke werden in eine Fritte überführt und die einzelnen Chinone jeweils mit Ethanol eluiert.

B2 (Hochdruckflüssigkeitschromatographie - "Reversed phase"-Chromatographie nach Lichtenthaler HK und Prenzel U (1977) Journal of Chromatography 135: 493-498): Die Flußrate des Laufmittels wird auf 1,5 ml / min eingestellt. Man spritzt 5-20 μl Probe in den Hochdruckflüssigkeitschromatographen. Plastochinon und α-Tocochinon werden bei 260 nm, α-Tocopherol und Plastohydrochinon bei 290 nm detektiert. Die Retentionszeiten betragen:

α-Tocochinon   1,7 min
Plastohydrochinon   2,6 min
α-Tocopherol   3,4 min
Plastochinon   15,4 min

E 6 Quantitative Bestimmung der Chloroplastenfarbstoffe und -chinone

Zur quantitativen Bestimmung der Chloroplastenfarbstoffe und -chinone müssen die Substanzen zunächst extrahiert (E 4) evtl. auch chromatographiert (E 5) werden. Die quantitative Bestimmung erfolgt über die Messung der Lichtabsorption. In einem Spektralphotometer wird die Lichtabsorption der im Extrakt enthaltenen Einzelkomponenten meist bei der Wellenlänge des jeweiligen Absorptionsmaximums gemessen. Spektralphotometer geben die gemessene Absorption in Extinktionseinheiten und nicht in % Absorption an. Dies ist sinnvoll, da die Extinktion einer Probe bei einer Wellenlänge proportional zur Konzentration der absorbierenden Substanz ist. Der Proportionalitätsfaktor, der Extinktionskoeffizient, muß empirisch bestimmt werden. In den meisten Fällen kann man ihn für eine Substanz, eine Wellenlänge und ein Lösungsmittel in der Literatur nachschlagen. Nach dem Lambert Beer'schen Gesetz gilt für die Messung bei einer Wellenlänge:

$$\log \frac{I_0}{I} = Ext = \varepsilon \cdot c \cdot d = -\log \frac{T\%}{100}$$

I_0 = Intensität des Meßlichtes vor der Probe
I = Intensität des Meßlichtes nach der Probe
Ext = Extinktion der Probe bei einer Wellenlänge (dimensionslos)
ε = molarer Extinktionskoeffizient der Probe für eine Wellenlänge (l / mol / cm)
c   = molare Konzentration der Probe (mol / l)
d   = Schichtdicke der Probe (cm)
T% = Transmission der Probe bei einer Wellenlänge (%)

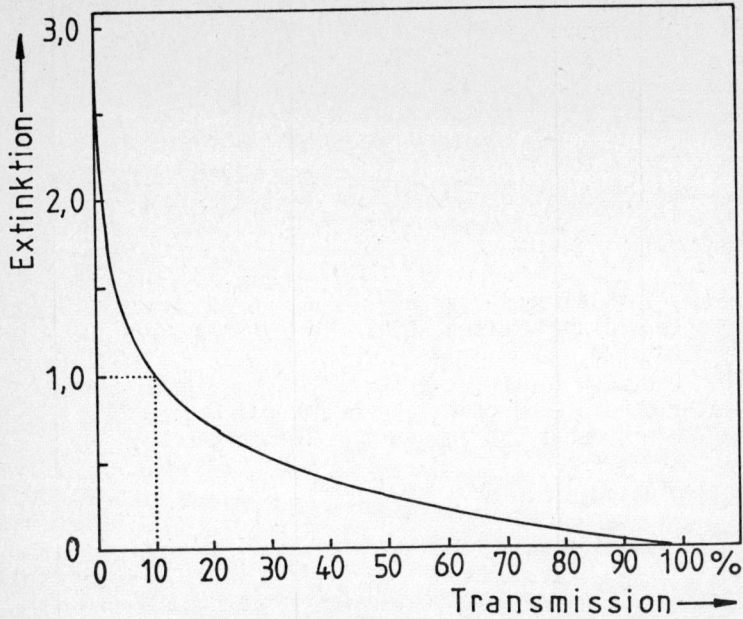

Abb. 12: Graphische Darstellung des Zusammenhanges zwischen Extinktion und Transmission.

Anstelle des molaren Extinktionskoeffizienten ε wird manchmal der spezifische Extinktionskoeffizient α (1 / g / cm) angegeben ($\alpha = \varepsilon$ / Molekulargewicht). Die Dimension der dann errechneten Konzentration ist g / l. Die meisten Spektralphotometer zeigen die gemessene Absorption auch als prozentuale Lichtdurchlässigkeit der Probe (Transmission) an. Abb. 12 zeigt den Zusammenhang zwischen Transmission und Extinktion.

Die Extrakte, aus denen die Extinktion bestimmt werden soll, müssen völlig klar sein. Trübungen, z.B. durch Proteine, erzeugen Lichtstreuung, die Lichtabsorption vortäuscht. Trübe Extrakte müssen daher vor der Messung abzentrifugiert oder abfiltriert werden. Ein Rest von Lichtstreuung kann zum Teil korrigiert werden, in dem man die bei 750 nm gemessene Extinktion (= Lichtstreuung) als Nullwert verwendet (Ext = Ext(Messung) - Ext(750 nm)).

Zur Messung des Gehaltes an Chlorophyll a und b sowie des Gehaltes der Summe aller Carotinoide wird nur 1 Extrakt benötigt. Für die Bestimmung der einzelnen Carotinoide und Chinone muß man die Substanzen zuvor chromatographisch auftrennen (E 5). Oxidiertes Plastochinon und α-Tocochinon werden über die Extinktionsänderung bei der Reduktion zum Hydrochinon bestimmt. Reduzierte Chinone, wie Plastohydrochinon und α-Tocopherol, werden mit $FeCl_3$ oxidiert. Die Menge des dabei gebildeten Fe^{2+} wird als Eisen-Bipyridin-Komplex gemessen. Sie entspricht der Menge der ursprünglich vorhandenen reduzierten Chinone.

Literatur zu E 6:
- Sestak Z (1971) Determination of chlorophylls a and b. In: Sestak Z, Catsky J, Jarvis PG (eds) Plant photosynthetic production - Manual of methods. Dr W Junk Publ, Den Haag, pp 672-701

Material

- Spektralphotometer

Methode A (Chlorophylle):

A1 (Gesamtchlorophyll in 80%igem Aceton):
- Extrakt in 80%igem wäßrigen Aceton (E 4)

A2 (Chlorophyll a und b in Diethylether):
- Extrakt in Diethylether (E 5) oder Petrolbenzinextrakt (E 4) am Rotationsverdampfer eingeengt und in Diethylether aufgenommen

Methode B (Carotinoide):

B1 (Summe aller Carotinoide zusammen mit Chlorophyll a und b in Diethylether):
- Petrolbenzinextrakt (E 4) am Rotationsverdampfer eingeengt und in Diethylether aufgenommen

B2 (einzelne Carotinoide):
- ß-Carotin-Extrakt in Diethylether (E 5) bzw. Xanthophyll-Extrakt in Ethanol (E 5)

Methode C (Chinone):

C1 (oxidierte Chinone):
- Plastochinon- oder α-Tocochinon-Extrakt in Ethanol (E 5)
- 0,1 g / 100 ml KBH_4 (0,1%)

C2 (reduzierte Chinone):
- Plastohydrochinon- oder α-Tocopherol-Extrakt in Ethanol (E 5)
- Ethanol
- 2 g $FeCl_3$
in 98%igem wäßrigen Ethanol lösen und auf 100 ml auffüllen
- 2 g 2,2´-Bipyridin
in 98%igem wäßrigen Ethanol lösen und auf 100 ml auffüllen

Durchführung

Methoden A und B (Chlorophylle und Carotinoide): Man mißt die Extinktion der Extrakte bei den angegebenen Wellenlängen, korrigiert evtl. Reste von Lichtstreuung (s.o.) und berechnet die Konzentration der Farbstoffe nach den folgenden Formeln:

A1 (Gesamtchlorophyll in 80%igem Aceton nach Arnon D (1949) Plant Physiology 24: 1-15):

$$\frac{Ext(652\ nm)}{0,0345} = \mu g\ Chlorophyll\ a + b\ /\ ml$$

Zur quantitativen Bestimmung des Gesamt-Chlorophyllgehaltes von Chloroplasten und Protoplasten (Extrakt c in E 4) wird die errechnete Chlorophyll-Konzentration mit 50 multipliziert. Man erhält dann die Chlorophyll-Konzentration in µg pro ml Suspension.

A2 (Chlorophyll a und b in Diethylether nach Ziegler R, Egle K (1965) Beitr Biol Pflanzen 41: 11-37 und 39-63):
  a) in einem Extrakt:
     10,05 Ext(662 nm) - 0,89 Ext(664 nm) = µg Chlorophyll a / ml
     16,37 Ext(644 nm) - 2,69 Ext(662 nm) = µg Chlorophyll b / ml
  b) einzeln nach chromatographischer Trennung:
     Ext(662 nm)/0,101 = µg Chlorophyll a / ml
     Ext(644 nm)/0,062 = µg Chlorophyll b / ml

B1 (Summe aller Carotinoide zusammen mit Chlorophyll a und b in Diethylether nach Gaudillere JP (1974) Physiologie vegetale 12: 585-599):

  $(1000 \cdot Ext(470 \text{ nm}) - 1{,}28\, c(a) - 56{,}7\, c(b)) / 232 =$
  $= \mu g$ Carotinoide / ml

  c(a) = Konzentration von Chlorophyll a in µg / ml (nach A2a)
  c(b) = Konzentration von Chlorophyll b in µg / ml (nach A2a)

B2 (einzelne Carotinoide nach Stransky H (1978) Zeitschrift für Naturforschung 33c: 836-840):
  a) ß-Carotin in Diethylether:
     Ext(451 nm) / 0,254 = µg ß-Carotin / ml
  b) Lutein in Ethanol:
     Ext(446 nm) / 0,254 = µg Lutein / ml
  c) Zeaxanthin in Ethanol:
     Ext(451 nm) / 0,248 = µg Zeaxanthin / ml
  d) Antheraxanthin in Ethanol:
     Ext(446 nm) / 0,235 = µg Antheraxanthin / ml
  e) Violaxanthin in Ethanol:
     Ext(441 nm) / 0,25 = µg Violaxanthin / ml
  f) Neoxanthin in Ethanol:
     Ext(438 nm) / 0,227 = µg Neoxanthin / ml

C1 (oxidierte Chinone): Man mißt die Extinktion bei der angegebenen Wellenlänge vor (Extox) und nach (Extred) der Zugabe von 2 Tropfen KBH_4-Lösung (Warten bis keine weitere Extinktionsabnahme erfolgt). Die Konzentration der oxidierten Chinone errechnet sich dann wie folgt:

  a) Plastochinon in Ethanol:
     (Extox(255 nm) - Extred(255 nm)) / 0,023 = µg Plastochinon / ml
  b) α-Tocochinon in Ethanol:
     (Extox(268 nm) - Extred(268 nm)) / 0,038 = µg α-Tocochinon / ml

C2 (reduzierte Chinone): In eine Photometerküvette gibt man:
     0,6 ml Chinonextrakt,
     1,8 ml Ethanol,
     0,3 ml $FeCl_3$-Lösung und
     0,3 ml Bipyridin-Lösung.
Man läßt die Probe 2 min im Dunkeln und mißt dann die Extinktion bei 520 nm (ExtP). Als Blindwert wird der Chinonextrakt durch Ethanol er-

setzt, man mißt die Extinktion bei 520 nm (ExtB). Die Konzentration der reduzierten Chinone errechnet sich wie folgt:

a) Plastohydrochinon in Ethanol:
   (ExtP - ExtB) / 0,0275 = µg Plastohydrochinon / ml
b) α-Tocopherol in Ethanol:
   (ExtP - ExtB) / 0,0407 = µg α-Tocopherol / ml

E 7 Elektrophoretische Auftrennung von Chlorophyll-Protein-Komplexen

Isolierte Chloroplasten werden osmotisch aufgebrochen. Durch Inkubation mit einem Detergenz, wie z.B. Natriumdodecylsulfat (SDS), werden die Chlorophyll-Protein-Komplexe aus den Thylakoiden freigesetzt. Dabei lagert sich das Anion des SDS an die Proteine der Komplexe an. Das Gemisch der einzelnen Komplexe kann durch Elektrophorese über Polyacrylamidgele getrennt werden. Dabei wird an den Enden des Gels eine Gleichstromspannung angelegt. Die negativ geladenen SDS-Chlorophyll-Protein-Komplexe wandern dann in Richtung Anode.

Das Polyacrylamidgel stellt eine Art Geflecht dar, dessen Porengröße von der Konzentration des Acrylamids abhängt. Die Wandergeschwindigkeit der einzelnen Komplexe im Gel wird im wesentlichen von ihrer Molekülgröße bestimmt, d.h. große Moleküle wandern langsamer als kleine. Mit Vergleichssubstanzen bekannten Molekulargewichtes können daher auch die Molekulargewichte der einzelnen Komplexe bestimmt werden. Zur Erhöhung der Trennschärfe der einzelnen Komplexbanden wird über das eigentliche Trenngel ein Sammelgel mit geringerer Acrylamid-Konzentration geschichtet.

Um die Lage der Banden im Gel genau zu bestimmen, wird in einem Densitometer die Transmission des Gels entlang der Elektrophoreselaufstrecke gemessen (Densitogramm Abb. 13). Die farblosen reinen Proteinbanden kann man durch Anfärben mit Coomassie-Brillantblau zusätzlich sichtbar machen.

Literatur zu E 7:
- Deyl Z (1979) Electrophoresis. Elsevier, Amsterdam
- Williams BL, Wilson K (1978) Praktische Biochemie. Thieme, Stuttgart

Material

- isolierte Chloroplasten (E 1)
- Zentrifuge
- Elektrophorese-Kammer
- Spannungsquelle für Gleichstrom (0-200 mA, 0-500 V)
- Gelbehälter (je nach Kammersystem: Röhrchen oder Platten)
- 0,1 n HCl
- 2,5 g / 25 ml   SDS = Natriumdodecylsulfat (MG: 288,38)
- Trenngelpuffer:
  . 16,6 g / 150 ml   Tris = Tris-(hydroxymethyl)-aminomethan
                      (MG: 121,14)
  . 3,7 ml SDS-Lösung

zusammen mit 0,1 n HCl auf pH 8,8 einstellen und mit Wasser auf
250 ml auffüllen
- Sammelgelpuffer:
    . 5,3 g / 150 ml   Tris = Tris-(hydroxymethyl)-aminomethan
                       (MG: 121,14)
    . 3,5 ml SDS-Lösung
    mit 0,1 n HCl auf pH 6,8 einstellen und mit Wasser auf 250 ml
    auffüllen
- Acrylamid/BIS-Lösung:
    . 30 g Acrylamid (MG: 71,08)
    . 0,8 g BIS = N,N´-Methylendiacrylamid (MG: 154,17)
    zusammen in 100 ml Wasser lösen
- 0,1 g / 3,6 ml $(NH_4)_2S_2O_7$ (MG: 228,20) (Lösung ca. 3 h haltbar)
- TEMED = N,N,N´,N´-Tetramethylethylendiamin (MG: 116,21)
- Kathoden-Puffer:
    . 3 g Tris = Tris-(hydroxymethyl)-aminomethan (MG: 121,14)
    . 14,4 g Glycin (MG: 75,07)
    zusammen in 900 ml Wasser lösen. Dazu:
    . 10 ml SDS-Lösung
    mit 0,1 n HCl auf pH 8,3 einstellen und mit Wasser auf 1 l auffüllen
- Anodenpuffer:
    . 1,5 g Tris = Tris-(hydroxymethyl)-aminomethan (MG: 121,14)
    . 7,2 g Glycin (MG: 75,07)
    zusammen in 900 ml Wasser lösen, mit 0,1 n HCl auf pH 8,3 einstellen und mit Wasser auf 1 l auffüllen
- Solubilisierungspuffer:
    . 0,3 g / 15 ml   Tris = Tris-(hydroxymethyl)-aminomethan
                      (MG: 121,14)
    mit 0,1 n HCl auf pH 6,8 einstellen. Dazu:
    . 5 ml Glycerin
    . 0,5 ml 2-Mercaptoethanol
    zusammen mit Wasser auf 25 ml auffüllen
- μl-Spritze
- ml-Spritze
- Geräte und Lösungen zur Chlorophyllbestimmung nach Arnon (E 4c, E 6)
zur Lokalisation der Komplexe im Gel:
- Densitometer für Transmissionsmessungen
zur Proteinfärbung:
- Anfärbelösung:
    . 0,1 g Coomassie Brillantblau 6250
    in 50 ml Methanol, 43 ml Wasser und 7 ml Essigsäure lösen
- Entfärbelösung:
    . 80 ml Wasser
    . 20 ml Methanol
    . 7 ml Essigsäure

Durchführung

Zuerst wird das Trenngel hergestellt. Für 12 Trennröhrchen (11,8 cm
lang, 0,4 cm Innendurchmesser) mischt man:
    11,8 ml Trenngelpuffer,
     7,9 ml Acrylamid/BIS-Lösung,
     0,3 ml $(NH_4)_2S_2O_7$-Lösung und
       5 μl TEMED.
Das Gemisch wird gut verrührt und in die Gelbehälter gefüllt (bis ca.

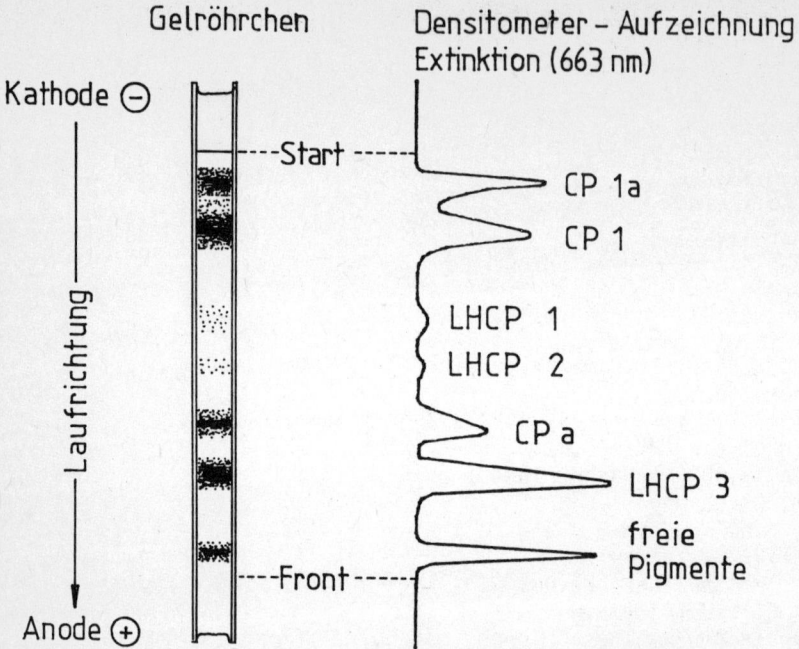

Abb. 13: Polyacrylamid-Gelröhrchen nach der elektrophoretischen Auftrennung von Chlorophyll-Protein-Komplexen und das davon gemessene Densitogramm (Densitometer-Aufzeichnung der Extinktion bei 663 nm).

2 cm unter den Rand). Mit der ml-Spritze wird diese Lösung vorsichtig mit einigen ml Wasser überschichtet. Dabei tritt eine deutliche Trennschicht auf, die während der Polymerisation des Gels verschwindet. Nach ca. 1-2 Stunden ist die Polymerisation abgeschlossen, die Trennschicht ist dann wieder sichtbar. Das auf dem Gel lagernde Wasser wird abgesaugt und das Sammelgel wird hergestellt. Dazu mischt man:

    1,4 ml Sammelgelpuffer,
    0,3 ml Acrylamid/BIS-Lösung,
    0,1 ml $(NH_4)_2S_2O_7$-Lösung und
    1,25 µl TEMED.

Das Gemisch wird gut verrührt und in die Gelbehälter auf das Trenngel gegeben (0,5-1 cm hohe Schicht). Mit einer ml-Spritze werden wieder einige ml Wasser überschichtet. Die sichtbare Trennschicht zwischen Gel und Wasser verschwindet und wird erst nach Ende der Polymerisation (nach ca. 20 min) wieder sichtbar. Das auf dem Gel lagernde Wasser wird abgesaugt. Die Gele sind nun gebrauchsfertig, können aber auch über Nacht im Kühlschrank gelagert werden.

Die Gelbehälter werden in die Elektrophoresekammer eingesetzt und die Anoden- und Kathodenpuffer eingefüllt. Zwischen Puffer und Gel dürfen sich keine Luftblasen befinden, und die beiden Elektrodenpuffer-Reservoirs müssen gut gegeneinander abgedichtet sein. Isolierte Chloroplasten werden in Wasser suspendiert, so daß sie osmotisch aufbrechen. Dann werden die Thylakoide 20 min bei 6000xg abzentrifugiert. Das Sediment wird mit 3 ml destilliertem Wasser gut aufgerührt.

Von dieser Suspension wird der Gesamt-Chlorophyllgehalt bestimmt. Dazu extrahiert man mit 80%igem Aceton (E 4c) und berechnet die Konzentration nach Arnon (E 6, Methode A1).

Die Thylakoide werden 4 min bei 4° C im Solubilisierungsmedium inkubiert (Chlorophyll/SDS = 1/40 w/w, 0,6% SDS, z.B.: ein Volumen der Thylakoidsuspension, das 0,3 mg Chlorophyll enthält, wird mit 1 ml Solubilisierungspuffer und 0,12 ml SDS-Lösung versetzt; das Gesamtvolumen wird durch Zugabe von Wasser auf 2 ml aufgefüllt). Während der SDS-Inkubation wird ständig gerührt. Dann gibt man 100-200 μl der solubilisierten Thylakoidfraktion auf das Sammelgel eines Röhrchens. Die Elektrophoresekammer wird verschlossen und die Spannungsquelle eingeschaltet. Zunächst wird eine Stromstärke von 1 mA pro Röhrchen (7 mA pro cm^2 Geloberfläche) angelegt. Wenn die solubilisierten Thylakoide am Ende des Sammelgels angelangt sind, wird die Stromstärke auf 2 mA pro Röhrchen (14 mA pro cm^2 Geloberfläche) erhöht.

Die Elektrophorese wird beendet, wenn die freien Pigmente das Ende des Trenngels fast erreicht haben. Zur Lokalisation und zur Bestimmung der Stärke der einzelnen Banden kann man die Transmission des Gels mit einem Densitometer bei 663 nm messen. Anschließend kann man die Proteine, die nicht an Farbstoffe gebunden sind, anfärben und damit sichtbar machen. Dazu wird das Gel 45 min in eine Coomassie-Brillantblau-Lösung gelegt und anschließend der nicht an die Proteine gebundene Farbstoff ausgewaschen. Dazu legt man die Gele über Nacht in die Entfärbelösung. Zur Lokalisation der angefärbten Banden kann man die Transmission des Gels mit einem Densitometer bei 595 nm messen.

E 8 Bestimmung des Cytochrom f-Gehaltes isolierter Chloroplasten

Das Absorptionsmaximum des Cytochrom f bei 554 nm (α-Bande des Häms) verschwindet, wenn reduziertes Cytochrom f oxidiert wird (Abb. 14). Da bei dieser Wellenlänge die Chlorophylle und Carotinoide am wenigsten absorbieren, kann Cytochrom f in isolierten Chloroplasten bei 554 nm bestimmt werden. Durch Zugabe von Triton X-100 kann man verhindern, daß gleichzeitig Cytochrom b-559 gemessen wird.

Methode A (Zweistrahl-Spektralphotometer): Ein Teil der Chloroplastensuspension wird in der Probenküvette mit Hydrochinon-Lösung reduziert. Ein gleicher Ansatz wird in der Vergleichsküvette mit Kaliumhexacyanoferrat(III) oxidiert. Da Cytochrom f bei Redoxvorgängen bei 544 und 560 nm (isosbestische Punkte) keine Absorptionsänderungen zeigt, kann man die Verbindungslinie zwischen diesen beiden Meßpunkten als Nullinie verwenden. Aus der Extinktion bei 554 nm (gemessen von der konstruierten Nullinie) läßt sich die Konzentration an Cytochrom f berechnen.

Methode B (Zweiwellenlängen-Spektralphotometer): Man mißt das Absorptionsspektrum der durch Zugabe von Hydrochinon-Lösung reduzierten Probe. Danach setzt man Kaliumhexacyanoferrat(III) als Oxidationsmittel

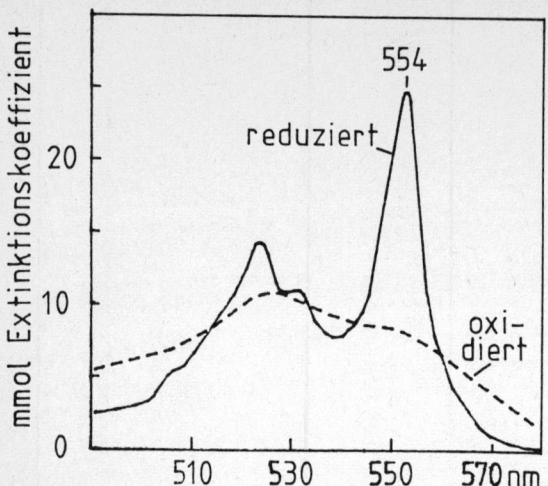

Abb. 14: Absorptionsspektrum von Cytochrom f im reduzierten und im oxidierten Zustand (Bendall et al. 1971).

zu und mißt das Spektrum derselben Probe, die nun oxidiert vorliegt. Aus der Extinktionsdifferenz im Absorptionsmaximum bei 554 nm wird die Cytochrom f-Konzentration berechnet. Zweiwellenlängen-Spektralphotometer haben den Vorteil, daß nur mit einer Probe gemessen werden muß und daß die Messung bei einer Vergleichswellenlänge (hier: 544 nm) Änderungen der Absorption, die nicht von der zu untersuchenden Substanz verursacht werden (z.B. Sedimentation der Partikel) automatisch ausgleicht.

Literatur zu E 8:
- Bendall DS, Davenport HE, Hill R (1971) Cytochrome components in chloroplasts of higher plants In: San Pietro A (ed) Methods in enzymology. Academic Press, New York (Photosynthesis, part A, Vol 23) pp 327-344
- Rühle W, Wild A (1979) Measurements of cytochrome f and P 700 in intact leaves of Sinapis alba grown under high light and low light conditions. Planta 146: 377-385

Material

- isolierte Chloroplasten (E 1)
- hochempfindliches Zweistrahl-Spektralphotometer (Methode A) oder Zweiwellenlängen-Spektralphotometer (Methode B)
- Triton X-100
- 0,55 g / 10 ml   p-Benzochinon (MG: 110,11)
- 1,56 g / 10 ml   Kaliumhexacyanoferrat(III) (MG: 329,26)
- µl-Spritze
- Geräte und Lösungen zur Chlorophyllbestimmung nach Arnon (E 4c, E 6)

Durchführung

Zu einer konzentrierten Suspension isolierter Chloroplasten (E 1, ca. 1 mg Chlorophyll / ml) wird 1 Volumen-% Triton X-100 gegeben. Von dieser Suspension wird der Gesamt-Chlorophyllgehalt bestimmt. Dazu extrahiert man mit 80%igem Aceton (E 4c) und berechnet die Chlorophyll-Konzentration nach Arnon (E 6, Methode A1).

Der Chloroplastensuspension wird ein Volumen entnommen, das 2 mg Chlorophyll enthält. Mit dem gleichen Puffer, in dem die Chloroplasten suspendiert sind, wird auf 6 ml aufgefüllt und gut durchmischt.

Methode A (Zweistrahl-Spektralphotometer): Die verdünnte Chloroplastensuspension wird zu gleichen Teilen in die Proben- und in die Referenzküvette gegeben. Dann gibt man 7,5 µl der Benzochinon-Lösung in die Probenküvette und 7,5 µl Kaliumhexacyanoferrat(III)-Lösung in die Referenzküvette. Es wird gut durchmischt. Dann nimmt man das Absorptionsspektrum zwischen 520 und 580 nm auf und bestimmt den Extinktions-Wert bei 554 nm (ΔExt(554 nm)) ausgehend von der Nullinie zwischen 544 und 560 nm.

Methode B (Zweiwellenlängen-Spektralphotometer): 3 ml der verdünnten Chloroplastensuspension werden in die Probenküvette gegeben, mit 7,5 µl Benzochinon-Lösung versetzt und gut durchmischt. Man nimmt das Spektrum der reduzierten Probe zwischen 520 und 580 nm auf. Die Referenzwellenlänge wird auf 544 nm gesetzt. Danach gibt man 15 µl Kaliumhexacyanoferrat(III)-Lösung zu, mischt gut und nimmt das Spektrum der oxidierten Probe auf. Zur Auswertung bestimmt man die Differenz der Extinktionswerte bei 554 nm (ΔExt(554 nm)) zwischen den beiden Spektren.

Die Cytochrom f-Konzentration errechnet sich nach der Formel:

$$\frac{\Delta \text{Ext}(554 \text{ nm}) \cdot 3}{17700} = \mu\text{mol Cytochrom f/ mg Chlorophyll}$$

E 9 Bestimmung des P 700-Gehaltes isolierter Chloroplasten

Beim Übergang vom reduzierten in den oxidierten Zustand zeigt P 700 eine Abnahme der Absorption bei 700 nm (Abb. 15).

Methode A (Zweistrahl-Spektralphotometer): Gleiche Mengen einer Chloroplastensuspension werden in die Proben- und in die Referenzküvette gegeben. Durch Zugabe von Ascorbat in die Probenküvette und von Kaliumhexacyanoferrat(III) in die Referenzküvette wird P 700 reduziert bzw. oxidiert. Das Absorptionsspektrum zeigt ein Maximum bei 700 nm. Da Redoxvorgänge des P 700 keine Absorptionsänderung bei 740 nm verursachen (isosbestischer Punkt), wird die Extinktion bei 740 nm als Nullpunkt verwendet.

Methode B (Zweiwellenlängen-Spektralphotometer): Man mißt zunächst das Absorptionsspektrum der oxidierten dann das der reduzierten Chloroplastensuspension. Aus der Extinktionsdifferenz im Absorptionsmaximum bei 700 nm wird die P 700-Konzentration berechnet. Die Vorteile des Zweiwellenlängen-Spektralphotometers sind in E 8 beschrieben.

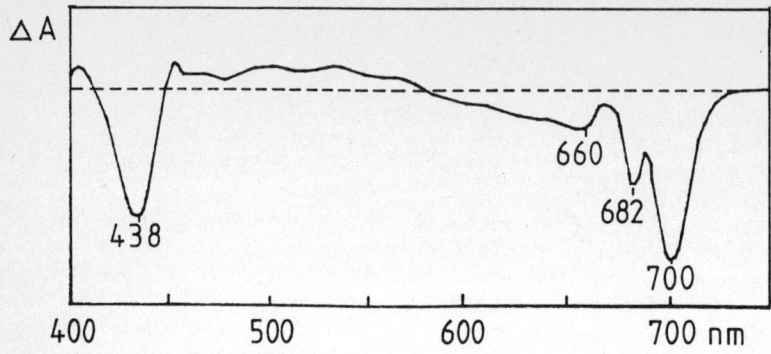

Abb. 15: Absorptionsänderung bei der Oxidation von P 700 (Witt 1971).

Literatur zu E 9:
- Marsho TV, Kok B (1980) P 700 detection. In: San Pietro A (ed) Methods in enzymology. Academic Press, New York (Photosynthesis, part C, Vol 69) pp 280-289
- Rühle W, Wild A (1979) Measurement of cytochrome f and P 700 in intact leaves of Sinapis alba grown under high light and low ligth conditions. Planta 146: 377-385

Material

- isolierte Chloroplasten (E 1)
- hochempfindiches Zweistrahl-Spektralphotometer (Methode A) oder Zweiwellenlängen-Spektralphotometer (Methode B)
- 1,98 g / 10 ml   Natriumascorbat (MG: 198,11)
- 1,65 g / 10 ml   Kaliumhexacyanoferrat(III) (MG: 329,26)
- µl-Spritze
- Geräte und Lösungen zur Chlorophyllbestimmung nach Arnon (E 4c, E 6)

Durchführung

Von einer konzentrierten Chloroplastensuspension wird der Gesamt-Chlorophyllgehalt bestimmt. Dazu extrahiert man mit 80%igem Aceton (E 4c) und berechnet die Chlorophyll-Konzentration nach Arnon (E 6, Methode A1). Der Chloroplastensuspension wird ein Volumen, das 200 µg Chlorophyll enthält, entnommen. Mit dem gleichen Puffer, in dem die Chloroplasten suspendiert sind, wird auf 6 ml aufgefüllt und gut durchmischt.

Methode A (Zweistrahl-Spektralphotometer): Die verdünnte Chloroplastensuspension wird zu gleichen Teilen auf die beiden Photometerküvetten verteilt. Dann werden 6 µl Ascorbat-Lösung in die Probenküvette und 6 µl Kaliumhexacyanoferrat(III)-Lösung in die Referenzküvette gegeben und beide Proben gut durchmischt. Anschließend wird das Absorptionsspektrum zwischen 680 und 750 nm aufgenommen und die Extinktionsdifferenz zwischen 700 und 740 nm (ΔExt(700 nm)) bestimmt.

Methode B (Zweiwellenlängen-Spektralphotometer): 3 ml der verdünnten Chloroplastensuspension werden in die Probenküvette gegeben, mit 6 µl Ascorbat-Lösung versetzt und gut durchmischt. Man nimmt das Spektrum der reduzierten Probe zwischen 680 und 750 nm auf. Die Referenzwellenlänge wird auf 740 nm gesetzt. Danach gibt man 12 μl Kaliumhexacyanoferrat(III)-Lösung zu, mischt gut und nimmt das Absorptionsspektrum der oxidierten Probe auf. Man bestimmt die Extinktionsdifferenz zwischen den beiden Spektren bei 700 nm (Δ Ext(700 nm)).

Die P 700-Konzentration errechnet sich nach der Formel:

$$\frac{\Delta \text{Ext}(700 \text{ nm}) \cdot 30}{64000} = \mu\text{mol P 700 / mg Chlorophyll}$$

Die P 700-Konzentration wird oft auch als "Größe der Photosynthese-Einheit" in mol Chlorophyll / mol P 700 oder als "Dichte der Photosynthese-Einheit" in mol P 700 / cm^2 Blattfläche angegeben.

E 10 Bestimmung des Gehaltes der PS II-Akzeptoren Q, B und Plastochinon

Die Gehalte der PS II-Akzeptoren lassen sich durch die Messung der Induktionskinetik der Chlorophyll-Fluoreszenz bestimmen. Die Intensität der Chlorophyll-Fluoreszenz hängt davon ab, in welchem Ausmaß die Photosystem II-Akzeptoren Q, B und Plastochinon Elektronen aufnehmen können. Sind die Akzeptoren vollständig reduziert, so können sie keine weiteren Elektronen aufnehmen. Die Chlorophyll-Fluoreszenz ist dann groß, da die absorbierte Lichtenergie nicht für den photosynthetischen Elektronentransport genutzt werden kann (5.2.4.).

Im Dunkeln werden die PS II-Akzeptoren oxidiert, da Elektronen in Richtung PS I abfließen können und keine weiteren Elektronen von PS II nachgeliefert werden. In einer Pflanze, die nach 15 min Dunkel belichtet wird, nehmen die PS II-Akzeptoren wieder Elektronen von PS II auf. Wird der Elektronentransport zwischen PS II und PS I gehemmt, so werden die PS II-Akzeptoren bei Belichtung vollständig reduziert. Sie bleiben im reduzierten Zustand, auch wenn die Pflanze nicht mehr belichtet wird, da dann keine Elektronen in Richtung PS I abgegeben werden können. Da mit der Reduktion der PS II-Akzeptoren die Chlorophyll-Fluoreszenz ansteigt, ist ihr Anstieg direkt vom Gehalt an PS II-Akzeptoren abgängig.

Die Fläche über der Fluoreszenzkinetik wird als "komplementäre Fläche" bezeichnet (Abb. 16). Ihre Größe ist proportional zur Konzentration der PS II-Akzeptoren. Welche der natürlichen PS II-Akzeptoren den Fluoreszenzanstieg beeinflussen, kann durch den Einsatz verschiedener PS II-Hemmstoffe untersucht werden. DCMU hemmt den photosynthetischen Elektronentransport nach dem Quencher Q, DBMIB nach dem Plastochinon-pool (11.1.1.). Bei Zugabe von DCMU kann über die Fluoreszenzmessung der Gehalt an Q, bei Zugabe von DBMIB der Gehalt an Q, B und Plastochinon-Molekülen im Plastochinon-pool relativ bestimmt werden.

Die komplementäre Fläche, die die Konzentration von Q und B angibt, wird mit dem Faktor 1,5 multipliziert, da zur Reduktion von Q 1 Elek-

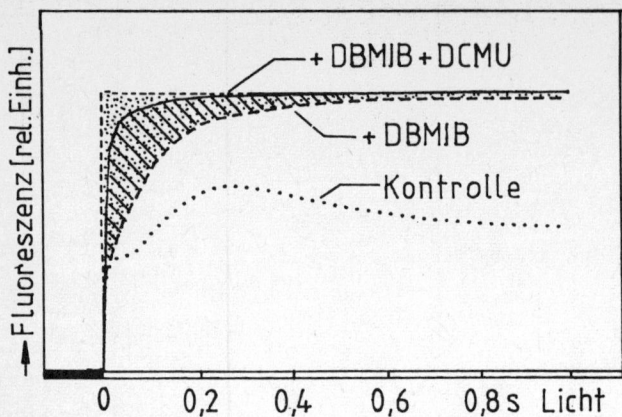

Abb. 16: Induktionskinetik der Chlorophyll-Fluoreszenz gemessen an einer Suspension der Grünalge Scenedesmus vor (Kontrolle) und nach Inkubation mit DBMIB ($5 \cdot 10^{-5}$ mol) bzw. DBMIB ($5 \cdot 10^{-5}$ mol) und DCMU ($5 \cdot 10^{-6}$ mol). Die nur punktierte Fläche ist proportional zur Konzentration von Q. Die schraffierte Fläche ist proportional zur Konzentration von B und den Molekülen des Plastochinon-pools (Bauer und Wijnands 1974).

tron benötigt wird, zur Reduktion von B aber, wie bei der Reduktion der Plastochinon-Moleküle des Plastochinon-pools, 2 Elektronen.

Literatur zu E 10:
- Bauer R, MJG Wijnands (1974) The inhibition of photosynthetic electron transport by DBMIB and its restoration by p-phenylenediamines. Studies by means of prompt and delayed chlorophyll fluorescence of green algae. Zeitschrift für Naturforschung 29c: 725-732
- Malkin S, Armond PA, Mooney HA, Fork DC (1981) Photosystem II photosynthetic unit sizes from fluorescence induction in leaves. Plant Physiology 67: 570-579
- Murata N, Nishimura H, Takamiya A (1966) Fluorescence of chlorophyll in photosynthetic systems. II. Induction of fluorescence in isolated spinach chloroplasts. Biochim Biophys Acta 120: 23-33

Material

- isolierte Chloroplasten (E 1)
- Geräte zur Bestimmung der Induktionskinetik der Chlorophyll-Fluoreszenz (E 13, Methode C)
- 3,5 mg / 100 ml DCMU = "Diuron" = 3-(3,4-Dichlorphenyl)-1,1-dimethyl-harnstoff (MG: 233)
- 48 mg / 100 ml DBMIB = 2,5-Dibrom-6-methyl-3-isopropyl-p-benzochinon (MG: 322)

Durchführung

Die Chloroplasten (ca. 30 µg Chlorophyll / ml) werden zur Dunkeladaptation mindestens 15 min ins Dunkle gestellt. Im Dunkeln wird 0,1 ml DCMU-Lösung zugesetzt und die Fluoreszenz-Induktionskinetik 1 s lang gemessen. Man wiederholt die Messung mit einer zweiten gleichen Probe, der 0,1 ml DBMIB-Lösung zugesetzt wurde.

Aus den Kinetikkurven bestimmt man jeweils die "komplementäre Fläche" und berechnet das Verhältnis der Konzentrationen der B- und Q-Moleküle zur Konzentration der Plastochinon-Moleküle des Plastochinon-pools nach der Formel:

$$\frac{c(B + Q)}{c(PQ)} = \frac{F(DCMU) \cdot 1,5}{F(DBMIB) - F(DCMU)}$$

c(B + Q) = Konzentration der PS II-Akzeptoren Q und B
c(PQ)   = Konzentration der Plastochinon-Moleküle im Plastochinon-pool
F(DCMU) = komplementäre Fläche nach DCMU-Behandlung
F(DBMIB) = komplementäre Fläche nach DBMIB-Behandlung

5. Mechanismus der Photosynthese

Ohne Licht kann eine Pflanze keine Photosynthese betreiben. Die Pflanze nimmt Lichtenergie auf, indem die Chlorophylle und Carotinoide Licht absorbieren. Diese absorbierte Energie wird in den Antennen ("Lichtsammelfallen") weitergeleitet und letztlich auf die Reaktionszentren übertragen, die dann einen Elektronentransport in Gang setzen. Beim Elektronentransport der Photosynthese wird aus Wasser Sauerstoff freigesetzt und das Reduktionsäquivalent $NADPH/H^+$ gebildet. Gleichzeitig werden Energieäquivalente (ATP) über die Photophosphorylierung synthetisiert. Die Prozesse der Lichtabsorption, der Energieübertragung in den Antennen, des Elektronentransportes und der Photophosphorylierung faßt man als Primärprozesse der Photosynthese oder unter dem Namen Lichtreaktion zusammen.

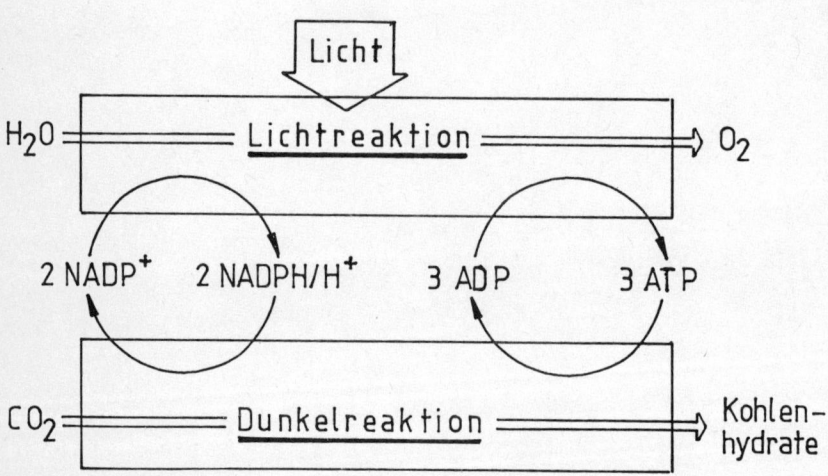

Abb. 17: Vereinfachtes Schema vom Zusammenwirken der Licht- und der Dunkelreaktion der Photosynthese.

ATP und $NADPH/H^+$ werden nach ihrer Bildung in der Lichtreaktion in der Dunkelreaktion (Calvin-Zyklus) bei der Reduktion von CO_2 verbraucht. Dabei entstehen Kohlenhydrate, die Assimilate (Abb. 17). Licht- und Dunkelreaktion der Photosynthese sind voneinander abhängig. Da die Dunkelreaktion ATP und $NADPH/H^+$ aus der Lichtreaktion benötigt, kann sie nur dann wirklich im Dunkeln ablaufen, wenn ihr künstlich ATP und $NADPH/H^+$ zugeführt werden. Umgekehrt kann die Lichtreaktion nur schlecht oder überhaupt nicht ablaufen, wenn die Dunkelreaktion, z.B. durch CO_2-Mangel, gehemmt ist und Vorstufen, wie ADP und $NADP^+$, die ihr normalerweise aus der Dunkelreaktion angeliefert werden, fehlen.

Kohlenhydrate als Endprodukte der Photosynthese werden für Biosyntheseprozesse genutzt und zum Teil über weite Strecken in der Pflanze transportiert. Sind genügend Assimilate vorhanden, so werden sie in Form von Stärke gespeichert.

5.1. Lichtabsorption

5.1.1. Die Natur des Lichtes

Licht ist eine Form von Energie, die als elektromagnetische Welle oder gleichzeitig als Teilchen aufgefaßt werden kann (Welle-Teilchen-Dualismus). Nach Einstein entspricht jede elektromagnetische Welle einem bestimmten Energiebetrag, einem Energiequantum:

$$E = n \cdot h \cdot \nu \qquad \nu = c / \lambda$$

E = Energie der Strahlung (J)
n = Anzahl Quanten
h = Planck'sches Wirkungsquantum ($6{,}6256 \cdot 10^{-34}$ J · s)
ν = Frequenz des Lichtes = Schwingungen pro s (Hertz, 1 Hz = 1 / s)
c = Lichtgeschwindigkeit ($2{,}998 \cdot 10^8$ m / s)
λ = Wellenlänge des Lichtes (m = 10^9 nm)

(1 J = 1 W · s = 0,2388 cal = 10^7 erg = $6{,}242 \cdot 10^{18}$ eV)

Eine Änderung der Lichtfrequenz ν ist gleichzeitig mit einer Änderung der Wellenlänge λ und einer Änderung der Energie des jeweiligen Lichtquants verbunden. Sie wird vom menschlichen Auge als Änderung der Lichtfarbe registriert. Sichtbare Strahlung (= Licht) hat eine Wellenlänge zwischen 380 und 780 nm (1 nm = 10 Å = 10^{-9} m). Das menschliche Auge ist am empfindlichsten im Bereich des grünen Lichtes (Tagessehen: 555 nm, Nachtsehen: 507 nm). Blaues und rotes Licht werden deutlich schlechter wahrgenommen (DIN 5031, Abb. 18).

Was dem Auge als weißes Licht erscheint, ist ein Gemisch aus den Farben violett, blau, grün, gelb, orange und rot. Da die Chlorophylle das rote und das blaue Licht besonders stark absorbieren, bleibt der grüne und der gelbe Anteil des Lichtes zurück. Er wird entweder reflektiert oder dringt durch den Farbstoff; das Auge sieht einen gelbgrünen Farbstoff. Jeder Stoff, der nur einen Teil des Lichtes absorbiert, erscheint farbig.

5.1.2. Absorption des Lichtes = Anregung von Farbstoffmolekülen

Die Absorption von Licht ist mit 10^{-15} s der schnellste Prozeß in der Photosynthese.

Absorbiert eine Substanz Licht, so nimmt sie zusätzliche Energie auf. Durch diese Energie kann sich ein Elektron eines Valenzelektronenpaares der absorbierenden Substanz weiter vom Atomkern entfernen. Das Molekül geht von seinem Grundzustand in einen angeregten Zustand über.

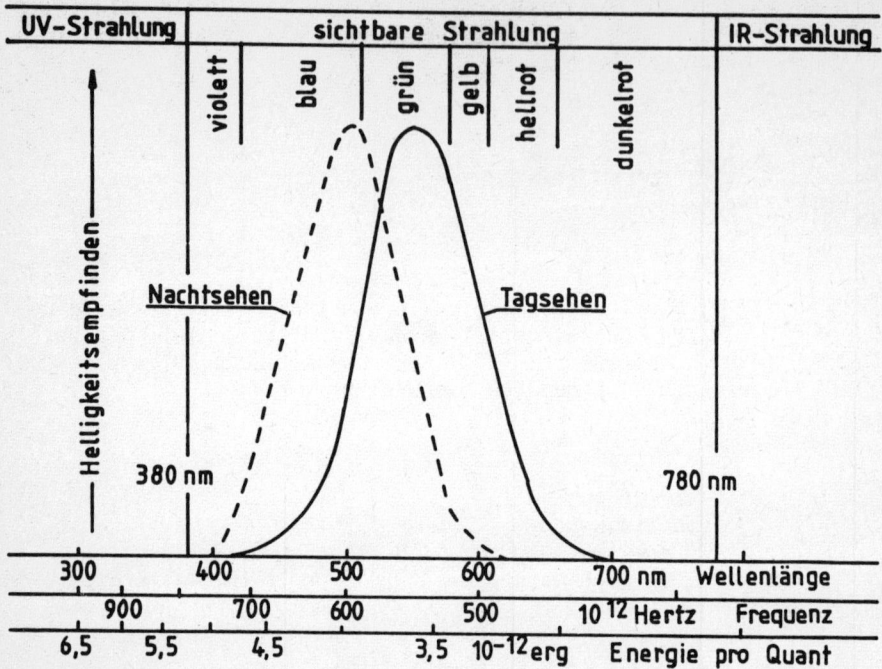

Abb. 18: Spektrale Empfindlichkeit des menschlichen Auges.

Durch den Molekülaufbau ist genau festgelegt, wie groß der Energiebetrag eines Lichtquants sein muß, damit das Valenzelektron einen bestimmten Anregungszustand (Energieniveau) erreicht. Chlorophylle und Carotinoide können die relativ energiearme, sichtbare Strahlung absorbieren, da sie ein ausgedehntes System konjugierter Doppelbindungen besitzen, dessen Valenzelektronen locker gebunden sind.

Chlorophylle besitzen 2 Hauptanregungszustände, die bei Lichtabsorption eingenommen werden können (Abb. 19). Durch rotes Licht wird das erste Energieniveau (S_1) besetzt. Das kurzwelligere und energiereichere Blaulicht führt zum energetisch höheren zweiten Energieniveau (S_2). Neben rotem und blauem Licht werden auch die anderen Farben absorbiert. Dabei werden die den Energieniveaus S_1 und S_2 benachbarten Schwingungs- und Rotationsniveaus der Moleküle besetzt. Diese Art der Anregung ist aber weniger häufig als die Anregung durch Rot- und Blaulicht. Dies zeigt das Absorptionsspektrum des Chlorophylls (Abb. 20): hohe Absorption bei 664 nm (rot) und 443 nm (blau), geringe Absorption bei 510-590 nm (grün) und 590-610 nm (gelb/orange).

Bei Einzelatomen können nur einzelne wenige Energieniveaus besetzt werden. Dabei treten Absorptionslinien auf und nicht, wie bei größeren Molekülen, breite Banden, die ein kontinuierliches Absorptionsspektrum ergeben. Mit einem Absorptionsspektrum kann man ein Molekül und seine

Lichtabsorption = Chlorophyll-Anregung

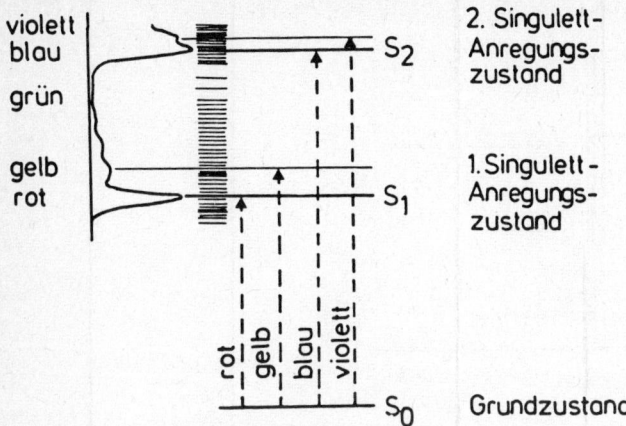

Abb. 19: Termschema des Chlorophylls. Bei der Absorption von Licht nimmt das Chlorophyll-Molekül Energie auf und wird in einen angeregten Zustand (höheres Energieniveau oder Anregungszustand) überführt. Das Absorptionsspektrum des Chlorophylls (rechts senkrecht, vergl. Abb. 20) gibt an, mit welcher Häufigkeit die einzelnen Anregungszustände besetzt werden.

Anregungszustände charakterisieren und identifizieren. Im Bereich der sichtbaren Strahlung (380-780 nm) ist die Absorption des Chlorophylls erst im extrem langwelligen Bereich gleich Null. Dies weist darauf hin, daß Chlorophyll keine scharf abgegrenzten Anregungszustände besitzt sondern eine Vielzahl von unaufgelösten Neben- und Unterniveaus.

5.1.3. Absorptionsspektren von Pflanzengeweben und Pflanzenextrakten

Das Absorptionsspektrum eines pflanzlichen Gewebes ist von dem eines Gewebeextraktes verschieden (Abb. 21). Im Spektrum des photosynthetisch aktiven Gewebes sind die Absorptionsbanden breiter als in einem Extrakt mit gleicher Farbstoffzusammensetzung. Die Absorptionsmaxima sind nach längeren Wellenlängen verschoben und die Absorptionshöhe ist im grünen Spektralbereich verstärkt. Im Prinzip zeigt das Absorptionsspektrum eines grünen pflanzlichen Gewebes (Blatt, Alge) die Summe der Absorptionsspektren der einzelnen Farbstoffe, überlagert von einer zu kurzen Wellenlängen hin ansteigenden Lichtstreuung. Lichtstreuung entsteht, wenn Licht die Grenze zwischen zwei ungleich dichten Medien (z.B. Stroma/Membran) durchdringt. Die Intensität der Lichtstreuung ist der vierten Potenz der Frequenz des Anregungslichtes proportional. Sie steigt mit abnehmender Wellenlänge, also von rot nach blau, stark an.

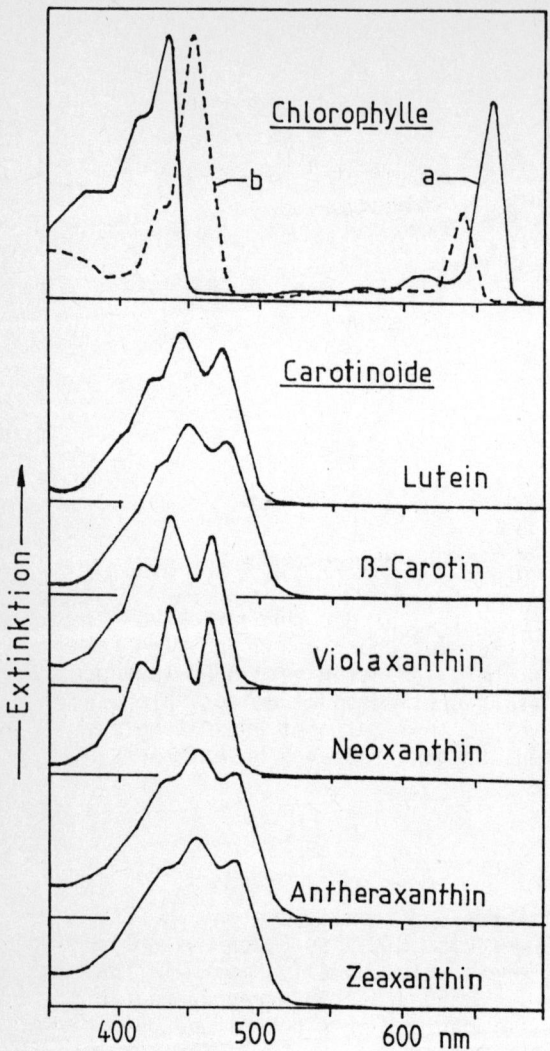

Abb. 20: Absorptionsspektrum der isolierten Chlorophylle (in Diethylether) und Carotinoide (in Ethanol)

Beim Einbau der Chlorophylle und Carotinoide in die Thylakoidmembran der Chloroplasten entstehen Pigment-Protein-Komplexe mit unterschiedlichen Absorptionsmaxima. Durch Berechnung der 2. oder 4. Ableitung des Absorptionsspektrums eines grünen Gewebes kann man die Position der Absorptionsmaxima der einzelnen Komponenten bestimmen (Abb. 22).

Die langwellige Strahlung, die sich an den sichtbaren Bereich anschließt, wird von einem Pflanzengewebe nur sehr wenig absorbiert. Diese Infrarot-Strahlung, die z.B. auch im Sonnenlicht enthalten ist

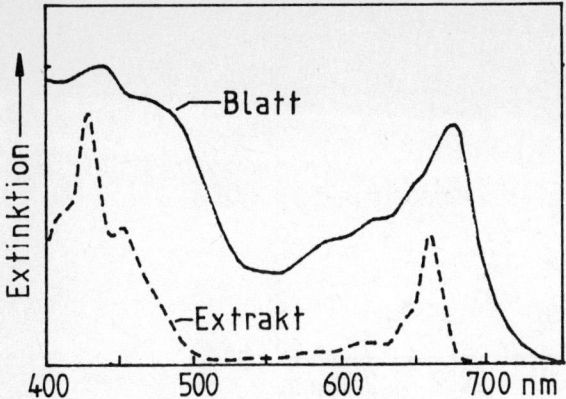

Abb. 21: Absorptionsspektrum eines Laubblattes von Platanus acerifolia (Ahornblättrige Platane) und des Extraktes davon.

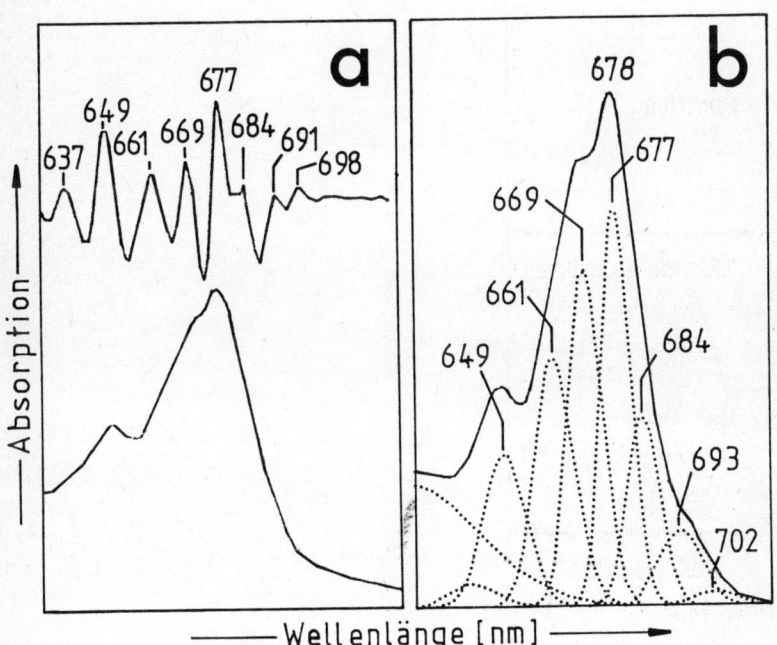

Abb. 22: Zusammensetzung des Absorptionsspektrums von Pflanzengeweben aus Einzelkomponenten (Chlorophyll-Protein-Komplexen).
a) Absorptionsspektrum einer Chloroplastensuspension bei $-196°$ C und die 4. Ableitung des Spektrums (Butler und Hopkin 1970).
b) Absorptionsspektrum einer Suspension der Grünalge Scenedesmus bei $-196°$ C und dessen Aufteilung in Gaus sche Kurven, deren Maxima den Maxima der 4. Ableitung (s.o.) entsprechen (French et al. 1971).

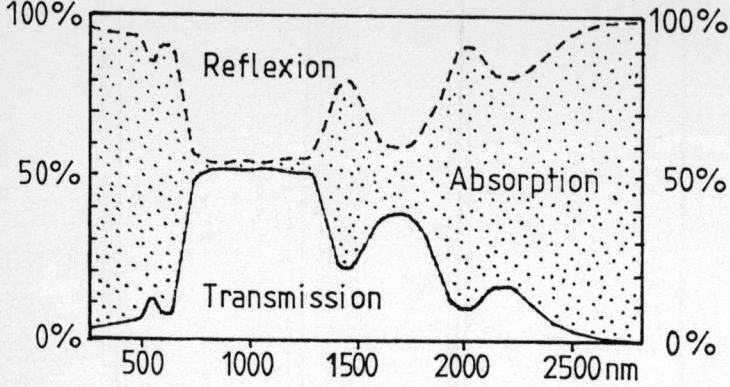

Abb. 23: Reflexion, Absorption und Transmission von Strahlung an einem Laubblatt (Knipling 1970)

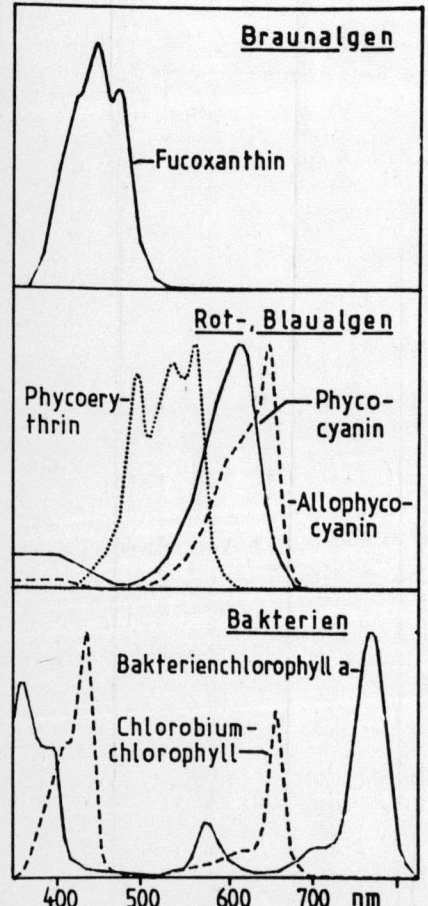

Abb. 24: Absorptionsspektren der isolierten Farbstoffe, die typisch sind für Braunalgen, Rot- und Blaualgen bzw. Bakterien.

(Abb. 81), wird entweder reflektiert oder dringt durch das Gewebe
(Transmission). Erst im Bereich über 1300 nm steigt die Absorption des
Gewebes wieder an, da dann Wasser die Strahlung absorbiert (Abb. 23).
Die hohe Reflexion der Sonnenstrahlung im nahen Infrarot und die vom
Wassergehalt abhängige Absorption im fernen Infrarot wird in der In-
frarotfalschfarben-Photographie bei der Fernerkundung ("remote sen-
sing") von Flugzeugen oder Satelliten genutzt.

Die einzelnen Organismen unterscheiden sich in ihrer Fähigkeit, Licht
zu absorbieren, das zur Photosynthese genutzt werden kann. Dabei treten unterschiedliche Farbstoffe in den einzelnen Pflanzengruppen auf
(Tab. 7, Abb. 24, 25 und 86). Auch unterscheiden sich die absoluten
und relativen Konzentrationen der einzelnen Farbstoffe und die Struktur der Gewebe. Farbstoffsynthese und Gewebestruktur eines Organismus
variieren je nach den äußeren Wachstumsbedingungen, wie Licht, Temperatur und Nährstoffangebot. Die Struktur der Pflanzengewebe kann auch
die Lichtabsorption beeinflussen. So kann ein Organismus durch erhöhte
Lichtstreuung im Gewebe mehr Licht aufnehmen.

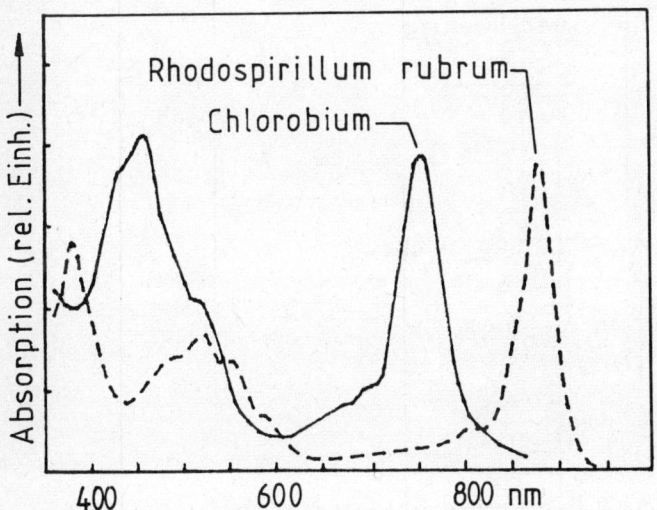

Abb. 25: Absorptionsspektren von Rhodospirillum rubrum (Nicht-Schwe-
felbakterium) und von Chlorobium (Grünes Bakterium).

Literatur zu 5.1.:
- Blinks LR (1964) Accessory pigments and photosynthesis. In: Giese AC
  Photophysiology. Academic Press, New York (General principles,
  Action of light on plants, Vol 1) pp 199-221
- Butler WL, Hopkins DW (1970) Higher derivative analysis of complex
  absorption spectra. Photochem Photobiol 12: 439-456
- Clayton RC (1975) Photobiologie. Verlag Chemie, Weinheim (Physikali-
  sche Grundlagen, Band 1)
- French CS, Brown JS, Lawrence MC (1972) Four universal forms of
  chlorophyll a. Plant Physiol 49: 421-429
- Horler DNH, Barber J (1981) Principles of remote sensing of plants.
  In: Smith H (ed) Plants and the daylight spectrum. Academic Press,
  New York, pp 43-63

5.2. Abgabe von Fluoreszenz und Wärme

5.2.1. Übergang vom angeregten Zustand in den Grundzustand

Ein Chlorophyll-Molekül, das Licht absorbiert hat und sich somit im angeregten Zustand befindet, geht in den energetischen Grundzustand (S_0) zurück. Diesen Prozeß nennt man Desaktivierung. Von den Rotations- und Schwingungszuständen geht das Molekül in die nächst niedrigeren Singulett-Energieniveaus S_1 bzw. S_2 oder auch von S_2 nach S_1 zurück (Abb. 26). Vom S_1-Zustand führt die Desaktivierung entweder direkt oder über den energetisch niedrigeren Triplett-Zustand zurück zum Grundzustand S_0.

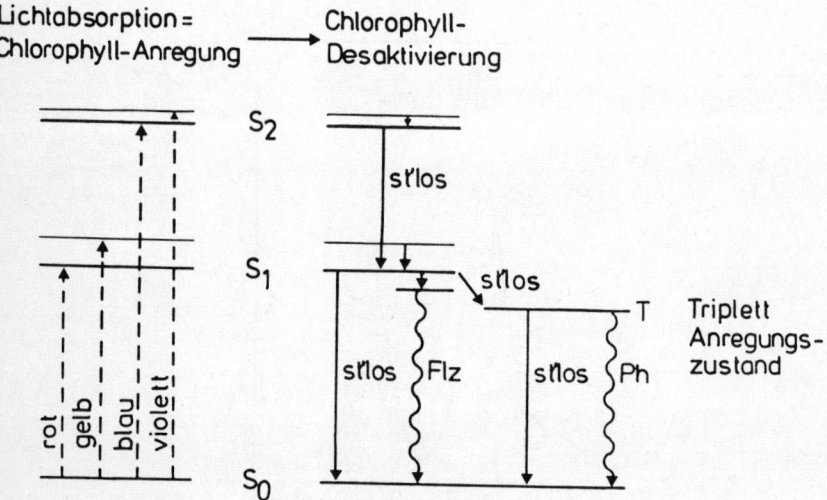

Abb. 26: Termschema des Chlorophylls. Nach der Absorption von Licht (=Anregung, Abb. 19) geht das Chlorophyll-Molekül vom angeregten Zustand in den Grundzustand über. Dieser als Desaktivierung bezeichnete Prozeß kann strahlenlos (st⁻los) oder unter Abgabe von Fluoreszenz (Flz) oder Phosphoreszenz (Ph) erfolgen.

Die Bezeichnung der einzelnen Energieniveaus bezieht sich auf den Drehimpuls oder auch Spin des anregbaren Valenzelektronenpaares. Im Grundzustand S_0 und in den beiden Hauptanregungszuständen, dem 1. und 2. Singulett-Zustand, haben die beiden Valenzelektronen einen entgegengesetzten Drehimpuls, einen antiparallelen Spin. Im Triplett-Zustand haben die beiden Valenzelektronen einen gleichgerichteten Drehimpuls, einen parallelen Spin. Triplett-Zustände können nicht durch Anregung, sondern nur durch Desaktivierung erreicht werden. Bei Chlorophyllen sind Triplett-Zustände äußerst selten (ca. 1 pro 10 Millionen Chlorophyll-Moleküle).

5.2.2. Arten der Fluoreszenz- und Wärmeabstrahlung

Bei der Desaktivierung eines angeregten Moleküls wird Energie frei. Diese Energie kann bei den Chlorophyllen als Wärme, Fluoreszenzlicht oder in Ausnahmefällen als Phosphoreszenzlicht abgegeben werden. In photosynthetisch aktivem Gewebe kann Energie aber auch auf ein benachbartes Molekül übertragen werden, das dabei angeregt wird.

Erfolgt die Desaktivierung des angeregten Moleküls über einen sogenannten strahlenlosen Übergang, so wird Wärme abgegeben. Die Wärme wird dabei nicht direkt vom desaktivierten Molekül sondern aus seiner Umgebung abgegeben, an die die Desaktivierungsenergie übertragen wurde. Strahlenlose Übergänge treten immer dann auf, wenn Schwingungs-, Rotations- oder Hauptenergieniveaus verlassen werden. Strahlenlose Desaktivierungsprozesse werden heute mit der photoakustischen Spektroskopie gemessen.

Bei der Desaktivierung eines angeregten Chlorophyll-Moleküls kann entweder Wärme oder Licht abgegeben werden. Werden dagegen mehrere Chlorophyll-Moleküle gleichzeitig desaktiviert, so werden aus statistischen Gründen immer Wärme und Fluoreszenzlicht gleichzeitig abgegeben. Außer der dunkelroten Fluoreszenz der Chlorophylle gibt es bei Rot- und Blaualgen eine grüne Fluoreszenz, die von den Phycobilinen ausgeht. Zyklische Carotinoide fluoreszieren nicht. Nur die nicht-zyklischen Carotinoidvorstufen Phytoen und Phytofluen können bläuliches bzw. grünliches Fluoreszenzlicht abstrahlen.

Tab. 10: Charakterisierung der 3 Lichtarten bei der Desaktivierung von Chlorophyll-Molekülen

	schnelle oder prompte Fluoreszenz	verzögerte Fluoreszenz	Phosphoreszenz
Vorkommen	unter natürlichen Bedingungen	unter natürlichen Bedingungen	in Festkörpern und bei extrem tiefen Temperaturen
Energie- übergang	$S_1 \rightarrow S_0$ S_1 erreicht durch Anregung von S_0 oder durch Desaktivierung von S_2	$S_1 \rightarrow S_0$ S_1 erreicht von T oder durch Rekombination getrennter Ladungen am Reaktionszentrum von PS II	$T \rightarrow S_0$ T erreicht durch Desaktivierung von S_1
Emission	dunkelrotes Licht (wie bei der verzögerten Fluoreszenz)	dunkelrotes Licht (wie bei der prompten Fluoreszenz)	dunkelrotes Licht (langwelliger als Fluoreszenz)
Abklingzeit	Nanosekunden	Sekunden	Sekunden
relative Intensität	1000	1-10	0 (natürliche Bedingungen); 1-10 (Festkörper, extrem tiefe Temperaturen)

Bei der Desaktivierung über eine Lichtabstrahlung unterscheidet man bei den Chlorophyllen zwischen der schnellen oder prompten Fluoreszenz, der verzögerten Fluoreszenz und der Phosphoreszenz (Tab. 10).

Unter natürlichen Bedingungen ist nur die Fluoreszenz beim Übergang von S_1 nach S_0 meßbar. Bei der schnellen Fluoreszenz erfolgt die Desaktivierung direkt nach der Anregung. Verzögerte Fluoreszenz ist bei isoliertem Chlorophyll sehr gering. Sie tritt dann auf, wenn durch Übertragung der Energie auf ein Triplett-Chlorophyll dieses Chlorophyll in den 1. Singulett-Zustand überführt wird. Dieser Übergang (T→S_1) benötigt zusätzliche Energie, die entweder durch Kombination mit einem zweiten Molekül, das sich im Triplett-Zustand befindet (Triplett-Triplett-Annihilation) oder durch Zufuhr von thermischer Energie (Triplett-Singulett-Anregung) bereitgestellt werden kann. Bei photosynthetisch aktiven Geweben kann verzögerte Fluoreszenz auch dann auftreten, wenn ein Chlorophyll-Molekül am Reaktionszentrum von PS II Anregungsenergie durch Rekombination von zuvor in der Lichtreaktion getrennten Ladungen erhält und in den 1. Singulett-Zustand überführt wird (5.2.4.).

Phosphoreszenz tritt bei Chlorophyllen nur bei extrem tiefen Temperaturen oder bei Festkörpern beim Übergang T→S_0 auf. Das Licht der Phosphoreszenz ist energieärmer und damit langwelliger als das der Fluoreszenz. Dies ergibt sich aus der geringeren Energieniveauhöhe des Triplett- gegenüber der des 1. Singulett-Zustandes. Der Triplett-Zustand der Chlorophylle hat eine längere Lebensdauer (µs) als der erste (1 ns) oder der zweite Singulett-Zustand (1 ps). Dies erklärt die längeren Abklingzeiten der verzögerten Fluoreszenz von isoliertem Chlorophyll und der Phosphoreszenz gegenüber der prompten Fluoreszenz. Die Lichtintensität der schnellen Fluoreszenz ist wesentlich höher als die der beiden anderen Arten der Lichtabstrahlung, da die schnelle Fluoreszenz am häufigsten auftritt.

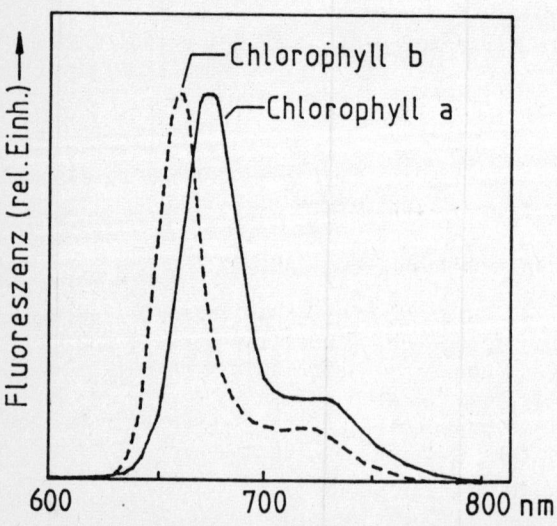

Abb. 27: Spektrale Verteilung der Fluoreszenz von in Diethylether gelöstem Chlorophyll a und b (Fluoreszenz-Emissionsspektrum).

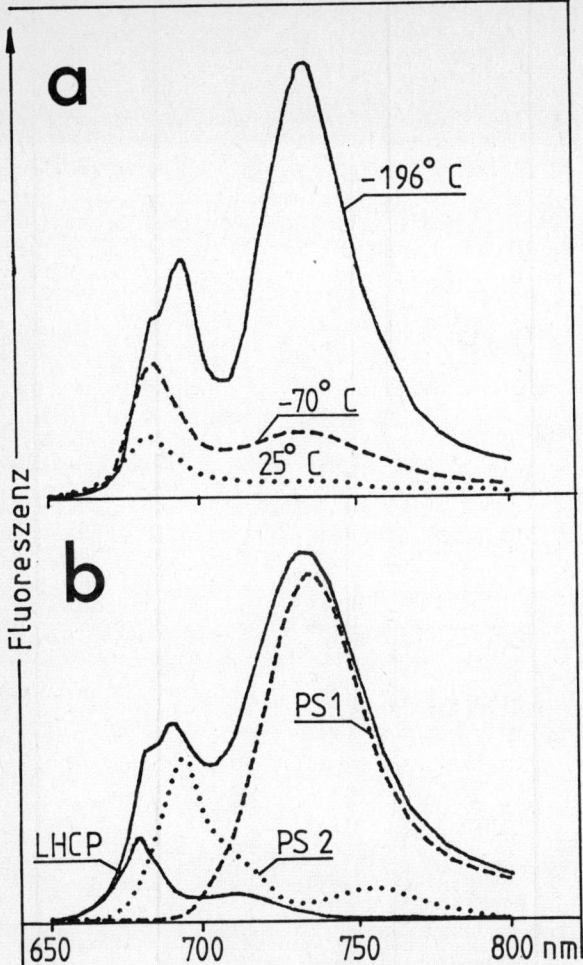

Abb. 28: a) Fluoreszenzemissionsspektrum von Spinat-Chloroplasten bei unterschiedlichen Temperaturen (Murata et al. 1966).
b) Fluoreszenzemissionsspektrum bei - 196° C eines grünen Bohnen-Blattes und von daraus isolierten PS I-, PS II- und LHCP-Partikeln (Strasser und Butler 1977).

5.2.3. Spektren der Fluoreszenz- und Wärmeabstrahlung

Die spektrale Analyse der Fluoreszenz von Chlorophyll a und b (Fluoreszenzemissionsspektrum, Abb. 27) zeigt, daß es sich um ein dunkelrotes Licht mit je einem Haupt- und einem Nebenmaximum handelt. Das Fluoreszenzmaximum liegt immer bei längeren Wellenlängen als das Absorptionsmaximum des roten Spektralbereichs ("Stokes shift"). Ehe es zur Fluoreszenzabgabe kommt, geht ein Teil der absorbierten Energie als Wärme verloren. Dadurch ist das Fluoreszenzlicht immer energieärmer als das absorbierte Licht.

Bei einem Blatt fluoresziert nur Chlorophyll a. Chlorophyll b, das nur in Extrakten Fluoreszenz zeigt, überträgt im Thylakoid seine absor-

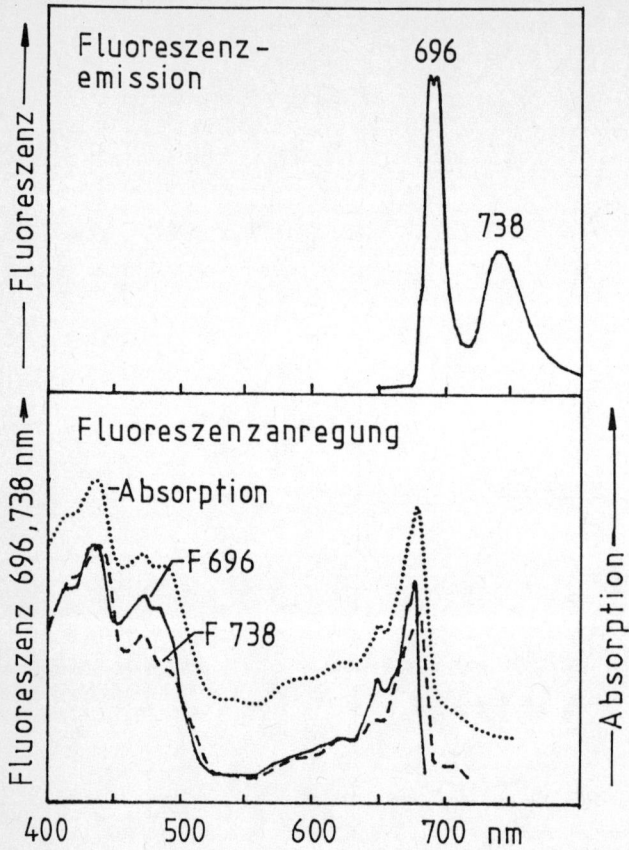

Abb. 29: Spektren von Spinat-Chloroplasten, gemessen bei - 269° C
(Kramer et al. 1981). a) Fluoreszenzemissionsspektrum,
b) Absorptionsspektrum (··········), Anregungsspektrum der Fluoreszenz bei 696 nm (———) bzw. bei 738 nm (-----).

bierte Energie mit hoher Wirksamkeit auf Chlorophyll a. Das Fluoreszenz-Emissionsspektrum eines Blattes zeigt bei Raumtemperatur zwei Maxima, wobei das kurzwellige Maximum immer höher ist als das langwellige. Bei Temperaturen unter 0° C ist die Fluoreszenz insgesamt erhöht, da absorbierte Lichtenergie nicht zur Photosynthese genutzt werden kann. Mit sinkender Temperatur steigt besonders die langwellige Fluoreszenz an (Abb. 28). Bei - 196° C zeigt das Fluoreszenzemissionsspektrum eines Blattes drei Maxima, die von dem "light harvesting"-Chlorophyll a/b-Protein (685 nm), von Photosystem II (695 nm) bzw. von Photosystem I (730 nm) ausgehen sollen.

Mißt man die Fluoreszenzintensität in Abhängigkeit von der Wellenlänge eines mit gleicher Quantenzahl eingestrahlten Anregungslichtes, so erhält man ein Fluoreszenz-Anregungsspektrum (Abb. 29). Es gibt an, mit welcher Effizienz die einzelnen Lichtfarben des Anregungslichtes zur Fluoreszenz genutzt werden können. Bei reinen Chlorophyll-Extrakten ist das Fluoreszenz-Anregungsspektrum mit dem Absorptionsspektrum identisch. Die Fluoreszenz eines Blattes ist jedoch deutlich geringer bei Anregung im Bereich der Carotinoid-Absorption. Da im Blatt nur Chlorophyll a fluoresziert, das selbst Licht absorbiert hat oder Energie von anderen Chlorophyll a-, Chlorophyll b- oder Carotinoid-Molekülen übernommen hat, kann man die Effizienz des Energietransfers zwischen den Farbstoffmolekülen prüfen. Die Energieübertragung von den Carotinoiden auf Chlorophyll a ist mit ca. 30% weniger effektiv als die von Chlorophyll b, von Phycobilinen oder von Chlorophyll a auf Chlorophyll a mit ca. 95%.

Ähnlich dem Fluoreszenz-Anregungsspektrum kann man auch Wärme-Anregungsspektren mit Hilfe der photoakustischen Spektroskopie aufnehmen (Abb. 30).

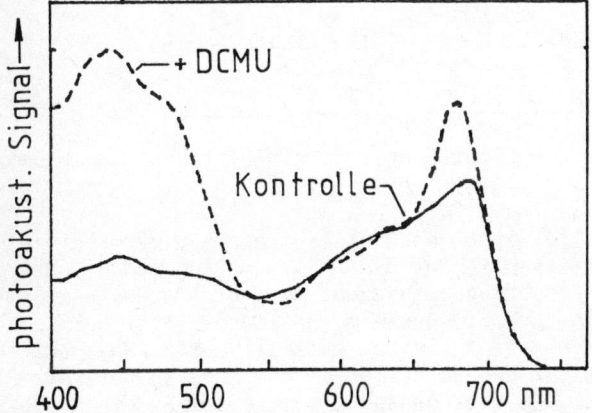

Abb. 30: Photoakustisches Spektrum (= Wärmeanregungsspektrum) eines Keimblattes von Raphanus sativus (Radieschen) vor (Kontrolle) bzw. nach Inkubation mit dem Photosynthesehemmstoff DCMU.

5.2.4. Zusammenhang zwischen Photosynthese und der Abstrahlung von Fluoreszenz und Wärme

Während bei Chlorophyll-Extrakten etwa 30% der absorbierten Lichtenergie als Fluoreszenz abgestrahlt wird, sind es bei einem photosynthetisch aktiven Blatt nur ca. 5%. Das Licht, das auf ein Blatt fällt, wird zum Teil an der Oberfläche reflektiert. Der Hauptteil des Lichtes wird im Blatt absorbiert. Der restliche Teil passiert das Blatt (Abb. 31). An einem Chlorophyll-Molekül absorbierte Lichtenergie kann Abstrahlung von Fluoreszenz oder Wärme auslösen, bei den Reaktionszentrumschlorophyllen zur photosynthetischen Ladungstrennung führen oder innerhalb der Antennen an benachbarte Chlorophyll-Moleküle weitergeleitet werden. In den Antennen übertragene Energie kann beim nächsten Molekül die gleichen Prozesse (Fluoreszenz, Wärme, Photosynthese, Energietransfer) auslösen, wie das Molekül, das das Licht absorbiert hat. Nicht alle Fluoreszenz und Wärme, die abgestrahlt wurde, kann außerhalb des Blattes gemessen werden. Ein Teil des Fluoreszenzlichtes wird im Blatt wieder absorbiert, ein Teil der Wärme wird im Gewebe diffus verteilt. In einem Blatt ist die absorbierte Energie (E(abs)) gleich der Summe der Energiebeträge aus Fluoreszenz (E(flz)), Wärme

(E(therm)) und Photosynthese (E(ps)):

$$E(abs) = E(flz) + E(therm) + E(ps)$$

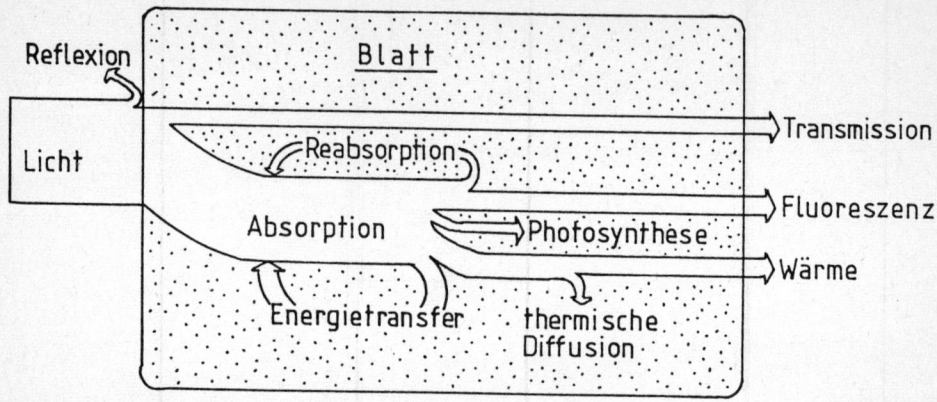

Abb. 31: Schema des Weges der Lichtenergie in ein Blatt und durch das Blatt.

Wenn die Photosynthese-Aktivität eines Blattes niedrig ist, wird viel Wärme und Fluoreszenz abgestrahlt. Aus diesem Grund kann man die Messung der Wärme- und Fluoreszenzabgabe nutzen, um Photosynthese-Aktivität nachzuweisen. Wird ein zuvor im Dunkeln gehaltenes Blatt belichtet, so steigt die Photosynthese-Aktivität erst allmählich an. Parallel dazu nimmt die Intensität der schnellen Fluoreszenz ab. Dieses Phänomen wird auch "Kautsky-Effekt" genannt. Das Einsetzen der Photosynthese-Aktivität kann aber auch als Abnahme der Wärmeabstrahlung mit Hilfe der photoakustischen Spektroskopie gemessen werden (Abb. 32).

Die verzögerte Fluoreszenz, die nach dem Ausschalten des Anregungslichtes über mehrere Minuten meßbar bleibt, zeigt bei photosynthetisch aktivem zuvor dunkeladaptierten Gewebe zuerst eine hohe Intensität, die dann absinkt (Abb. 33). Verzögerte Fluoreszenz, die von Pflanzen abgestrahlt wird, soll zum großen Teil der Rekombination von am Photosystem II getrennten Ladungen entstammen. Nach dem Ende der Belichtung wird das Reaktionszentrumschlorophyll P 680 von noch reduzierten Elektronenakzeptoren wieder angeregt. Dieser Vorgang ist praktisch die Umkehr der im Licht ablaufenden Ladungstrennung. P 680 gibt dann seine Energie an benachbarte Antennen-Chlorophylle zurück, die ihrerseits Fluoreszenz verzögert abgeben (Abb. 34). Wird die verzögerte Fluoreszenz an dunkeladaptierten Blättern jeweils direkt nach einer Folge von Lichtpulsen gemessen, so steigt sie an und klingt ab in etwa parallel zur schnellen Fluoreszenz (Abb. 32). Verzögerte Fluoreszenz kann auch ohne Belichtung nach chemischer Oxidation des Elektronendonors Y und nach Reduktion des Elektronenakzeptors Q auftreten.

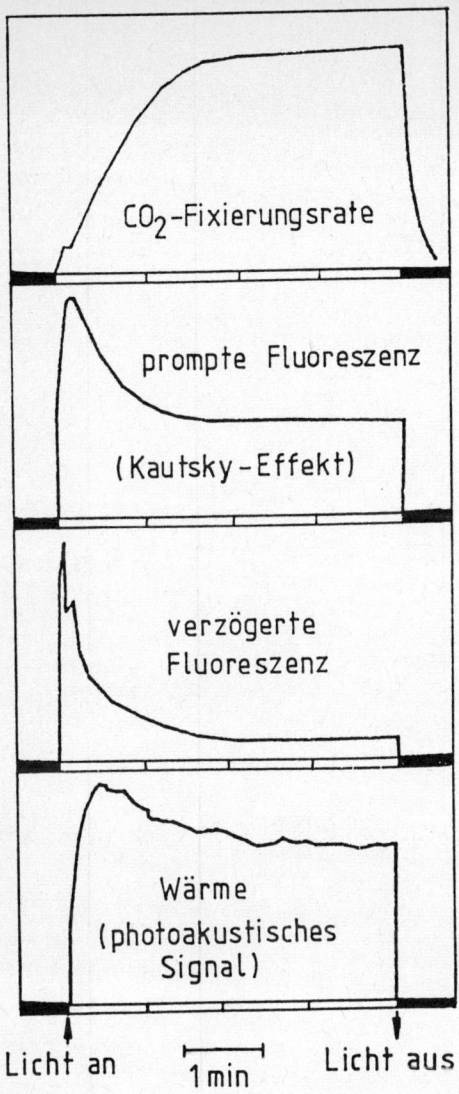

Abb. 32: Induktionskinetik der CO_2-Fixierungsrate, der prompten Fluoreszenz, der verzögerten Fluoreszenz und der Wärmeabstrahlung eines dunkeladaptierten Blattes.

Literatur zu 5.2.:
- Buschmann C, Prehn H, Lichtenthaler HK (1984) Photoacoustic spectroscopy (PAS) and its application in photosynthesis research. Photosynthesis Research 5: 29-46
- Krause GH, Weis E (1984) Chlorophyll fluorescence as a tool in plant physiology. II. Interpretation of fluorescence signals. Photosynthesis Research 5: 139-157
- Lavorel J, Etienne AL (1977) In vivo chlorophyll fluorescence. In: Barber J (ed) Primary processes of photosynthesis. Elsevier, Amsterdam, pp 203-268

- Malkin S (1977) Delayed luminescence. In: Barber J (ed) Primary processes in photosynthesis. Elsevier, Amsterdam, pp 349-431

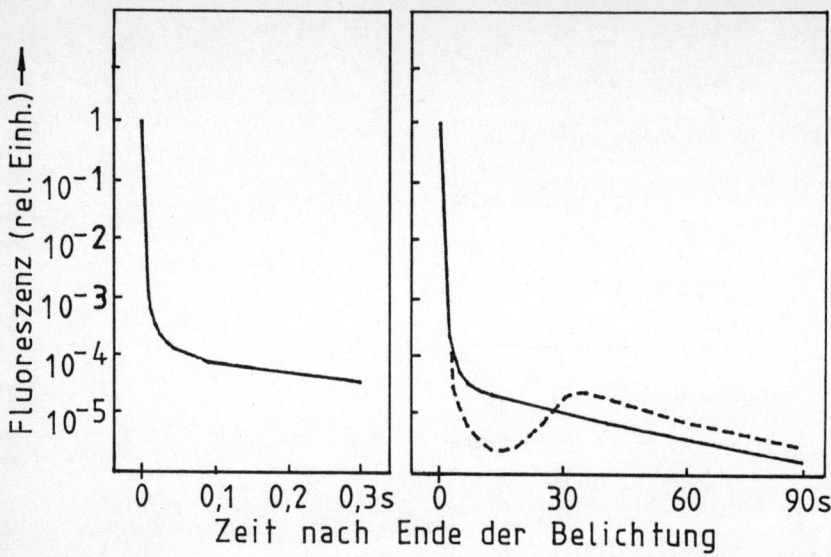

Abb. 33: Kinetik der verzögerten Fluoreszenz (Malkin 1977) nach einmaliger Anregung (gestrichelte Linie: Anregung mit starkem Licht).

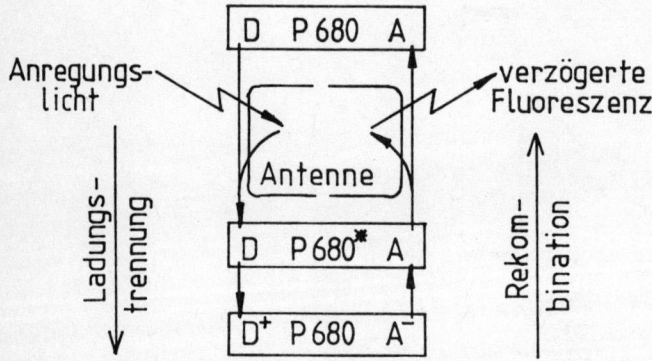

Abb. 34: Schematische Darstellung der Prozesse bei der Ladungstrennung im Licht und bei der Rekombination von Ladung nach Ende der Belichtung (→ verzögerte Fluoreszenz).

5.3. Übertragung von Energie in den Antennensystemen

5.3.1. Energieübertragung durch Exzitonentransfer

In pflanzlichem Gewebe wird ein großer Teil der von den Chlorophyllen und Carotinoiden absorbierten Lichtenergie nicht als Wärme oder Fluoreszenz abgestrahlt sondern an benachbarte Chlorophyll-Moleküle weitergegeben. Dabei kommt es zu einer Übertragung von Anregung, einem Exzitonentransfer. Das angeregte Molekül wird desaktiviert und gleichzeitig ein benachbartes Molekül angeregt, ohne daß Ladungen oder Teilchen ausgetauscht werden. Voraussetzung für eine solche Energieübertragung ist ein enger Kontakt zwischen den Molekülen. Grundsätzlich unterscheidet man zwischen den in Tab. 11 aufgeführten vier Arten der Energieübertragung. Befinden sich alle benachbarten Moleküle im angeregten Zustand, so kann keine Energie übertragen werden; es kommt zur Abstrahlung von Fluoreszenz und Wärme.

Tab. 11: Arten der Energieübertragung zwischen Chlorophyll a-Molekülen in den Antennen

Termschema für die Energieübertragung	Bezeichnung	Vorkommen	Ablauf
S_1 — S_1'	Resonanzenergietransfer: schnelle ungerichtete Energieübertragung	häufig, zwischen Chlorophyll-Formen mit identischem Absorptionsmaximum	ein Molekül im S_1-Zustand gibt seine Energie an ein benachbartes Molekül mit gleich hohem S_1-Niveau ab; Energietransfer reversibel, Anregung ist nicht auf ein Molekül lokalisiert
S_1 — S_1'	"Energiefalle": langsame, gerichtete Energieübertragung	häufig, Energietransfer auf Moleküle mit niedrigerem Anregungsniveau	ein Molekül im S_1-Zustand gibt seine Energie auf ein benachbartes Molekül mit niedrigerem S_1-Niveau; Energietransfer nicht reversibel, Anregung ist auf ein Molekül lokalisierbar
T — T — S_1	Triplett-Triplett-Annihilation	selten	zwei Moleküle im Triplett-Zustand geben ihre Energie an ein benachbartes Molekül und überführen es in den S_1-Zustand
T — S_1	Triplett-Singulett-Anregung	selten	ein Molekül im Triplett-Zustand gibt seine Energie mit zusätzlich zugeführter thermischer Energie an ein benachbartes Molekül ab, das in den S_1-Zustand übergeht

Wenn Carotinoide Licht absorbieren, werden sie in einen Singulett-Anregungszustand ($^1Car^*$) überführt. Bei der Übertragung von Energie auf Chlorophyll geht das Carotinoid in seinen Grundzustand zurück und das Chlorophyll wird in den ersten Singulett-Zustand gehoben ($^1Chl^*$):

$$Car \xrightarrow{(Licht)} {}^1Car^* \quad \text{(Lichtabsorption des Carotinoids)}$$

$${}^1Car^* + Chl \longrightarrow Car + {}^1Chl^* \quad \text{(Energietransfer Carotinoid-Chlorophyll)}$$

Carotinoide können auch Energie von Chlorophyll-Tripletts ($^3Chl^*$) übernehmen. Die dabei gebildeten Carotinoid-Tripletts ($^3Car^*$) werden über strahlenlose Übergänge unter Wärmeabgabe desaktiviert. Da Chlorophyll-Tripletts auch Singulett-Sauerstoff ($^1O_2^*$) bilden können, der photooxidative Zerstörungen verursacht, ist die Desaktivierung der Chlorophyll-Tripletts über Carotinoide ein Schutzmechanismus vor photooxidativer Zerstörung, der besonders bei hohen Lichtintensitäten eine Rolle spielt (10.1.1.):

$$^3Chl^* + O_2 \longrightarrow Chl + {}^1O_2^* \quad \text{(Energietransfer Chlorophyll-Sauerstoff)}$$

$$^1O_2^* \longrightarrow \text{photooxidative Zerstörung}$$

$$^3Chl^* + Car \longrightarrow Chl + {}^3Car^* \quad \text{(Energietransfer Chlorophyll-Carotinoid)}$$

$$^3Car^* \longrightarrow Car + \text{Wärme} \quad \text{(Desaktivierung des Carotinoid-Tripletts über strahlenlosen Übergang)}$$

5.3.2. Zusammensetzung und Funktion der Antennen

Der Elektronentransport der Photosynthese wird erst dann in Gang gesetzt, wenn angeregte Reaktionszentrumschlorophyll-Moleküle Elektronen an einen Elektronenakzeptor abgeben. Die Reaktionszentrumschlorophylle von Photosystem I und II, P 700 und P 680, sind von 200 bis 400 "Antennen"-Molekülen umgeben, die Licht absorbieren und die Lichtenergie in Richtung Reaktionszentrum weiterleiten (Abb. 35). Die Antennen oder "Lichtsammelfallen" bestehen aus Chlorophyllen und Carotinoiden, die unterschiedlich fest, aber nicht kovalent, mit Proteinen zu Pigment-Protein-Komplexen verbunden sind. Mindestens 6 verschiedene solcher Komplexe sind bei höheren Pflanzen beschrieben worden (Abb. 22).

Chlorophyll-Protein-Komplexe mit festerer Protein-Pigment-Bindung sollen energetisch niedrigere Anregungsniveaus und damit ein Absorptionsmaximum bei längeren Wellenlängen besitzen als Komplexe mit schwächerer Protein-Pigment-Bindung. Dadurch kann Licht, das von Komplexen mit kurzwelligem Absorptionsmaximum absorbiert wurde, auf Komplexe mit langwelligem Absorptionsmaximum übertragen werden. Diese gerichtete Energieübertragung (5.3.1.) in den Antennen garantiert den Transport von Lichtenergie auf die Reaktionszentren P 700 und P 680. Das Reaktionszentrumschlorophyll P 700 mit den umgebenden Chlorophyll-Molekülen wird als Pigment- oder Photosystem I (PS I), das Reaktionszentrumschlorophyll P 680 mit den umgebenden Chlorophyll-Molekülen als Pigment- oder Photosystem II (PS II) bezeichnet.

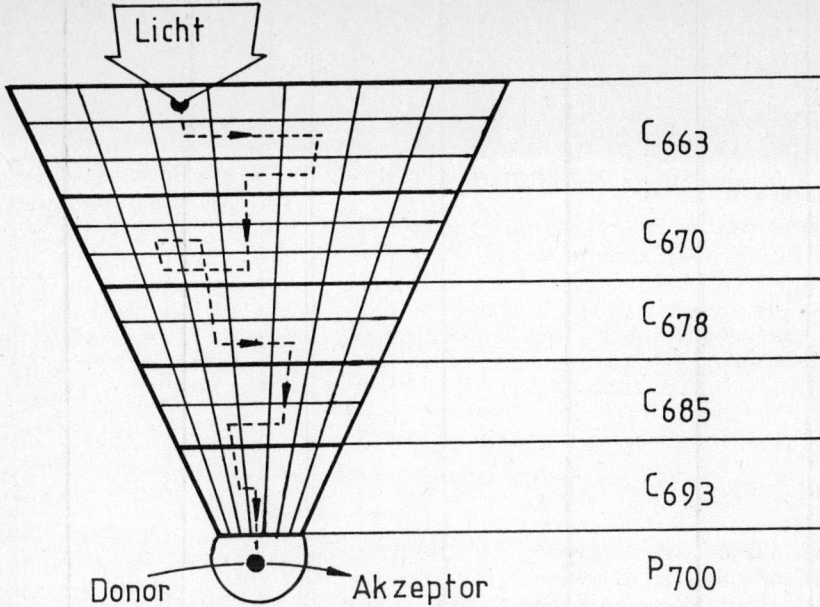

Abb. 35: Schema eines Antennensystems. Nach der Absorption von Licht wird die Lichtenergie über verschiedene Chlorophyll-Protein-Komplexe (C; Indexzahlen stehen für die nm-Position des jeweiligen Absorptionsmaximums) zum Reaktionszentrum (P 700 oder P 680) transportiert. Wenn das Reaktionszentrumschlorophyll Energie aufgenommen hat, gibt es ein Elektron ab und erhält dann wieder ein Elektron. Dadurch kommt ein Elektronentransport in Gang.

Neben Chlorophyll a enthalten die Antennen der höheren Pflanzen Chlorophyll b und Carotinoide als Zusatzpigmente ("akzessorische Pigmente"). Bakterien, Blau-, Rot- und Braunalgen besitzen andere, für sie typische akzessorische Pigmente (Tab. 7). Von den akzessorischen Pigmenten wird die absorbierte Energie auf Chlorophyll a und dann auf das Reaktionszentrumschlorophyll übertragen (Tab. 12).

Tab. 12: Übertragung der absorbierten Lichtenergie von den akzessorischen Pigmenten auf das Reaktionszentrumschlorophyll (nach Schiff 1980)

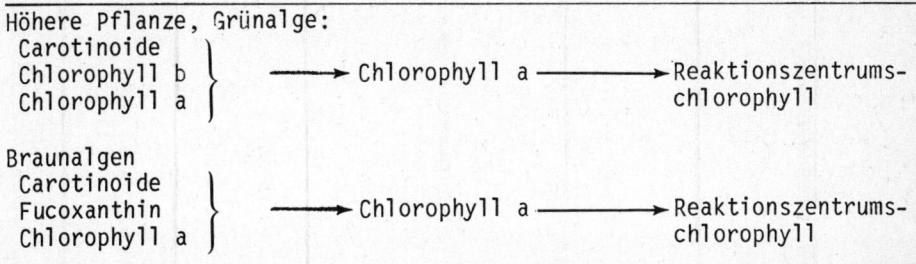

(Fortsetzung Tab. 12)

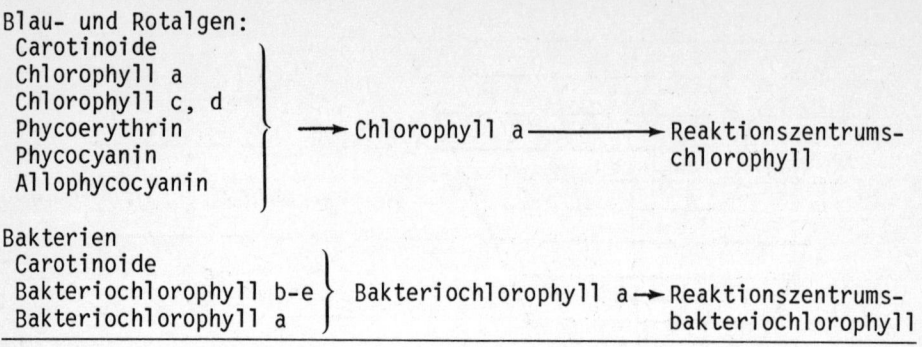

5.3.3. Das "tri-partite"-Modell

Durch Behandlung mit Detergentien, wie SDS oder Triton X-100, oder durch Behandlung mit Ultraschall werden die Thylakoide der Chloroplasten höherer Pflanzen in mindestens 6 verschiedene Pigment-Protein-Komplexe aufgespalten, die mit Hilfe der Elektrophorese (E 7) isoliert werden können.

Die einzelnen Komplexe unterscheiden sich in ihrer Funktion und Pigmentzusammensetzung:

Pigment-Protein-Komplex	Pigment-zusammensetzung	Funktion
LHCP	Chlorophyll a und b, Xanthophylle	Große Antenne für PS I und II
CP a	Chlorophyll a, ß-Carotin	Reaktionszentrum und Antenne von PS II
CP 1 und CP 1a	Chlorophyll a und b, ß-Carotin, Xanthophylle	Reaktionszentrum und Antenne von PS I

Der LHCP-Komplex ("light harvesting"-Chlorophyll a/b-Protein) absorbiert den größten Anteil des Lichtes. Er kommt als Trimer (LHCP1), Dimer (LHCP2) und Monomer (LHCP3) vor. Vom LHCP-Komplex wird die Energie auf die Photosysteme I und II übertragen. Beide Photosysteme können aber auch selber Licht absorbieren. Zusätzlich kann ein Teil der vom Photosystem II absorbierten Energie über den LHCP auf das Photosystem I übertragen werden. Dieser Prozeß wird als "spill over" (überlaufen) bezeichnet. Die Energieübertragung zwischen den Pigment-Protein-Komplexen wurde von Butler im "tri-partite"-Modell zusammengefaßt (Abb. 36).

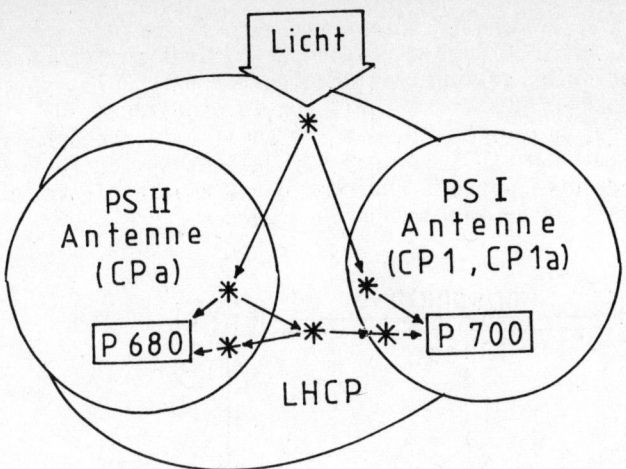

Abb. 36: Schema für das Zusammenwirken zweier Pigmentsysteme, Photosystem I und II mit dem "light harvesting"-Chlorophyll a/b-Protein (LHCP) als übergeordnete Antenne ("tri-partite"-Modell). Die absorbierte Lichtenergie wird zu den Reaktionszentrumschlorophyllen P 700 und P 680 geleitet.

5.3.4. Regulation der Energieübertragung vom LHCP auf die Photosysteme I und II

Durch Licht kann gesteuert werden, wieviel Energie vom LHCP-Komplex direkt an Photosystem I und wieviel an Photosystem II abgegeben wird und inwieweit "spill over"-Prozesse ablaufen. Zugabe von Magnesiumionen, Belichtung mit PS I-Licht (700 nm) oder eine vorausgehende Dunkelphase begünstigen den Energietransfer vom LHCP zum PS II. Man sagt dann, daß sich der Photosynthese-Apparat im "state 1"-Zustand befindet. Bei Magnesiummangel oder bei Belichtung, speziell mit PS II-Licht (650 nm) wird die Energie verstärkt an das Photosystem I abgegeben, der Photosynthese-Apparat befindet sich im "state 2"-Zustand.

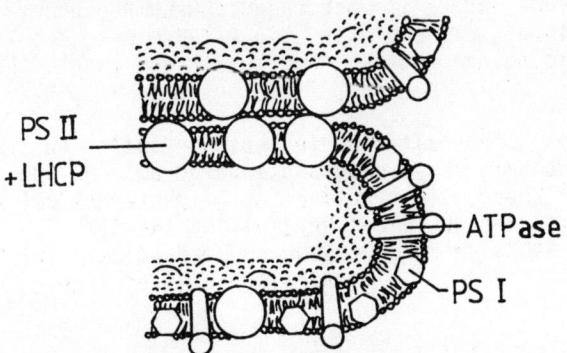

Abb. 37: Schematischer Querschnitt durch einen Granastapel. PS II und der LHCP liegen im gestapelten Bereich, PS I und die ATPase im ungestapelten, vom Stroma zugänglichen Bereich.

Die PS I-Komplexe kommen hauptsächlich in den nicht gestapelten Stromathylakoiden und in den zum Stroma hin exponierten Granabereichen, der PS II- und der LHCP-Komplex jedoch hauptsächlich in dem zum Stroma hin nicht exponierten gestapelten Bereich vor (Abb. 37). Energietransfer zwischen LHCP und PS I ist somit nur im ungestapelten, zum Stroma exponierten Bereich möglich, in dem sie unmittelbar benachbart vorkommen können. Es wird postuliert, daß bei Belichtung der LHCP zu den ungestapelten Bereichen wandert und/oder der Granastapel sich öffnet, so daß LHCP und PS I näher zusammengeführt werden.

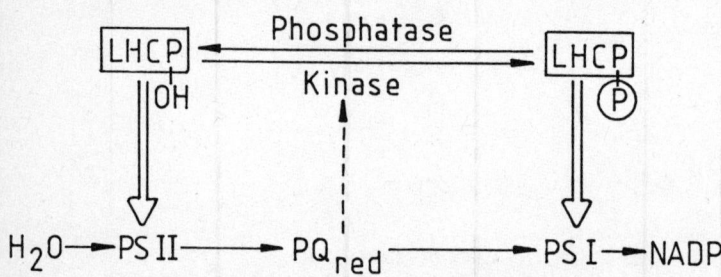

Abb. 38: Die Phosphorylierung des "light harvesting"-Chlorophyll-Protein-Komplexes (LHCP). Nicht phosphorylierter LHCP überträgt absorbierte Lichtenergie bevorzugt auf PS II, phosphorylierter LHCP bevorzugt auf PS I. Reduziertes Plastochinon (PQ) aktiviert die Phosphorylierung des LHCP.

Erst seit kurzem ist bekannt, daß der LHCP-Komplex im "state 2" phosphoryliert, im "state 1" dephosphoryliert vorliegt. Die Phosphorylierung des LHCP wird durch eine Phosphokinase katalysiert und durch ATP, Magnesium und reduziertes Plastochinon gefördert. Die Dephosphorylierung, d.h. die Abspaltung von Phosphat wird von einer Phosphatase katalysiert (Abb. 38). Wird viel Lichtenergie auf PS II übertragen, so wird der Plastochinon-pool reduziert. Dadurch wird die Phosphorylierung des LHCP gefördert und somit mehr Energie vom LHCP auf PS I übertragen. Wird viel Lichtenergie auf PS I übertragen, so wird der Plastochinon-pool mehr oxidiert, der LHCP wird dephosphoryliert und somit mehr Energie vom LHCP auf PS II übertragen. Durch Phosphorylierung bzw. Dephosphorylierung des LHCP kann die Pflanze also die Energieübertragung auf die beiden Photosysteme regeln und ausgleichen.

Literatur zu 5.3.:
- Bennett J (1984) Chloroplast protein phosphorylation and the regulation of photosynthesis. Physiologia plantarum 60: 583-590
- Butler WL (1978) Energy distribution in the photochemical apparatus of photosynthesis. Ann Rev Plant Physiol 29: 345-378
- Dörr F, Kuhn H (1982) Energieübertragungsmechanismen. In: Hoppe W, Lohmann W, Markl H, Ziegler H (eds) Biophysik. Springer, Berlin, pp 275-299.

5.4. Elektronentransport

Nachdem die Pflanze Licht absorbiert hat, wird die Lichtenergie in den Antennen auf die Reaktionszentren übertragen und dadurch ein Transport von Elektronen von einem Molekül Wasser zu einem Molekül NADP ausgelöst. Dieser Elektronentransport läuft über eine Kette von elektronenübertragenden Substanzen, zu denen auch die Reaktionszentrumschlorophylle gehören. Alle Komponenten des photosynthetischen Elektronentransportes sind in der Thylakoidmembran lokalisiert.

Zum Ablauf des Elektronentransportes ist Licht erforderlich, da er erst dann in Gang kommt, wenn die Reaktionszentrumschlorophylle Lichtenergie aus den Antennen aufnehmen und danach Elektronen abgeben. Beim Elektronentransport wird aus Wasser Sauerstoff freigesetzt und $NADP^+$ zu $NADPH/H^+$ reduziert. Gleichzeitig werden Protonen aus dem Stroma in den Thylakoidinnenraum transportiert und dadurch die Bildung von ATP in Gang gesetzt.

5.4.1. Prinzip

Der Elektronentransport besteht aus einer Folge von einzelnen Reduktions- und Oxidationsprozessen, den Redoxreaktionen. In diesen werden ein oder zwei Elektronen von einem Elektronendonator D auf einen Elektronenakzeptor A übertragen:

$$A + D \longrightarrow A^- + D^+$$

Gleichzeitig können auch Protonen übertragen werden:

$$2H^+ + A + D \longrightarrow AH_2 + D^{2+}$$

Das Redoxpotential einer Substanz ist ein Maß für die Fähigkeit Elektronen aufzunehmen oder abzugeben. Das Redoxpotential der Wasserstoffelektrode, ein Redoxsystem H^+/H_2 (Platinelektrode, die in eine 1 molare Säure taucht und von Wasserstoffgas mit 1 atm umspült wird) wird willkürlich gleich Null gesetzt. Wenn der Donator einer Redoxreaktion ein niedrigeres Redoxpotential besitzt als der Akzeptor, so werden die Elektronen ohne äußere Energiezufuhr auf den Elektronenakzeptor übertragen (1.3.).

Das Redoxpotential einer Substanz verändert sich je nach der Konzentration der oxidierten und der reduzierten Moleküle und je nach Abweichung von den Standardbedingungen. Abweichungen des Redoxpotentials vom (bei Standardbedingungen bestimmten) Normalpotential werden nach der Nerst'schen Gleichung berechnet:

$$E = E_o + \frac{R \cdot T}{n \cdot F} \cdot \ln \frac{A(ox)}{A(red)}$$

E = Redoxpotential der Substanz A in Volt (bei Abweichung von den Standardbedingungen)
Eo = Redoxpotential der Substanz A in Volt unter Standardbedingungen: 25° C, alle Reaktionspartner in 1 molarer Konzentration
R = Gaskonstante = 8,31 J / K / mol
T = absolute Temperatur in K
n = Anzahl der beim Redoxvorgang übertragenen Elektronen
F = Faraday Konstante = 96500 C pro Grammäquivalent Elektronen
A(ox) = Konzentration der oxidierten Substanz A in mol / l
A(red) = Konzentration der reduzierten Substanz A in mol / l

Die Normalpotentiale von natürlichen und künstlichen Redoxsubstanzen, die für die Photosynthese von Bedeutung sind, sind in Tab.13 zusammengestellt. Durch Zugabe von künstlichen Redoxsubstanzen kann man an Chloroplasten Teilreaktionen der Elektronentransportkette messen.

Tab. 13: Normalpotentiale (Eo´ = Eo bei pH 7, in mV) natürlicher und künstlicher Redoxsubstanzen der Photosynthese

natürliche Redoxsubstanzen der Elektronentransportkette		künstliche Redoxsubstanzen, die als Elektronenakzeptoren oder -donatoren verwendet werden	
X	− 730		
Phäophytin	− 610		
FRS (B)	− 585		
FRS (A)	− 550		
Ferredoxin	− 430		
		Methylviologen	− 420
Ferredoxin-NADP-Reduktase	− 350		
NADP	− 320		
Quencher Q	− 100		
Cytochrom b-563	− 20		
		Menadion (Vitamin K_3)	0
Cytochrom b-559LP	+ 50		
		Phenazinmethosulfat (PMS)	+ 80
Plastochinon	+ 100		
		Ascorbat	+ 200
		2,3,5,6-Tetramethyl-p-phenylendiamin (DAD)	+ 220
		N,N´,N´´,N´´-Tetramethyl-p-phenylendiamin (TMPD)	+ 230
		2,6-Dichlorphenolindophenol (DCPIP)	+ 250
Rieske-Protein	+ 290	p-Benzochinon	+ 290
Cytochrom b-559HP	+ 350		
Plastocyanin und Cytochrom f	+ 370	o-Benzochinon (Brenzkatechin)	+ 360
		Kaliumhexacyanoferrat	+ 400
P 700	+ 430		
Wasser	+ 850		
P 680	+ 1150		

Dieser Test wird als Hill-Reaktion (E 15) und die künstlichen Elektronenakzeptoren und -donatoren als Hill-Reagenzien bezeichnet.

Nimmt in einer Elektronentransportkette das Redoxpotential der aufeinanderfolgenden Redoxsubstanzen ständig zu, wie z.B. in der Atmungskette der Mitochondrien, so läuft der Elektronentransport ohne Energiezufuhr ab. Trägt man die Redoxpotentiale der einzelnen Komponenten der photosynthetischen Elektronentransportkette in der Reihenfolge der Kette auf (negative E nach oben, positive E nach unten), so erhält man das "Z-" oder "Zickzack"-Schema der Photosynthese (Abb. 39). Das Redoxpotential sinkt an den Stellen stark ab, an denen sich die Reaktionszentrumschlorophylle P 700 bzw. P 680 befinden. P 700 und P 680 sind in der Lage, trotz ihres relativ positiven Redoxpotentials Elektronen abzugeben. Die dafür erforderliche Energie entstammt dem Licht und wird entweder direkt durch Absorption oder über die Antennen auf das jeweilige Reaktionszentrum übertragen (5.3.). Durch die Aufahme von Energie wird das Reaktionszentrumschlorophyll angeregt. Beim anschließenden Übergang in den Grundzustand gibt es ein Elektron an einen Elektronenakzeptor ab. Das positiv geladene Reaktionszentrumschlorophyll nimmt anschließend ein Elektron von einem Elektronendonator auf.

$$D\ RZ\ A + \text{Lichtenergie} \longrightarrow D\ RZ^*\ A \longrightarrow D\ RZ^+\ A^- \longrightarrow D^+\ RZ\ A^-$$

D   = Elektronendonator
RZ = Reaktionszentrumschlorophyll im Grundzustand
RZ* = Reaktionszentrumschlorophyll im angeregten Zustand
A   = Elektronenakzeptor

Über diesen als Ladungstrennung bezeichneten Prozeß wird der Elektronentransport von Wasser zu $NADP^+$ in Gang gesetzt. Primärer Auslöser für die Ladungstrennung und den Elektronentransport ist also das Licht. Der Teil der Elektronentransportkette, der vor dem Reaktionszentrumschlorophyll liegt, wird als oxidierende Seite, der Teil unmittelbar danach als reduzierende Seite bezeichnet.

5.4.2. Komponenten

Aufgrund ihres unterschiedlichen Redoxpotentials kann man die einzelnen Komponenten in die Elektronentransportkette einordnen. Die Bestandteile der Teilreaktionen der Elektronentransportkette können durch verschiedene Methoden untersucht und charakterisiert werden. Durch spezifische Absorptionsänderungen, Löschung der Chlorophyll-Fluoreszenz, Elektronen-paramagnetische Resonanz (EPR) und Elektronen-Spin-Resonanz (ESR) lassen sich die Redoxvorgänge messen. Durch Fragmentierung der Thylakoide, Einsatz von spezifischen Hemmstoffen, Zugabe von künstlichen Elektronenakzeptoren und -donatoren sowie durch Belichtung mit langwelligem Photosystem I-Licht oder kurzwelligerem Photosystem II-Licht lassen sich Teile der Elektronentransportkette messen und auf ihre Komponenten untersuchen.

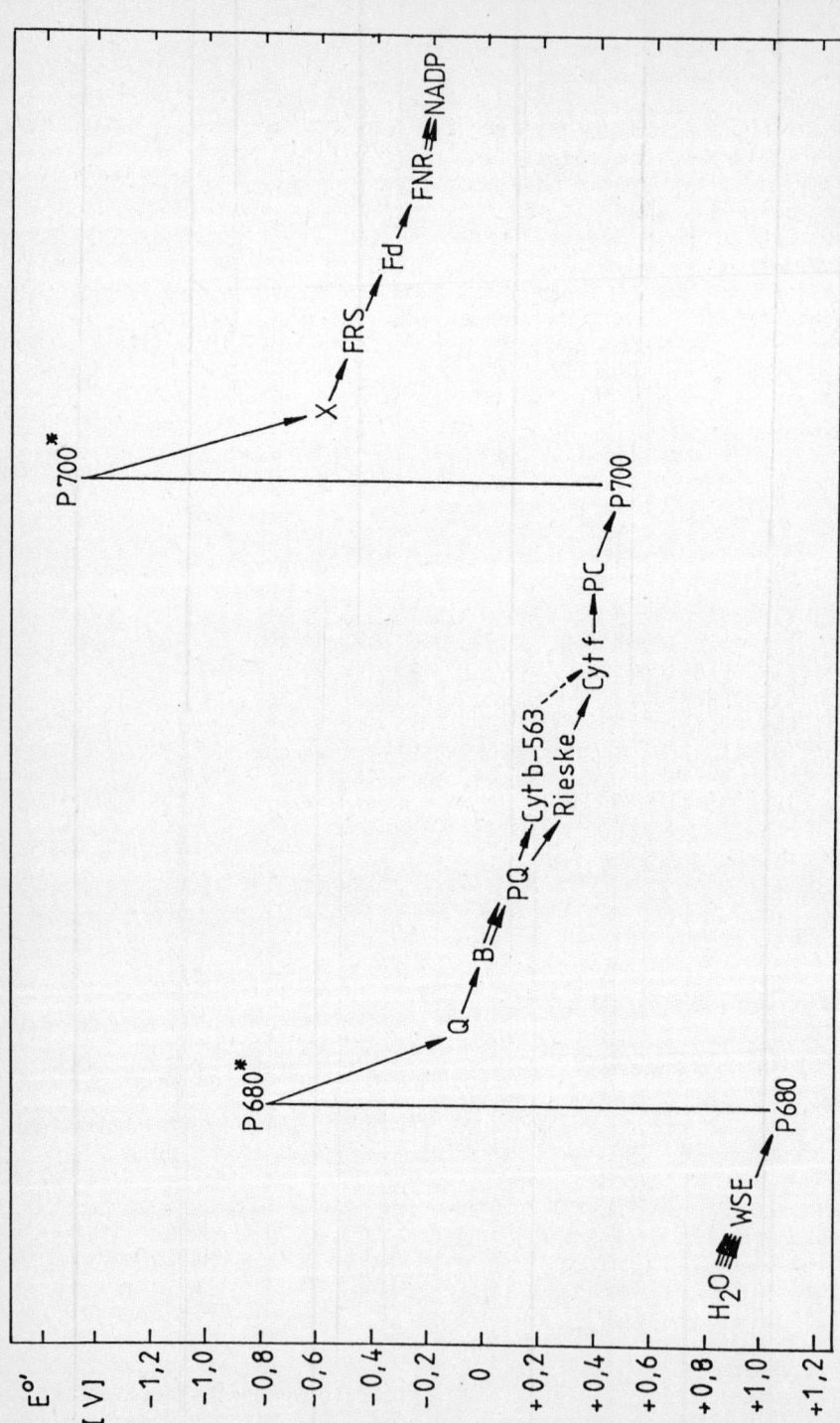

Abb. 39: Schema des linearen Elektronentransportes (Z- oder Zickzack-Schema). Die Komponenten sind in der Reihenfolge der Elektronentransportkette in Höhe ihres jeweiligen Redoxpotentials (Eo´) aufgezeichnet.

5.4.2.1. Komponenten der nicht-zyklischen (linearen) Elektronentransportkette

Das Wasser-spaltende Enzym (WSE): Am Beginn der photosynthetischen Elektronentransportkette steht die Photolyse des Wassers, d.h. die Bildung von Sauerstoff durch die Spaltung von Wassermolekülen. Sie findet an einem Mangan-haltigen Enzymsystem, dem Wasser-spaltenden Enzym (WSE) statt. Bei der Bildung von einem Molekül Sauerstoff aus zwei Molekülen Wasser werden 4 Elektronen und 4 Protonen freigesetzt. Mit einzelnen lichtsättigenden Blitzen, die jeweils eine einmalige Ladungstrennung am Reaktionszentrumschlorophyll auslösen, konnte nachgewiesen werden, daß 4 Lichtquanten erforderlich sind, um ein Molekül Sauerstoff zu bilden. Nach jedem 4. Blitz (beginnend mit dem 3.) wird eine besonders hohe Sauerstoffentwicklung beobachtet (Abb. 40). Man unterscheidet zwischen 5 verschiedenen Redoxzuständen des Wasser-spaltenden Enzyms (S_0 bis S_4), die bei der Photolyse des Wassers nacheinander in einem Zyklus auftreten (Abb. 41). Ihre chemische Natur ist ungeklärt.

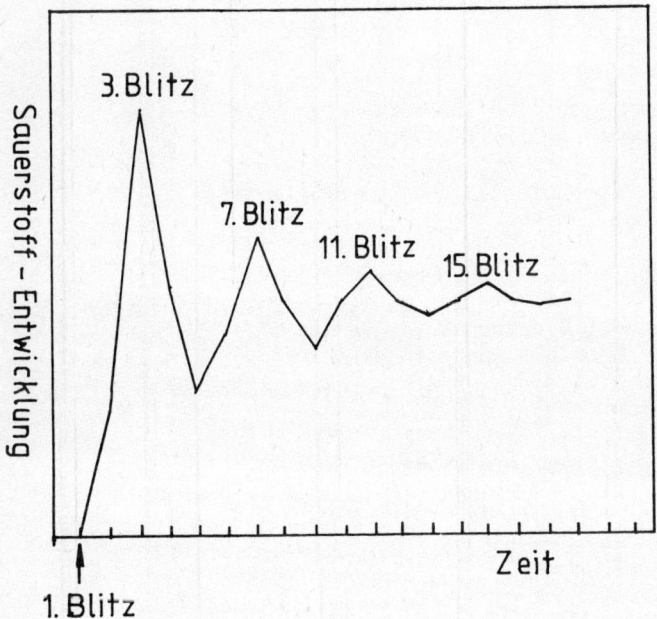

Abb. 40: Sauerstoff-Entwicklung bei Belichtung mit Blitzen (Joliot 1969)

In 4 aufeinander folgenden Schritten ($S_0 \rightarrow S_1$, $S_1 \rightarrow S_2$, $S_2 \rightarrow S_3$, $S_3 \rightarrow S_4$) gibt das Wasser-spaltende Enzym jeweils ein Elektron ab. Bei der anschließenden Regeneration von S_4 nach S_0 wird ein Sauerstoffmolekül freigesetzt. Bei der ersten und dritten Elektronenabgabe werden gleichzeitig ein Proton, bei der vierten Elektronenabgabe zwei Protonen abgegeben. Chlorid-Ionen sind wesentlich für den Ablauf der Photolyse. Ein noch unbekanntes Chinon Z soll Elektronen vom Wasser-spaltenden Enzym aufnehmen und über eine weitere unbekannte Redoxsubstanz Y auf P 680 übertragen. Auch ein Cytochrom b-559 mit hohem Redoxpoten-

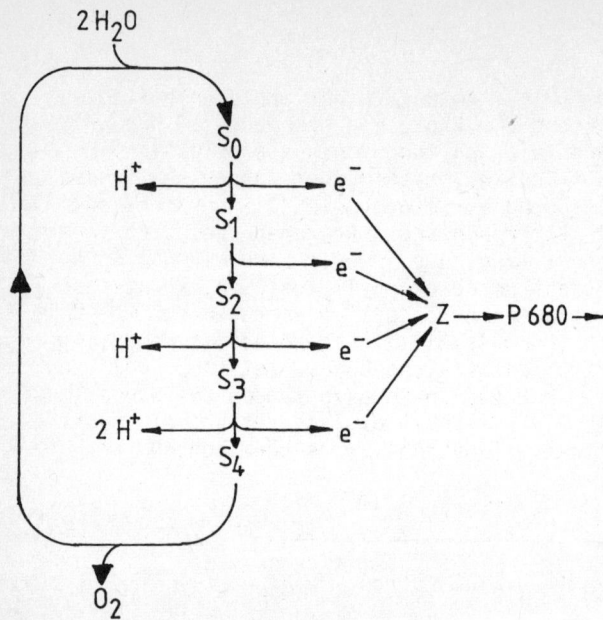

Abb. 41: Ablauf der Wasserspaltung über fünf Redoxzustände des Wasserspaltenden Enzyms (nach Kok 1970).

tial (Cytochrom b-559 high potential = Cytochrom b-559HP) soll Elektronen auf P 680 abgeben können.

Das Reaktionszentrumschlorophyll des Photosystems II (P 680): P 680 ist ein Chlorophyll a-Protein-Komplex, dessen chemische Struktur nicht aufgeklärt ist. P 680 gibt Elektronen an ein Phäophytin a-Monomer ab. Diese Elektronenabgabe kann als Absorptionsabnahme bei 680 nm gemessen werden. Von Phäophytin a wird das Elektron unmittelbar auf den Quencher Q übertragen.

Quencher Q: Die Substanz Q ist ein Plastochinon, das bei Aufnahme eines Elektrons in ein Plastosemichinon-Anionradikal übergeht (Abb. 42). Wenn sich Q im oxidierten Zustand befindet, d.h. wenn es bereit ist, Elektronen aufzunehmen, ist die Chlorophyll-Fluoreszenz niedrig. Q wird daher als Quencher (to quench = löschen) bezeichnet (E 10, E 13). Der Redoxzustand von Q kann durch Messung der Absorptionsänderung bei 320 und 550 nm gemessen werden. Q wird deshalb auch als X-320 oder C-550 bezeichnet. Man nimmt an, daß das Plastochinon-Molekül an ein Eisen-haltiges Protein gebunden ist. Das Proteid beinhaltet ein 42 kD-Peptid, das Phenol-Typ-Herbizide binden kann, die dann den Elektronentransport hemmen (11.1.1.). Q überträgt seine Elektronen auf die Substanz B.

B: Die Substanz B, die auch als QB oder R bezeichnet wird, ist, wie die Substanz Q, ein Plastochinon. Das Chinon ist mehr oder weniger fest an ein 32 kD-Peptid, das sog. Herbizid-Binde-Protein, gebunden, das Diuron-Typ-Herbizide bindet (11.1.1.). Es wird angenommen, daß B im oxidierten Zustand nicht oder nur weniger fest gebunden ist als im reduzierten Zustand. Herbizide vom Diuron-Typ lagern sich vermutlich

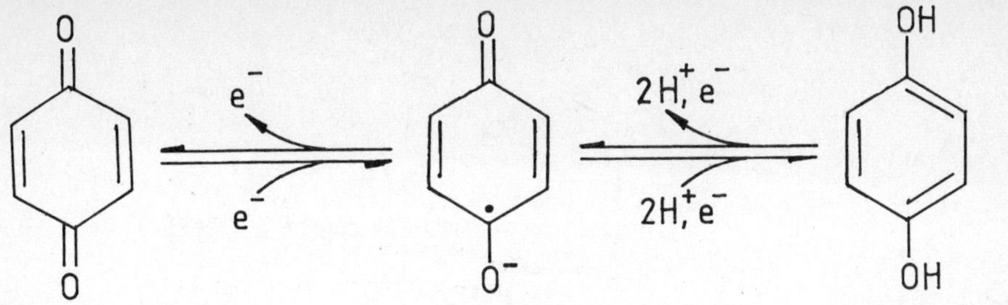

Chinon   **Semichinon-Anion-Radikal**   **Hydrochinon**

<u>Abb. 42</u>: Strukturformel eines p-Benzochinons in oxidierter Form und nach stufenweiser Reduktion zum Hydrochinon.

an die Bindungsstelle für B und blockieren somit den Elektronentransport. Im Gegensatz zu Q nimmt B 2 Elektronen und gleichzeitig 2 Protonen auf. Dabei wird das Chinon zum Hydrochinon reduziert. Das reduzierte B gibt seine Elektronen an den Plastochinon-pool ab. Dabei werden auch zwei Protonen abgespalten und das Hydrochinon wird wieder zum Chinon. HCO_3^- stimuliert die Elektronenabgabe des P 680 und des Q, ganz besonders aber auch die von B auf den Plastochinon-pool.

Plastochinon-pool (PQ-pool): Die Plastochinon-Moleküle des Plastochinon-pools werden durch B zum Plastohydrochinon reduziert (Aufnahme von zwei Elektronen und zwei Protonen). Vom Plastochinon-pool werden zwei Elektronen auf den Cytochrom b-6/f-Komplex übertragen und gleichzeitig zwei Protonen in den Thylakoidinnenraum abgegeben. Pro 1 P 680 sind ca. 5-10 Plastochinon-Moleküle vorhanden. Der Plastochinon-pool kann gleichzeitig als Redoxsubstanz für mehrere Reaktionszentren, d.h. für mehrere Elektronentransportketten, fungieren.

Cytochrom b-6/f-Komplex: Der Cytochrom b-6/f-Komplex enthält Cytochrom b-563 (= Cytochrom b-6) und Cytochrom f. Cytochrome bestehen aus einem Porphyrinring, der Eisen als Zentralatom enthält, das durch Aufnahme eines Elektrons vom Fe^{3+}- in den Fe^{2+}-Zustand übergeht. Bei diesem Redoxvorgang treten für die einzelnen Cytochrome typische Absorptionsänderungen auf (E 8). Die b-Typ Cytochrome und Cytochrom f besitzen Protohäm als reaktive Komponente, die an Protein gebunden ist. Während bei Cytochrom b das Protohäm nur locker an das Protein gebunden ist, sind bei Cytochrom f die Seitenketten des Protohäms kovalent an das Protein gebunden (Abb. 43).

Neben Cytochromen enthält der Cytochrom b-6/f-Komplex ein Protein mit einem Eisen-Schwefel-Zentrum. Dieses Protein wird in Anlehnung an ein von Rieske 1964 aus Mitochondrien isoliertes Protein Rieske-Eisen-Schwefel-Protein bezeichnet. Man nimmt heute an, daß der Plastochinon-pool je ein Elektron an Cytochrom b-6 und an das Rieske-Protein abgibt. Vom Rieske-Protein wird das Elektron auf Cytochrom f und dann auf Plastocyanin übertragen. Cytochrom b-563 gibt sein Elektron auf Cytochrom f oder, über einen sog. Q-Zyklus, zusammen mit einem Elektron aus dem zyklischen Elektronentransport an Plastochinon ab.

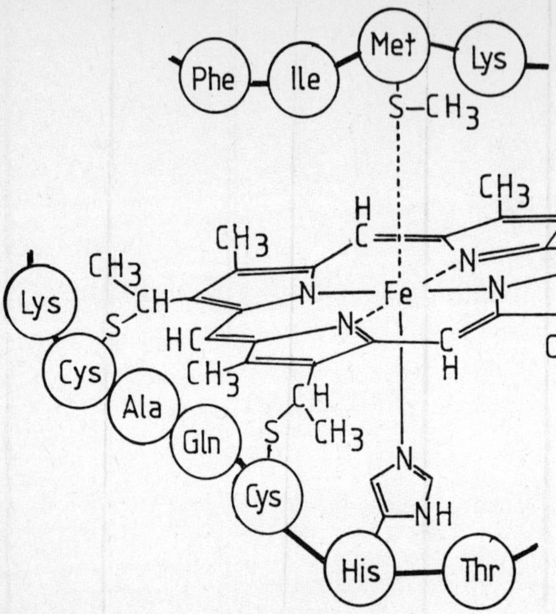

Abb. 43: Struktur des Cytochrom f.

Plastocyanin (PC): Plastocyanin ist ein Kupfer-haltiges Proteid. Welche Komponente des Plastocyanins Elektronen aufnimmt oder abgibt ist nicht bekannt. Plastocyanin überträgt ein Elektron direkt auf P 700. Da Plastocyanin das gleiche Redoxpotential wie Cytochrom f besitzt, kann Cytochrom f Plastocyanin als Elektronendonator bzw. -akzeptor ersetzen.

Reaktionszentrumschlorophyll des Photosystems I (P 700): P 700 ist ein Chlorophyll a-Protein-Komplex, der ein Chlorophyll a-Dimer enthält. P 700 läßt sich durch Messung der Absorptionsabnahme bei 700 nm bei Elektronenabgabe nachweisen (E 9). Ähnlich wie Phäophytin im Photosystem II soll im Photosystem I ein Chlorophyll a-Monomer (A1) ein Elektron von P 700 übernehmen und auf die Substanz X übertragen.

X: Bei der Substanz X, die auch A2 genannt wird, soll es sich um ein Eisen-Schwefel-Protein handeln. X übernimmt ein Elektron von A1 oder von P 700. Dabei wird ein Fe^{3+} zu Fe^{2+} reduziert. X überträgt ein Elektron auf die Ferredoxin-reduzierende Substanz. Es soll aber auch ein Elektron an P 700 zurückgeben können.

Ferredoxin-reduzierende Substanz (FRS): Die Ferredoxin-reduzierende Substanz soll zwei Eisen-Schwefel-Zentren (B und A) enthalten. Bei der Elektronenaufnahme wird ein Fe^{3+} zu Fe^{2+} reduziert. Redoxvorgänge der Ferredoxin-reduzierenden Substanz können als Absorptionsänderungen bei 430 nm verfolgt werden. Aus diesem Grund wird die Ferredoxin-reduzierende Substanz auch als P-430 bezeichnet. Von der Ferredoxin-reduzierenden Substanz wird ein Elektron auf Ferredoxin übertragen.

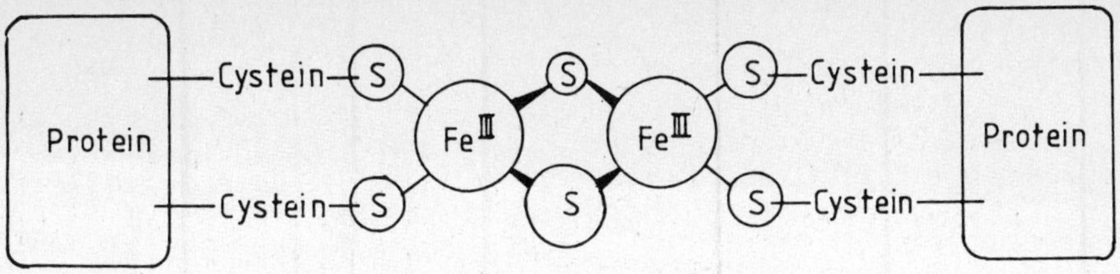

Abb. 44: Struktur des Ferredoxins.

Ferredoxin (Fd): Ferredoxin ist ein Eisen-Schwefel-Protein, in dem zwei Eisenatome mit zwei Schwefelatomen koordiniert und über Cysteinmoleküle an Protein gebunden sind (Abb. 44). Ferredoxin besteht aus ungefähr 100 Aminosäuren. Bei der Elektronenaufnahme wird Fe^{3+} zu Fe^{2+} reduziert. Ferredoxin überträgt ein Elektron auf die Ferredoxin-NADP-Reduktase.

Ferredoxin-NADP-Reduktase: Bei der Ferredoxin-NADP-Reduktase handelt es sich um ein Flavoprotein. Es katalysiert die Reduktion von $NADP^+$ zu $NADPH/H^+$. Dafür werden zwei Elektronen und zwei Protonen benötigt (Abb. 45):

$$NADP^+ + 2\ H^+ + 2\ e^- \longrightarrow NADPH/H^+$$

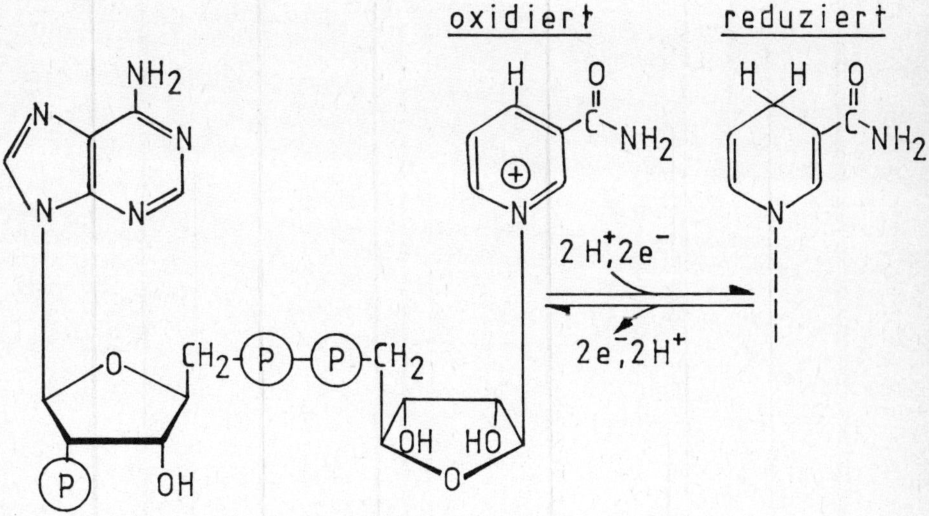

Abb. 45: Struktur des oxidierten und des reduzierten Nicotinamid-adenindinucleotidphosphates (NADP).

5.4.2.2. Der zyklische Elektronentransport

Beim zyklischen Elektronentransport werden Elektronen von P 700 über X und die Ferredoxin-reduzierende Substanz zu Ferredoxin transportiert und dann entweder direkt oder über ein Cytochrom (ein Bestandteil des Cytochrom b-6/f-Komplexes) auf den Plastochinon-pool übertragen. Vom Plastochinon-pool bis zum P 700 ist der Verlauf des zyklischen Elektronentransportes mit dem des nicht-zyklischen identisch.

Beim zyklischen Elektronentransport wird kein Sauerstoff freigesetzt und kein NADPH/H$^+$ gebildet, jedoch ATP synthetisiert (5.5.3.). Bei Bakterien, die keinen linearen Elektronentransport besitzen, ist ein zyklischer Elektronentransport um das Reaktionszentrum schon seit langem bekannt (7.1.). Heute nimmt man an, daß der zyklische Elektronentransport auch in den Chloroplasten der höheren Pflanze eine wesentliche Rolle spielt, wenn zu wenig NADP$^+$ vorhanden ist oder mehr Lichtenergie auf P 700 (PS I) als auf P 680 (PS II) übertragen wird.

5.4.2.3. Der pseudozyklische Elektronentranport

Der pseudozyklische Elektronentransport ist auch unter dem Namen Mehler-Reaktion bekannt. Er ist dem nicht-zyklischen Elektronentransport sehr ähnlich. Die Elektronen werden vom Ferredoxin nicht auf die Ferredoxin-NADP-Reduktase sondern über einen Sauerstoff-reduzierenden Faktor (SRF) auf molekularen Sauerstoff übertragen (Abb. 46). Dabei entsteht ein Superoxid-Radikalanion ($O_2^{-\cdot}$), das durch die Superoxiddismutase zu Wasserstoffperoxid (H_2O_2) umgesetzt wird. Das Zellgift H_2O_2 wird über die Ascorbinsäure-Peroxidase und die Glutathion-Reduktase unter Verbrauch von NADPH/H$^+$ abgebaut. Der pseudozyklische Elektronentransport läuft immer dann ab, wenn auch der nicht-zyklische Elektronentransport abläuft.

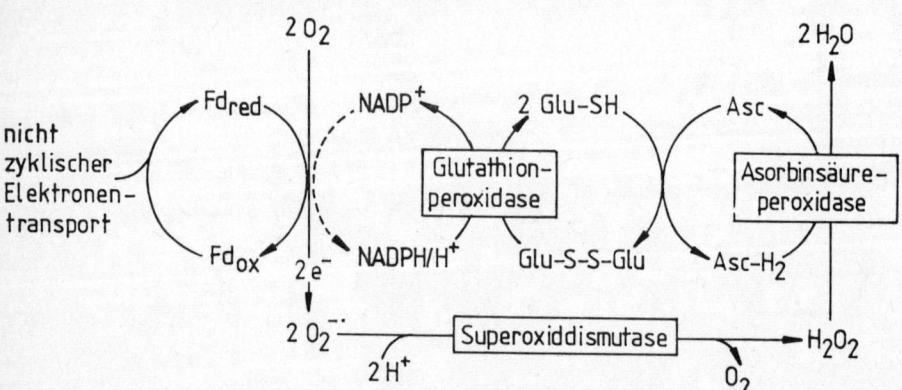

Abb. 46: Vorgänge beim Ablauf des pseudozyklischen Elektronentransportes: Reduktion von Sauerstoff, Bildung und anschließende Entgiftung von Wasserstoffperoxid.

Die Rate des pseudozyklischen Elektronentransportes soll zu Beginn der Belichtung dunkeladaptierter Blätter und bei hoher interner Sauerstoffkonzentration besonders hoch sein. Beim pseudozyklischen Elektronentransport wird deutlich weniger ATP gebildet als beim linearen Elektronentransport (5.5.3.). Unter normalen Bedingungen ist die Sauerstoffproduktion durch die Wasserspaltung wesentlich höher als der Sauerstoffverbrauch bei der Mehler-Reaktion.

5.4.3. Kinetik

Die einzelnen Redoxvorgänge der Elektronentransportkette laufen mit unterschiedlicher Geschwindigkeit ab (Abb. 47). An den Reaktionszentrumschlorophyllen erfolgt die Elektronenabgabe mit einer Halbwertszeit von 2 Nanosekunden. Die Elektronenübergabe vom Plastochinon-pool auf den Cytochrom b-6/f-Komplex (mit $t_{1/2}$ = 20 ms) ist der langsamste und damit der geschwindigkeitsbestimmende Schritt der photosynthetischen Elektronentransportkette. Durch die relativ langsame Elektronenabgabe am Plastochinon-pool kommt es im Plastochinon-pool zu einem Stau von Elektronen. Das bedeutet, daß bei einem ständig ablaufenden Elektronentransport die Mehrzahl der Plastochinon-Moleküle reduziert, die Mehrzahl der Cytochrom f und Plastocyanin-Moleküle aber oxidiert vorliegen.

5.4.4. Räumliche Anordnung der Komponenten des Elektronentransportes in der Thylakoidmembran

Alle Komponenten der Elektronentransportkette sind in der Thylakoidmembran lokalisiert. Die Hemmung einzelner Schritte des Elektronentransportes durch spezifisch bindende Hemmstoffe und Antikörper wurde benutzt, um die Komponenten zu erfassen, die auf der Außenseite der Thylakoidmembran lokalisiert sind. Mit Thylakoidpartikeln, bei denen die Thylakoidinnenseite nach außen gekehrt ist ("inside/out"-Partikel) wurden die Komponenten nachgewiesen, die auf der Innenseite der Membran lokalisiert sind.

Die räumliche Anordnung der einzelnen Elektronentransport-Komponenten in der Thylakoidmembran entspricht in etwa der Anordnung der Redoxsubstanzen im Z-Schema des Elektronentransportes (Abb. 48). Durch Isolation von Thylakoidfragmenten erhält man drei die Membran durchdringende Komplexe:

1. den Photosystem I-Komplex,
2. den Photosystem II-Komplex und
3. den Cytochrom b-6/f-Komplex.

Der Photosystem II-Komplex enthält die Elektronentransportkette vom Wasser-spaltenden Enzym bis zu B, die Photosystem II-Antenne und das "light harvesting"-Chlorophyll a/b-Protein (LHCP) sowie Cytochrom b-559HP. Das Wasser-spaltende Enzym und das Reaktionszentrumschlorophyll P 680 sind mehr zur Thylakoidinnenseite, Q und B dagegen mehr zur Thylakoidaußenseite orientiert.

Der Photosystem I-Komplex enthält die Elektronentransport-Komponenten von P 700 bis zur Ferredoxin-reduzierenden Substanz und die Antenne des Photosystems I. P 700 liegt mehr zur Thylakoidinnenseite, die Eisen-Schwefel-Proteine X und FRS mehr zur Thylakoidaußenseite hin.

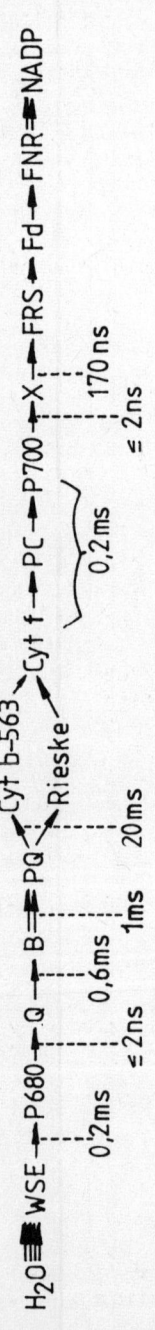

Abb. 47: Kinetik des linearen Elektronentransportes.

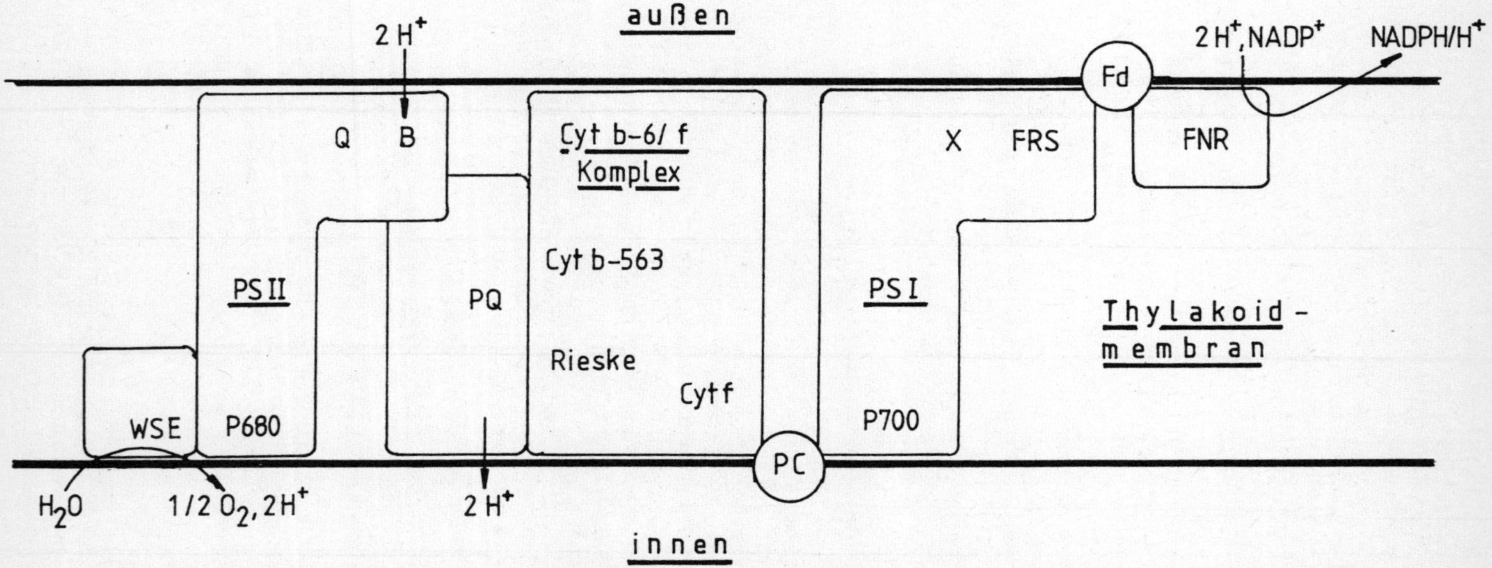

Abb. 48: Räumliche Anordnung der Komponenten des linearen Elektronentransportes in der Thylakoidmembran (vergl. Abb. 39).

Der Cytochrom b-6/f-Komplex durchdringt die Thylakoidmembran und ist von der Innen- und Außenseite zugänglich. Er ist mit dem Plastochinonpool und vermutlich auch mit Cytochrom b-559LP assoziiert. Ferredoxin und Ferredoxin-NADP-Reduktase befinden sich auf der Außenseite der Thylakoidmembran.

Photosystem II wurde hauptsächlich im gestapelten Bereich der Grana nachgewiesen. Photosystem I ist dagegen in den Stromathylakoiden und dem vom Stroma zugänglichen Granathylakoiden lokalisiert. Der Cytochrom b-6/f-Komplex ist gleichmäßig auf Stroma- und Granathylakoide verteilt (Abb. 37).

Literatur zu 5.4.:
- Barber J (1983) Photosynthetic electron transport in relation to thylakoid membrane composition and organization. Plant Cell and Environment 6: 311-322
- Bendall DS (1982) Photosynthetic cytochromes of oxygenic organisms. Biochim Biophys Acta 683: 119-151
- Cogdell (1983) Photosynthetic reaction centers. Ann Rev Plant Physiol 34: 21-45
- Cox RP, Olsen LF (1982) The organization of the electron transport chain in the thylakoid membrane. In: Barber J (ed) Electron transport and photophosphorylation. Elsevier, Amsterdam, pp 49-79
- Crofts AR, Wraight (1983) The electrochemical domain of photosynthesis. Biochim Biophys Acta 726: 149-185
- Golbeck JH, Lien S, San Pietro A (1977) Electron transport in chloroplasts. In: Trebst A, Avron M (eds) Encyclopedia of plant physiology. Springer, Berlin (Photosynthesis I, Photosynthetic electron transport and photophosphorylation, Vol 5) pp 94-116
- Haehnel W (1984) Photosynthetic electron transport in higher plants. Ann Rev Plant Physiol 35: 659-693
- Malkin R (1982) Redox properties and functional aspects of electron carriers in chloroplast photosynthesis. In: Barber J (ed) Electron transport and photophosphorylation. Elsevier, Amsterdam pp 1-47
- Sane PV (1977) The topography of the thylakoid membrane. In: Trebst A, Avron M (eds) Encyclopedia of plant physiology. Springer, Berlin (Photosysnthesis I, Photosynthetic electron transport and photophosphorylation, Vol 5) pp 522-542

5.5. Photophosphorylierung

Unter Photophosphorylierung versteht man die an den photosynthetischen Elektronentransport gekoppelte Biosynthese von Adenosin-5´-triphosphat (ATP) aus Adenosin-5´-diphosphat (ADP) und Phosphat (Pi). Das Enzym, das diese Reaktion katalysiert, heißt ATPase. ATP liefert die Energie für eine Vielzahl von biochemischen Prozessen (1.3.).

5.5.1. Thermodynamische Grundlagen der ATP-Bildung

Wenn der photosynthetische Elektronentransport abläuft, bildet sich an der Thylakoidmembran eine elektrische Potentialdifferenz ($\Delta \Psi$) aus. Die Stromaseite des Thylakoides wird negativ, die Thylakoidinnenseite positiv. Eine weitere Folge des photosynthetischen Elektronentransportes ist der Transport von Protonen (H^+) aus dem Stroma durch die Thylakoidmembran in den Thylakoidinnenraum. Dabei baut sich an der Thylakoidmembran ein Protonengradient (ΔpH) auf, der 2 bis 3 pH-Einheiten betragen kann. Die Summe von $\Delta\Psi$ und ΔpH wird als elektrochemische Potentialdifferenz bezeichnet. Sie ist nach der chemiosmotischen Hypothese von Mitchell die treibende Kraft der ATP-Synthese. Wenn eine solche Potentialdifferenz vorhanden ist, spricht man von einem "energetisierten" Thylakoid.

Zur ATP-Synthese werden die im Thylakoidinnenraum angereicherten Protonen über einen "Protonenkanal" des ATP-synthetisierenden Enzyms ATPase auf die Stromaseite des Thylakoides zurücktransportiert. Im katalytischen Teil des Enzyms werden die Protonen dann zur ATP-Bildung verwendet. Drei Protonen müssen von innen nach außen transportiert werden, um aus 1 ADP und 1 Phosphat 1 ATP zu synthetisieren:

$$ADP + Pi + 3\ H^+_{innen} \longrightarrow ATP + H_2O + 3\ H^+_{außen}$$

Der Ablauf der Photophosphorylierung hängt, wie bei anderen chemischen Reaktionen (1.2.), von der Änderung der Freien Enthalpie der Gesamtreaktion (ΔG) ab. Das ΔG der ATP-Synthese setzt sich zusammen aus einer Komponente, die durch den Protonengradienten (ΔGH^+) und einer Komponente, die durch die elektrische Potentialdifferenz (ΔGp) bestimmt wird:

$\Delta G = -n \cdot \Delta GH^+ + \Delta Gp$

n = Anzahl Protonen, die pro ATP durch die Thylakoidmembran transportiert werden.
ΔGH^+ = Änderung der Freien Enthalpie durch den Protonengradienten in J / mol
ΔGp = Änderung der Freien Enthalpie durch die elektrische Potentialdifferenz in J / mol

$\Delta GH^+ = 2{,}3 \cdot R \cdot T \cdot \Delta pH + F \cdot \Delta\Psi$

$\Delta Gp = \Delta Gp_0 + 2{,}3 \cdot R \cdot T \cdot \log \dfrac{[ATP]}{[ADP] \cdot [Pi]}$

R = Gaskonstante = 8,31 J / K / mol
T = absolute Temperatur in K
ΔpH = pH(a) - pH(i) = pH-Differenz durch den Protonengradienten
pH(a) = pH-Wert auf der Stromaseite des Thylakoides
pH(i) = pH-Wert auf der Thylakoidinnenseite
F = Faraday-Konstante = 96500 C pro Grammäquivalent Elektronen
$\Delta\Psi$ = $\Psi(i) - \Psi(a)$ = elektrische Potentialdifferenz
$\Psi(i)$ = elektrisches Potential an der Thylakoidinnenseite
$\Psi(a)$ = elektrisches Potential am Thylakoid auf der Stromaseite
ΔGp_0 = Änderung der Freien Enthalpie durch die elektrische Potentialdifferenz unter Standardbedingungen (s.u.)
[ATP] = Konzentration von ATP in mol / l
[ADP] = Konzentration von ADP in mol / l
[Pi] = Konzentration von Phosphat in mol / l

ΔGp_o beträgt 31,2 kJ / mol bei pH 8, 25° C, 10^{-3} mol Mg^{2+} und 0,1 mol Ionenstärke. ATP wird immer nur dann synthetisiert, wenn ΔG kleiner als Null ist, d.h. wenn ΔGH^+ größer als ΔGp ist. Ist ΔG größer als Null, so wird ATP hydrolysiert. Eine wichtige Größe für die Aktivität der ATPase ist die von der Lichtintensität abhängige:

"proton motive force" = pmf = $\Delta GH^+ / F$

5.5.2. Struktur der ATPase und Verlauf der ATP-Bildung

Das ATP-synthetisierende Enzym ATPase ist ein Protein-Komplex, der die Thylakoidmembran durchdringt. Er besteht aus einem CF_1- und einem CF_0-Teil (CF = coupling factor) (Abb. 49). Der CF_1-Teil sitzt auf der Oberfläche der Thylakoidmembran. Der CF_0-Teil ist hydrophob und reicht durch die Membran hindurch. CF_1 besteht aus 9 Untereinheiten und enthält eine katalytische Bindungsstelle, an der die ATP-Synthese abläuft und eine sog. feste oder auch regulatorische Nukleotid-Bindungsstelle. CF_0 besteht aus 7 Untereinheiten und bildet den sog. Protonen-Kanal, durch den die Protonen vom Thylakoidinnenraum zum katalytischen Teil der ATPase gelangen. Weitere molekulare Eigenschaften der ATPase sind in Tab. 14 zusammengefaßt.

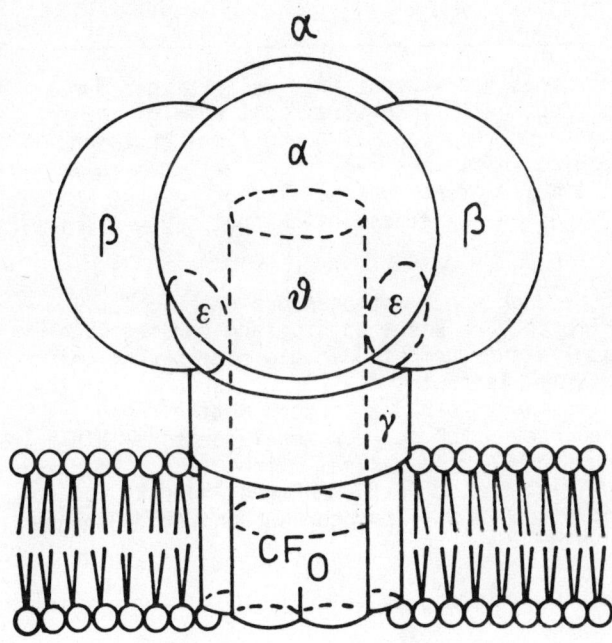

Abb. 49: Die Struktur der ATPase: Katalytisches Zentrum (CF_1) auf der Thylakoidoberfläche mit α-, β-, γ-, δ- und ϵ-Untereinheit sowie der "Protonen-Kanal" CF_0.

Nach der chemiosmotischen Hypothese von Mitchell kann ATP erst dann synthetisiert werden, wenn im Thylakoidinnenraum genügend Protonen angereichert sind. Wenn der photosynthetische Elektronentransport ab-

Tab. 14: Molekulare Eigenschaften der ATPase des Chloroplasten

Untereinheit		Molekulargewicht	Funktion	Untereinheiten pro 1 ATPase	Genlokalisation
CF$_1$	α	59 kD	Nukleotid-Bindung	3	Cytoplasma
	β	56 kD	Nukleotid- und Phosphat-Bindung	3	Cytoplasma
	γ	27 kD	Aktivierung und Modulation	1	Kern
	δ	17,5 kD	H$^+$-gating	1	Kern
	ε	13 kD	Bindung von CF$_1$ an CF$_0$	1	Cytoplasma
CF$_0$	I	15 kD	Membran-Proteid	1	Cytoplasma
	II	12,5 kD	Membran-Proteid	1	Kern
	III	8 kD	H$^+$-Kanal	5	Cytoplasma

läuft, werden pro freigesetztes mol Sauerstoff 8 mol Protonen durch die Thylakoidmembran transportiert. Dieser Transport erfolgt dadurch, daß 4 mol Protonen bei der Reduktion von NADP$^+$ und 4 mol Protonen bei der Reduktion des Plastochinon-pools aus dem Stroma aufgenommen werden. Gleichzeitig werden 4 mol Protonen bei der Wasserspaltung und 4 mol Protonen bei der Oxidation des Plastochinon-pools in den Thylakoidinnenraum abgegeben.

Die ATPase kann in verschiedenen Konformationen und unterschiedlicher Bindung zum Substrat vorliegen. Der Besetzungszustand der regulatorischen Nukleotidbindungsstelle entscheidet über die Aktivierung und Desaktivierung des Enzyms. Im Licht wird die ATPase durch den photosynthetischen Elektronentransport über die "proton motive force" aktiviert. Dabei wird fest gebundenes ADP von der regulatorischen Bindungsstelle freigesetzt und der Protonen-Kanal öffnet sich. Gleichzeitig wird die katalytische Bindungsstelle für ADP und Phosphat zugänglich und unter Ausbildung einer β,γ - Phosphorsäureanhydrid-Bindung wird ATP gebildet (Abb. 50).

5.5.3. Arten der Photophosphorylierung

Da die Photophosphorylierung an den photosynthetischen Elektronentransport gekoppelt ist, unterscheidet man wie beim photosynthetischen Elektronentransport zwischen einer nicht-zyklischen oder linearen, einer zyklischen und einer pseudozyklischen Photophosphorylierung. Für Photosynthese-Bakterien ist die zyklische Photophosphorylierung die einzige ATP-Quelle. Über die physiologische Bedeutung der zyklischen Photophosphorylierung für die höheren Pflanzen existieren verschiedene Meinungen. Einerseits soll die ATP-Bildung durch den zyklischen Elektronentransport nach Einschalten des Lichtes in der Induktionsphase

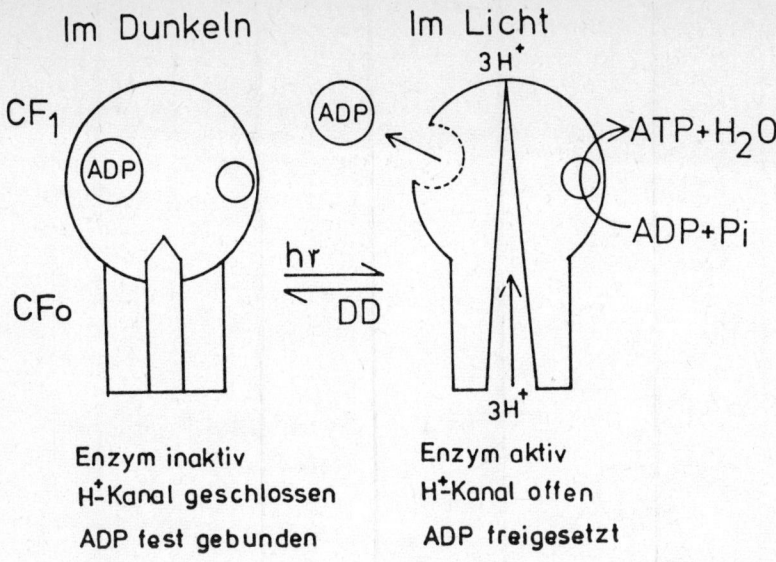

Abb. 50: Vereinfachte Darstellung der Wirkung des Lichtes auf die ATPase

der Photosynthese von Bedeutung sein. Andere Arbeitsgruppen sehen in der zyklischen Photophosphorylierung eine zusätzliche ATP-Quelle. Die pseudozyklische Photophosphorylierung soll unter Schwachlicht-Bedingungen, bei denen die Bildung von ATP durch das Licht begrenzt ist, für eine zusätzliche Versorgung der Zelle mit ATP sorgen. Auch wird diskutiert, daß sie während der Induktionsphase der Photosynthese die ATP-Versorgung des Calvin-Zyklus übernimmt.

Um 1 mol CO_2 im Calvin-Zyklus zu fixieren, werden 2 mol $NADPH/H^+$ und 3 mol ATP benötigt. Davon werden 2 mol ATP über die nicht-zyklische Photophosphorylierung gebildet. Das dritte mol ATP muß entweder über die zyklische oder über die pseudozyklische Photophosphorylierung gebildet werden. In Tab. 15 sind die Eigenschaften der drei Photophosphorylierungsarten vergleichend zusammengefaßt.

Tab. 15: Eigenschaften der verschiedenen Photophosphorylierungsarten

	nicht-zyklische	pseudozyklische	zyklische
Photosysteme	PS I und II	PS I und II	PS I
H^+/e^--Verhältnis	2	-	-
H^+/ATP-Verhältnis	2 - 4	-	-
$ATP/2\,e^-$-Verhältnis	1 - 2	1	1
Raten (µmol ATP / mg Chlorophyll a / h)	200	20	80 - 250

5.5.4. Regulation der ATP-Bildung

Die Aktivität der ATPase wird durch zwei lichtgesteuerte Mechanismen kontrolliert. Ein Mechanismus schaltet das Enyzm an und ab, der andere Mechanismus verändert die Geometrie des katalytischen Zentrums. Beide Mechanismen bewirken, daß bei niedriger Beleuchtungsstärke, aber vor allem in der Nacht, eine ATP-Spaltung (Hydrolyse zu ADP und Pi) verhindert wird.

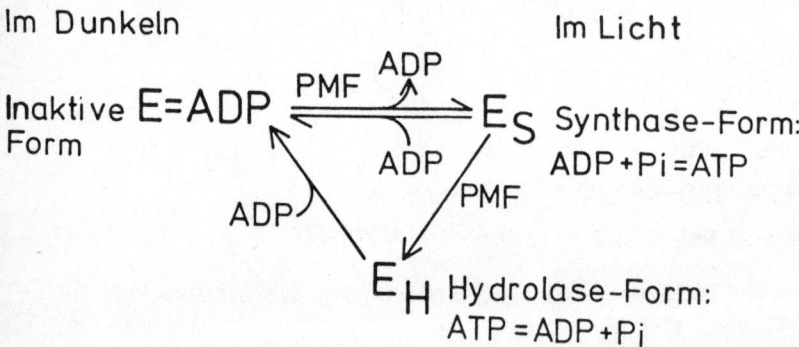

Abb. 51: Regulation der ATPase (PMF = proton motive force; s. 5.5.1.).

Die ATPase kann im Chloroplasten in einer inaktiven und in zwei verschiedenen aktiven Formen vorliegen (Abb. 51). Im Dunkeln geht die aktive ATPase (Synthase-Form) sehr schnell in eine inaktive Form über. Dabei bindet ADP an die regulatorische Bindungsstelle des CF_1. Im Licht wird durch den Aufbau des elektrischen Potentials an der Thylakoidmembran das an CF_1 fest gebundene ADP freigesetzt. Gleichzeitig verändern sich die Konformation der ATPase und die Geometrie des katalytischen Zentrums. Der Besetzungszustand der regulatorischen Bindungsstelle entscheidet also über die Aktivierung oder Desaktivierung einer ATPase, d.h., es werden immer nur so viele ATPase Moleküle aktiv, wie bei der jeweiligen Beleuchtungsstärke für die ATP-Synthese gebraucht werden.

Die ATP-Synthase besitzt eine hohe Spezifität für ADP. Bei sehr hohen Lichtintensitäten kann die Photophosphorylierung so weit fortgeschritten sein, daß kaum noch ADP vorhanden ist. Dann stünde bei einem folgenden Übergang zu Schwachlicht oder auch zum Dunkeln kein ADP mehr für die Desaktivierung der ATP-Synthase zur Verfügung. In diesem Fall geht die ATP-Synthase-Form in die Hydrolase-Form über. Diese Hydrolase-Form besitzt eine hohe Spezifität für ATP und kann dann ATP zu ADP und Phosphat hydrolysieren. Ist genügend ADP gebildet worden, so geht die Hydrolase-Form durch Bindung von ADP wieder in die inaktive Form über. Über die Kopplung der ATP-Synthase mit dem Protonenfluß ist noch wenig bekannt.

5.5.5. Beispiele für die allgemeine Gültigkeit der chemiosmotischen Hypothese

Mitchell stellte 1961 die chemiosmotische Hypothese zur Erklärung der Phosphorylierung beim Ablauf der Atmungskette in den Mitochondrien auf. Heute ist dieses Modell als allgemeines Prinzip für die biologische ATP-Bildung an Membranen anerkannt (Abb. 52).

Wie bei den Chloroplasten löst auch in den Mitochondrien die Ausbildung einer elektrischen Potentialdifferenz und eines Protonengradienten an einer Membran ATP-Bildung aus. Protonen werden vom Stroma (inneres Chondrioplasma) in den Intertubulusraum (äußeres Chondrioplasma) transportiert. Dabei werden die Protonen auf der Stromaseite mit Elektronen und Sauerstoff zu Wasser umgesetzt. Parallel dazu gibt der Ubichinon-pool (UQ) Protonen in den Intertubulusraum.

Ein weiteres Beispiel ist die Synthese von ATP bei Halobacterium halobium. Halobacterium bildet im Dunkeln unter anaeroben Bedingungen in seiner Cytoplasmamembran Bakteriorhodopsin, ein Chromoproteid, das Retinal (R) als Chromophor enthält. In diesem Purpurkomplex ist Retinal über ein Stickstoffatom eines Lysinrestes an das Protein Opsin gebunden. Bei Belichtung wird 13-cis-Retinal in seine all-trans-Form überführt. Dabei wird an der bindenden Stelle des Retinals mit Lysin ein Proton in das Außenmedium abgegeben. An der Cytoplasmamembran bauen sich ein Protonengradient und eine elektrische Potentialdifferenz zwischen Cytoplasmamembran und Zellwand auf, die zur Bildung von ATP führen. Im Dunkeln findet die rückläufige Reaktion statt.

Die den Protonengradienten zu Grunde liegenden Reaktionen der Protonenanlagerung und der Protonenabspaltung lassen sich wie folgt zusammenfassen:

Protonenaufnahme	Protonenabgabe
A) Chloroplast:	
Stroma	Thylakoidinnenraum
	$2\ H_2O \longrightarrow 4\ H^+ + 4\ e^- + O_2$
$4\ H^+ + 4\ e^- + 2\ PQ \longrightarrow 2\ PQH_2$	$2\ PQH_2 \longrightarrow 4\ H^+ + 4\ e^- + 2\ PQ$
$4\ H^+ + 4\ e^- + 2\ NADP^+ \longrightarrow 2\ NADPH/H^+$	
B) Mitochondrium:	
inneres Chondrioplasma	Intertubulusraum
$4\ H^+ + 4\ e^- + O_2 \longrightarrow 2\ H_2O$	$2\ UQH_2 \longrightarrow 4\ H^+ + 4\ e^- + 2\ UQ$
C) Halobakterium:	
Cytoplasma	Außenmedium
$H^+ +$ all-trans-R $\longrightarrow$ 13-cis-R	13-cis-R $\longrightarrow H^+ +$ all-trans-R

Literatur zu 5.5.:
- Avron M (1960) Photophosphorylation by swiss chard chloroplasts, Biochim Biophys Acta 40: 257-273
- Avron M (1962) Light-dependent adenosine-triphosphate in chloroplasts. J Biol Chem 237: 2011-2017

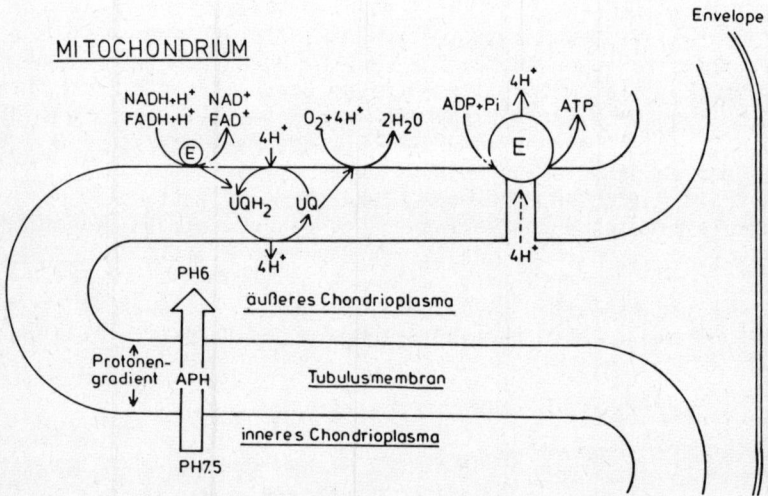
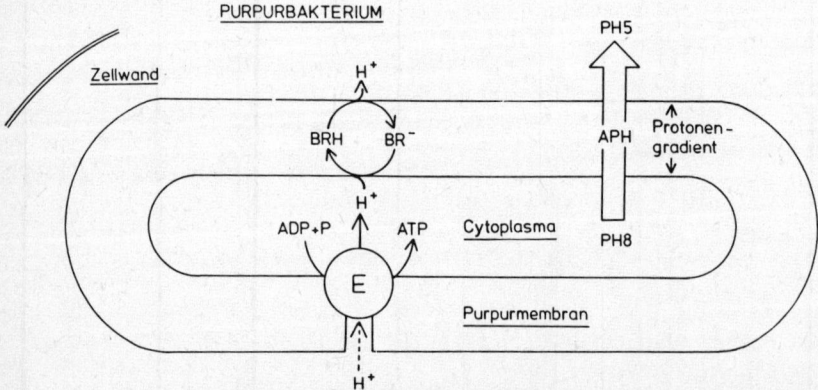

Abb. 52: Vergleichende Darstellung der chemiosmotischen Vorgänge bei der Photophosphorylierung bei Chloroplasten, Mitochondrien und Purpurbakterien.

- Junge W, Rumberg B, Schröder H (1970) The necessity of an electric potential difference and its use for photophosphorylation in short flash groups. European J Biochem 14: 575-581
- Mitchell P (1977) Vectorial chemiosmotic processes. Ann Rev Biochem 46: 996-1005
- Oesterhelt D, Stoeckenius W (1973) Functions of a new photoreceptor membrane. Proc Nat Acad Sci USA 70: 2853-2857
- Ostroy SE (1977) Rhodopsin and the visual process. Biochim Biophys Acta 463: 91-125
- Reeves SG, Hall DO (1978) Photophosphorylation in chloroplasts, Biochim Biophys Acta 463: 275-297
- Schlodder E, Gräber P, Witt HT (1982) Mechanism of phosphorylation in chloroplasts. In: Barber J (ed) Topics in photosynthesis, Elsevier, Amsterdam (Electron transport and photophosphorylation, Vol 4) pp 105-175
- Stoeckenius W, Lozier RH, Bogomolni RA (1979) Bacteriorhodopsin and the purple membrane of Halobacteria. Biochim Biophys Acta 505: 215-278
- Strotmann H (1983) Steuerung der Energiekonservierung in der Photosynthese. Ber Deutsch Bot Ges 96: 379-389
- Strotmann H, Bickel-Sandkötter S (1984) Structure, function and regulation of chloroplast ATPase. Ann Rev Plant Physiol 35: 97-120
- Trebst A, Avron M (1977) Encyclopedia of plant physiology. Springer, Berlin (Photosynthesis I, Photosynthetic electron transport and photophosphorylation, Vol 5)
- Wagner G (1979) Halobakterien: Vordringen in biotische Grenzbereiche. Biologie in unserer Zeit 9: 171-179
- Witt HT (1979) Energy conservation in the functional membrane of photosynthesis. Analysis by light pulse and electric puls methods. The central role of the electric field. Biochim Biophys Acta 505: 355-427

E 11 Lichtabsorption von Blattfarbstoffen

Mit Hilfe eines Prismas oder eines optischen Gitters kann man Weißlicht in seine spektralen Farben aufspalten.

Methode A: Die einzelnen Farben eines Projektorlichtes werden von den Extrakten der Blattfarbstoffe unterschiedlich stark absorbiert. Das nicht absorbierte, den Extrakt durchdringende Licht wird mit einem Prisma in seine Lichtfarben zerlegt, die dann mit bloßem Auge betrachtet werden können. Die absorbierten Lichtfarben fehlen.

Methode B: Mit einem Spektralphotometer mißt man die Intensität einzelner Lichtfarben, die die Probe durchdringen. Weißlicht wird in einem Monochromator (Prisma oder optisches Gitter) in seine Lichtfarben aufgespalten. Die Farbe des Lichtes, das danach auf die Probe gestrahlt wird, läßt sich an einem Wellenlängen-Drehknopf auswählen. Bei der Erfassung eines Absorptionsspektrums wird die Wellenlänge des eingestrahlten Lichtes kontinuierlich verändert. Mit einem Sekundärelektronenvervielfacher (Photomultiplier) wird die Intensität des die Probe durchdringenden Lichtes gemessen (E 25). Die gemessene Lichtintensität wird für die jeweilige Wellenlänge als Transmission oder Extinktion angezeigt (E 6).

Literatur zu E 11:
- Clayton RK (1975) Photobiologie. Verlag Chemie, Weinheim (Physikalische Grundlagen, Band 1)
- Williams BD, Wilson K (1978) Praktische Biochemie. Thieme, Stuttgart

Material

- Extrakt eines Blattes (E 4) und/oder einzelner Blattfarbstoffe (E 5), Chloroplastensuspension (E 1)

Methode A:

- Lichtquelle (>20000 lx)
- Prisma

Methode B:

- Einstrahl- oder Zweistrahl-Spektralphotometer

Durchführung

Methode A: Vor die Lichtquelle wird eine Schlitzblende mit ca. 1 mm Spaltbreite angebracht. Hinter diese Blende wird die Probe so plaziert, daß sie etwa die Hälfte der Spalthöhe einnimmt. Der austretende Lichtstrahl wird durch ein Prisma geleitet, wo er in seine spektralen Farben zerlegt wird. Auf einer Leinwand vergleicht man bei abgedunkeltem Raum die Farben der Lichtquelle in der einen Bildhälfte mit den Farben, die den Extrakt durchdrungen haben, in der anderen Bildhälfte.

Methode B: Das Absorptionsspektrum der Probe wird zwischen 350 und 750 nm im Spektralphotometer gemessen.

E 12 Messung des Emissions- und des Anregungsspektrums der Chlorophyll-Fluoreszenz

Chlorophylle zeigen nach Lichtabsorption (Anregung) ein dunkelrotes Fluoreszenzlicht. Zur Anregung eignen sich UV-Strahlung, blaues oder hellrotes Licht. Da UV-Strahlung vom Auge nicht wahrgenommen wird, kann man durch Bestrahlung eines Blattextraktes mit UV-Strahlen die Chlorophyll-Fluoreszenz direkt sichtbar machen (Methode A). Regt man mit blauem oder hellrotem Licht an, so muß man zum Betrachten der Fluoreszenz ein Dunkelrotfilter, der das blaue oder hellrote Anregungslicht absorbiert, verwenden (Methode B). Damit das Umgebungslicht nicht stört, dunkelt man den Meßraum ab. Die Chlorophyll-Konzentration der Probe sollte bei visueller Betrachtung nicht zu hoch sein, da dann, speziell der sichtbare Teil der Fluoreszenz, reabsorbiert wird.

Mit einem Fluoreszenzspektrometer kann man die spektrale Zusammensetzung des Fluoreszenzlichtes analysieren (Fluoreszenzemissionsspektrum,

Methode C). Chlorophyll-Fluoreszenz wird mit einem intensiven Blaulicht angeregt. Das von der Probe abgestrahlte Fluoreszenzlicht wird in einen Monochromator gestrahlt und dort in seine spektralen Komponenten zerlegt (E 11). Die Intensität des Fluoreszenzlichtes bei den einzelnen Wellenlängen (= Lichtfarben) wird mit einem Sekundärelektronenvervielfacher (Photomultiplier, E 25) gemessen.

Die Fluoreszenzintensität ist abhängig von der Wellenlänge des auf die Probe eingestrahlten Anregungslichtes. Je stärker das Anregungslicht absorbiert wird, um so intensiver ist im allgemeinen die Fluoreszenz. Mit einem Fluoreszenzspektrometer, in dem das Anregungslicht durch einen Monochromator geleitet wird, ehe es auf die Probe gelangt, kann man Fluoreszenzanregungspektren messen (Methode D). Man erfaßt die Intensität der Fluoreszenzemission in Abhängigkeit von der Wellenlänge des Anregungslichtes. Wenn alle lichtabsorbierenden Moleküle gleich gut zur Fluoreszenz beitragen, stimmt das Fluoreszenzanregungspektrum mit dem Absorptionsspektrum überein. Bei intakten Blättern, nicht aber bei Extrakten, spielen Energieübertragungsprozesse eine wesentliche Rolle. So liegt im Bereich der Carotinoidabsorption das Anregungsspektrum relativ niedriger als das Absorptionsspektrum, da die Carotinoide die absorbierte Lichtenergie nicht vollständig auf die Chlorophylle übertragen (5.3.). Ein genaues Anregungsspektrum erhält man, wenn man auf quantengleiche Anregung korrigiert.

Material

- Blatt, Blattextrakt (E 4), Chlorophyllextrakt (E 5), Chloroplastensuspension (E 1)

Methode A:

- UV-Lampe

Methode B:

- Lichtquelle (>20000 lx)
- Blaulichtfilter (z.B. Küvette mit $CuSO_4$-Lösung)
- Rotfilter (Schott RG 665)

Methode C:

- Fluoreszenzspektrometer

Methode D:

- Fluoreszenzspektrometer mit zusätzlichem Monochromator für Anregungslicht

Durchführung

Methode A: Die Proben werden in einem abgedunkelten Raum mit der UV-Lampe bestrahlt. Die Chlorophyll-Fluoreszenz ist bei den Extrakten mit bloßem Auge sichtbar.

Methode B: Die Probe wird in einem abgedunkelten Raum mit Blaulicht bestrahlt. Die Fluoreszenz ist durch ein Rotlichtfilter mit bloßem Auge sichtbar.

Methode C: Das Emissionsspektrum wird im Fluoreszenzspektrometer zwischen 600 und 800 nm aufgenommen (Anregung mit Blaulicht: 445 oder 470 nm).

Methode D: Das Anregungsspektrum wird für die gesamte Fluoreszenz oder eines der beiden Fluoreszenzemissionsmaxima bestimmt. Dabei wird das Anregungslicht von 350 bis 650 nm variiert.

E 13 Messung der Induktionskinetik der Chlorophyll-Fluoreszenz ("Kautsky-Effekt")

Änderungen der Fluoreszenzintensität, die bei der Belichtung eines zuvor im Dunkeln gehaltenen Blattes auftreten, können als Nachweis für die Photosynthese-Aktivität eines Blattes verwendet werden. Bei dunkeladaptierten Blättern wird die volle Photosyntheserate erst nach ca. 5 min erreicht. Das Einsetzen der Photosynthese-Aktivität bei Belichtung spiegelt sich in der in etwa antiparallelen Veränderung der Fluoreszenzintensität wieder ("Kautsky-Effekt", 5.2.4.).

Die charakteristischen Punkte der Fluoreszenz-Induktionskinetik werden mit O, I, D, P und T bezeichnet (Abb. 53, Tab. 16). Der schnelle Anstieg der Fluoreszenz nach Beginn der Belichtung wird davon bestimmt, in welchem Ausmaß das Reaktionszentrum von PS II (P 680) Elektronen in die Elektronentransportkette der Lichtreaktion geben kann. Können nur wenige Elektronen abgegeben werden, da nicht genügend freie Elektronenakzeptoren zur Verfügung stehen, so ist die Fluoreszenz hoch, weil

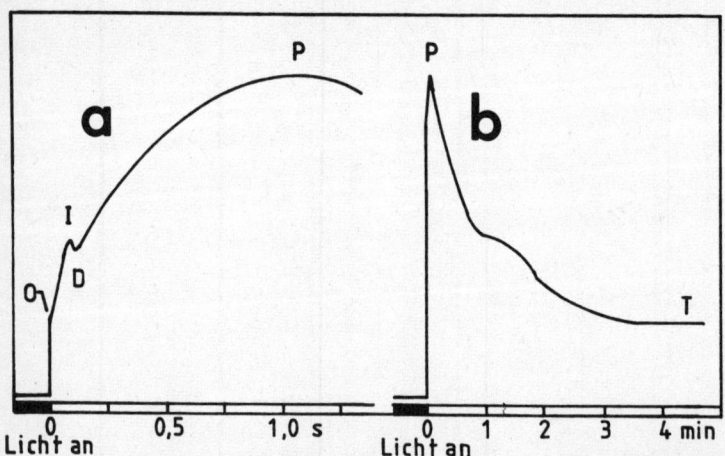

Abb. 53: Typische Induktionskinetik der Chlorophyll-Fluoreszenz eines dunkeladaptierten Blattes. a) schneller Anstieg (ca. 1 s), b) langsamer Abfall (ca. 4 min).

die Chlorophyll a-Moleküle der Antenne ihre Energie nicht auf P 680 übertragen können. Der Oxidationszustand des primären Akzeptors von P 680, der Substanz Q ("Quencher" = Löscher) bestimmt nach der allgemein anerkannten Q-Hypothese von Duysens und Sweers (1963) die Intensität der Fluoreszenz. Sind die Q-Moleküle mehr oxidiert und können sie Elektronen aufnehmen, so ist die Fluoreszenz gering. Sind die Q-Moleküle reduziert, so können sie von P 680 keine Elektronen übernehmen und die Fluoreszenz ist hoch.

In der schnellen Anstiegsphase der Kinetik wird das Einsetzen der Photosyntese-Aktivität mehrfach verzögert. In der anschließenden langsamen Abfallphase stellt sich erst allmählich ein Gleichgewichtszustand in der Verteilung der absorbierten Lichtenergie auf Photosynthese, Fluoreszenz und Wärme ein. Dabei spielen besonders Veränderungen in der Energieübertragung eine Rolle. Im Maximum der Fluoreszenzkinetik (P) wird mehr Energie in Richtung PS II übertragen. Später, beim Übergang in die stationäre Phase (T), nimmt der Anteil der Energie in Richtung PS I zu. Da bei Raumtemperatur die meiste Fluoreszenz von PS II ausgeht, hat dies ein Absinken der Fluoreszenzintensität zur Folge.

Die Änderungen in der Energieübertragung werden auch als "state 1 - state 2"-Übergang bezeichnet und hängen mit der Phosphorylierung des LHCP-Komplexes zusammen (5.3.4.).

Tab. 16: Interpretation der einzelnen Phasen der Induktionskinetik der Chlorophyll-Fluoreszenz

Phase	Zeit nach Beginn der Kinetik	Interpretation
→O	1 ns	- Fluoreszenz wird aus den Antennen abgegeben bevor die Reaktionszentren Lichtenergie aufgenommen haben (Zeit der Energieübertragung in den Antennensystemen).
O→I	10 ms	- Q wird durch P 680 reduziert, kann seine Elektronen aber nicht gleich an B und den Plastochinonpool abgeben, da die Elektronenabgabe an den Cytochrom b-6/f-Komplex der langsamste Schritt der Lichtreaktion ist (5.4.3.).
I→D	50 ms	- Q wird oxidiert.
D→P	1 s	- Die Abgabe von Elektronen an Q verlangsamt sich, da der Calvin-Zyklus noch nicht abläuft.
P→T	4 min	- Q wird zunehmend oxidiert, da der Calvin-Zyklus in Gang kommt. Die Energieübertragung in Richtung auf das nur gering fluoreszierende PS I nimmt zu.

O = origin (Ursprung)
I = intermediate level (Zwischenstufe)
D = dip (Abhang)
P = peak (Maximum)
T = terminal state (stationäre Endphase)

Die extremen Unterschiede in der Intensität der Chlorophyll-Fluoreszenz zwischen der Fluoreszenz im Maximum P und der Fluoreszenz bei der stationären Phase T, kann man mit bloßem Auge durch einen Rotfilter betrachten (Methode A). Die genaue Induktionskinetik kann man nur mit einem Photomultiplier oder einer Photodiode erfassen. Den langsamen Fluoreszenzabfall von P nach T kann man mit einem Schreiber aufzeichnen (Methode B). Der schnelle Fluoreszenzanstieg ist nur mit einem Speicheroszilloskop und/oder einem Transienten-Recorder meßbar (Methode C).

Die Induktionskinetik ist nur dann gut sichtbar, wenn die Probe vor Beginn der Messung mindestens 10 min im Dunkeln gehalten wurde. Wird diese Zeit der Dunkeladaptation unterschritten, so läuft die Photosynthese schneller an und der Übergang der Kinetik von O nach T ist schneller.

Literatur zu E13:
- Schreiber U (1983) Chlorophyll fluorescence yield changes as a tool in plant physiology. I. The measuring system. Photosynthesis Research 4: 361-373.

Material

- grünes Blatt, Chloroplastensuspenion (E 1)
- 23,3 mg / l   DCMU = 3-(3,4-Dichlorphenyl)-1,1-dimethyl-harnstoff = "Diuron" (MG: 233)

Methode A:

- Lichtquelle (>20000 lx)
- Blaulichtfilter (z.B. Küvette mit $CuSO_4$-Lösung)
- Rotlichtfilter (Schott RG 665)

Methode B (zusätzlich zu den Geräten von Methode A):

- zweiarmiger Lichtleiter
- Photomultiplier oder Photodiode (dunkelrot-empfindlich)
- yt-Schreiber

Methode C (zusätzlich zu den Geräten von Methode A und B):

- Photoverschluß
- Speicheroszilloskop
- evtl. Transienten-Recorder

Durchführung

Die Probe wird vor der Messung mindestens 10 min im Dunkeln gehalten (Dunkeladaptation).

Methode A: Ein Teil der Probe wird mit einem schwarzen Tuch abgedunkelt. Die Probe wird mit Blaulicht (Weißlicht + Blaulichtfilter) bestrahlt. Nach ca. 5 min nimmt man das schwarze Tuch ab. Durch das Rotlichtfilter beobachtet man mit bloßem Auge im zuvor abgedunkelten Bereich der Probe eine hohe Fluoreszenz, die langsam abklingt und sich der weniger intensiven Fluoreszenz im nicht abgedunkelten Teil anpaßt.

Methode B: Die Probe wird über den einen Arm des Lichtleiters mit Blaulicht (Weißlicht + Blaulichtfilter) bestrahlt. Mit einer Blende wird das Anregungslicht zu- bzw. abgeschaltet. Über den zweiten Lichtleiterarm wird das Fluoreszenzlicht gemessen (Rotlichtfilter + Photomultiplier). Die langsam abfallende Kinetik wird mit einem an den Detektor angeschlossenen Schreiber aufgezeichnet (Zeit: ca. 5 min).

Methode C: Das Anregungslicht wird durch Öffnen bzw. Schließen eines Photoverschlusses zu- bzw. abgeschaltet. Der schnelle Anstieg der Kinetik wird mit einem Speicheroszilloskop aufgezeichnet (Zeit: ca. 2 s). Man kann die Kinetik auch in einem Transienten-Recorder speichern und dann mit einem Schreiber langsam aufzeichnen.

Wird die Probe mit dem Photosynthese-Hemmstoff DCMU behandelt, so ist eine Induktionskinetik nur noch meßbar, wenn der Hemmstoff noch nicht voll eingedrungen ist. Die Eindringzeit des Hemmstoffs kann man verfolgen, wenn man den Hemmstoff während der Messung nach Erreichen der stationären Phase T zugibt. Die Zeit bis zum Erreichen der maximalen Fluoreszenz entspricht der Eindringzeit des Hemmstoffes.

E 14 Messung der Sauerstoff-Entwicklung

Mit einer Sauerstoff-Elektrode kann man die Sauerstoff-Konzentration polarographisch messen. Zwischen einer Platin- und einer Silberelektrode wird eine geringe Spannung (ca. 0,5 V) angelegt. Über eine Elektrolytlösung (1 mol KCl) kommt es zu einem Stromfluß zwischen den Elektroden. Dabei wird Sauerstoff, der durch eine Teflonmembran in die Elektrolytlösung dringen kann, verbraucht. Der Sauerstoffverbrauch erhöht den Stromfluß zwischen den Elektroden. Der in Ampere gemessene Stromfluß ist proportional zur Sauerstoff-Konzentration. Folgende Prozesse laufen an den Elektroden ab:

$$\text{Anode (Silber):} \quad 4\,Ag + 4\,Cl^- \longrightarrow 4\,AgCl + 4\,e^-$$
$$\text{Kathode (Platin):} \quad 4\,H^+ + 4\,e^- + O_2 \longrightarrow 2\,H_2O$$

$$\text{Gesamtreaktion:} \quad 4\,H^+ + 4\,Ag + 4\,Cl^- + O_2 \longrightarrow 4\,AgCl + 2\,H_2O$$

Um eine gute Sauerstoff-Entwicklung zu erzielen, muß in den meisten Fällen das CO_2-Angebot durch Zugabe von $NaHCO_3$ erhöht werden.

Literatur zu E 14:
- Delieu T, Walker DA (1981) Polarographic measurement of photosynthetic oxygen evolution by leaf discs. New Phytol 89: 165-178
- Fork DC (1972) Oxygen electrode. In: San Pietro A (ed) Methods in enzymology. Academic Press, New York (Photosynthesis and nitrogen fixation, part B, Vol 24) pp 113-122

Material

- Pflanzenmaterial: Blätter, Algen, isolierte Chloroplasten (E 1) oder Protoplasten (E 29)
- Sauerstoff-Elektrode mit Spannungsquelle, Amperemeter und Meßküvette

- Lichtquelle (>20000 lx)

zur Nullpunkt-Eichung für die Messung in wäßrigem Medium:
- $Na_2S_2O_4 \cdot 2\ H_2O$ (MG: 105,99)

zur Nullpunkt-Eichung für die Messung in gasförmigem Medium:
- Stickstoff-Gas

Reaktionsmedien:
a) für Messungen mit Blättern:
- 2,1 g / 25 ml   NaHCO (MG: 84,01)
b) für Messungen mit Algen:
- 0,56 g / 100 ml   KOH (MG: 56,11)
- 0,34 g $NaHCO_3$ (MG: 84,01)
- 8,96 g Tricin = N-(Tris-(hydroxymethyl)-methyl)-glycin (MG: 179,18)
$NaHCO_3$ und Tricin zusammen in 900 ml Wasser lösen, mit KOH-Lösung auf pH 7,6 einstellen und mit Wasser auf 1 l auffüllen
c) für Messungen mit isolierten Chloroplasten:
- 0,56 g / 100 ml   KOH (MG: 56,11)
c1) CO_2-abhängige Sauerstoff-Entwicklung:
- 0,34 g $NaHCO_3$ (MG: 84,01)
- 8,96 g Tricin = N-(Tris-(hydroxymethyl)-methyl)-glycin (MG: 179,18)
zusammen in 900 ml Wasser lösen, mit KOH-Lösung auf pH 7,6 einstellen und mit Wasser auf 1 l auffüllen
c2) Phosphoglycerat-abhängige Sauerstoff-Entwicklung:
- 0,504 g 3-Phosphoglycerinsäure $\cdot Na_3$ (MG: 252,00)
- 8,96 g Tricin = N-(Tris-(hydroxymethyl)-methyl)-glycin (MG: 179,18)
zusammen in 900 ml Wasser lösen, mit KOH-Lösung auf pH 7,6 einstellen und mit Wasser auf 1 l auffüllen
d) für Messungen der Hill-Aktivität:
- Reaktionsmedium für jeweiligen Ansatz (E 3 und E 15)
e) für Messungen mit Protoplasten:
- Suspensionsmedium von E 29

für Bezug auf Chlorophyll:
Geräte und Lösungen zur Chlorophyllbestimmung nach Arnon (E 4c, E 6)

Durchführung

Für Messungen in gasförigem und in wäßrigem Medium müssen unterschiedliche Sauerstoff-Elektroden verwendet werden. Nach der Betriebsanleitung der jeweiligen Elektrode wird sie mit einer Teflonmembran bespannt und geeicht. Der Nullpunkt wird bei Messung in wäßrigem Medium dadurch eingestellt, daß man zu wenig Wasser einige Kristalle $Na_2S_2O_4$ gibt (gesättigte Lösung). Bei Messung in gasförmigem Medium stellt man den Nullpunkt mit Stickstoff-Gas ein. Ein zweiter Eichpunkt wird mit einer Probe bekannter O_2-Konzentration eingestellt. Für Messungen in wäßrigem Medium nimmt man luftgesättigtes Wasser von 25° C, das 5,985 µl O_2 / ml enthält. Für Messungen in gasförmigem Medium verwendet man normale Luft (bei Raumtemperatur: 208 µl O_2 / ml).

Algen, Chloroplasten oder Protoplasten werden 5 min bei 600xg abzentrifugiert und im jeweiligen Reaktionsmedium aufgenommen. Die Suspension wird in die Meßküvette gegeben und der Reaktionsraum verschlossen. Bei Messung von Blättern wird zur CO_2-Versorgung eine mit $NaHCO_3$ getränkte Gaze in den Reaktionsraum gelegt. Die Probe wird in die Meßküvette gegeben und der Reaktionsraum geschlossen.

Im Licht kann man die Sauerstoff-Entwicklung der Photosynthese (apparente Photosynthese = Netto-Photosynthese) messen. Bei intakten Pflanzen oder Protoplasten kann man außerdem im Dunkeln den Sauerstoffverbrauch durch Dunkelatmung messen. Die Berechnung der Atmungs- bzw. der Photosynthese-Aktivität erfolgt nach folgender Gleichung:

$$\frac{S(M) \cdot c(E) \cdot 60}{22,4 \cdot S(E)} = \mu mol\ O_2\ /\ ml\ /\ h$$

$S(M)$ = Signalanstieg bzw. -abfall in Skalenteilen pro min
$S(E)$ = Signalhöhe bei der Eichung in Skalenteilen
$c(E)$ = O_2-Konzentration bei der Eichung in $\mu l\ O_2\ /\ ml$

In den meisten Fällen wird die Photosynthese-Aktivität auf Chlorophyll bezogen. Dazu extrahiert man mit 80%igem Aceton (E 4c) und berechnet die Konzentration an Gesamtchlorophyll nach Arnon (E 6, Methode A1). Die auf Chlorophyll bezogene Rate errechnet sich dann wie folgt (r = gemessene Rate $\mu mol\ O_2\ /\ ml\ /\ h$; c = Gesamt-Chlorophyllgehalt in mg / ml):

$$r / c = \mu mol\ O_2\ /\ mg\ Chlorophyll\ /\ h$$

E 15 Test der photosynthetischen Elektronentransportkette ("Hill-Reaktion")

Bei einer Hill-Reaktion wird der photosynthetische Elektronentransport an isolierten Chloroplasten oder Thylakoiden getestet. Über die Messung der NADP-Reduktion kann man die Funktion des gesamten nicht-zyklischen Elektronentransportes prüfen (E 16). Mit geeigneten künstlichen Elektronenakzeptoren, den Hill-Reagenzien, und evtl. mit Elektronendonatoren und Hemmstoffen können auch Teilstücke des nicht-zyklischen Elektronentransportes gemessen werden (Tab. 17, Abb. 54).

Tab. 17: Elektronenakzeptoren, Hemmstoffe und Elektronendonatoren, die bei Hill-Reaktionen verwendet werden (Wirkungsorte: Abb. 54)

Abkürzung	Name	Endkonzentration im Reaktionsmedium
Elektronenakzeptoren:		
SiMo	Siliciummolybdat	0,1 mmol
DCPIP	2,6-Dichlorphenolindophenol	30 µmol
Fecy	Kaliumhexacyanoferrat(III) = "Ferricyanid"	0,5 mmol
DCBQ	2,5-Dichlor-p-benzochinon	0,5 mmol
DMQ**	2,5-Dimethyl-p-benzochinon	0,5 mmol
DAD**	2,3,5,6-Tetramethyl-p-phenylendiamin = (engl.: diaminodurene)	0,5 mmol
PD**	p-Phenylendiamin	0,1 mmol
MV	1,1-Dimethyl-4,4-dipyridyl-dichlorid = "Methylviologen" = "Paraquat"	0,1 mmol

(Fortsetzung Tab. 17)

Hemmstoffe			
Hitze	6 min 55° C	–	
Tris	Tris-(hydroxymethyl)-aminomethan	0,8	mol
NH$_2$OH	Hydroxylamin	5	mmol
DCMU	3-(3,4-Dichlorphenyl)-1,1-dimethyl-harnstoff = "Diuron"	2	µmol
DBMIB	2,5-Dibrom-6-methyl-3-isopropyl-p-benzochinon	10	µmol
KCN	Kaliumcyanid	20	mmol
Elektronendonatoren			
DPC	1,5-Diphenylcarbazid	4	mmol
o-BQH	o-Hydrobenzochinon = "Brenzkatechin"	0,5	mmol
TMQH	Tetramethyl-p-hydrobenzochinon	1	mmol
TMPD*	N,N,N´,N´-Tetramethyl-p-phenylendiamin	2	mmol
DCPIP*	2,6-Dichlorphenolindophenol	30	µmol
DAD*	2,3,5,6-Tetramethyl-p-phenylendiamin = (engl.: diaminodurene)	2	mmol
PD*	p-Phenylendiamin	2	mmol

** + 2 mmol Kaliumhexacyanoferrat(III)
* + 1 mmol Ascorbat

Bei den meisten Hill-Reaktionen mißt man entweder die Sauerstoff-Entwicklung am Wasser-spaltenden Enzym oder die Absorptionsänderung des Elektronenakzeptors im Verlauf seiner Reduktion (z.B. die Entfärbung von blauem DCPIP). Bei der Zugabe von Methylviologen als Elektronenakzeptor wird das reduzierte Methylviologen (MV$^{+\cdot}$) durch Sauerstoff wieder oxidiert, dabei entsteht H$_2$O$_2$:

$$H_2O + 2\,MV^{2+} \xrightarrow{\text{Hill-Reaktion}} 2\,MV^{+\cdot} + 2\,H^+ + 1/2\,O_2$$
$$2\,MV^{+\cdot} + 2\,O_2 \longrightarrow 2\,MV^{2+} + 2\,O_2^-$$
$$2\,O_2^- + 2\,H^+ \longrightarrow O_2 + H_2O_2$$
$$\text{Summe: } H_2O + 1/2\,O_2 \longrightarrow H_2O_2$$

Durch Zugabe von Natriumazid wird die Katalase gehemmt, die die Spaltung von H$_2$O$_2$ katalysiert, bei der wieder Sauerstoff freigesetzt wird:

$$H_2O_2 \xrightarrow{\text{Katalase}} 1/2\,O_2 + H_2O$$

Bei der Verwendung von Methylviologen und NaN$_3$ werden bei der Hill-Reaktion, ausgehend von der Wasserspaltung (z.B. H$_2$O→MV), doppelt so viele Sauerstoffmoleküle verbraucht wie gleichzeitig bei der Wasserspaltung entstehen. Die gemessene Rate des O$_2$-Verbrauchs kann somit der Rate der O$_2$-Entwicklung gleich gesetzt werden. Wird mit Methylviologen und NaN$_3$ bei einer Hill-Reaktion ohne die Wasserspaltung gemessen (z.B. DCPIP/Asc→MV), so ist der O$_2$-Verbrauch noch einmal doppelt so hoch:

$$DCPIPH_2 + MV^{2+} \xrightarrow{\text{Hill-Reaktion}} 2\,MV^{+\cdot} + DCPIP + 2\,H^+$$
$$2\,MV^{+\cdot} + 2\,O_2 \longrightarrow 2\,MV^{2+} + 2\,O_2^-$$
$$2\,O_2^- + 2\,H^+ \longrightarrow O_2 + H_2O_2$$
$$\text{Summe: } DCPIPH_2 + O_2 \longrightarrow H_2O_2 + DCPIP$$

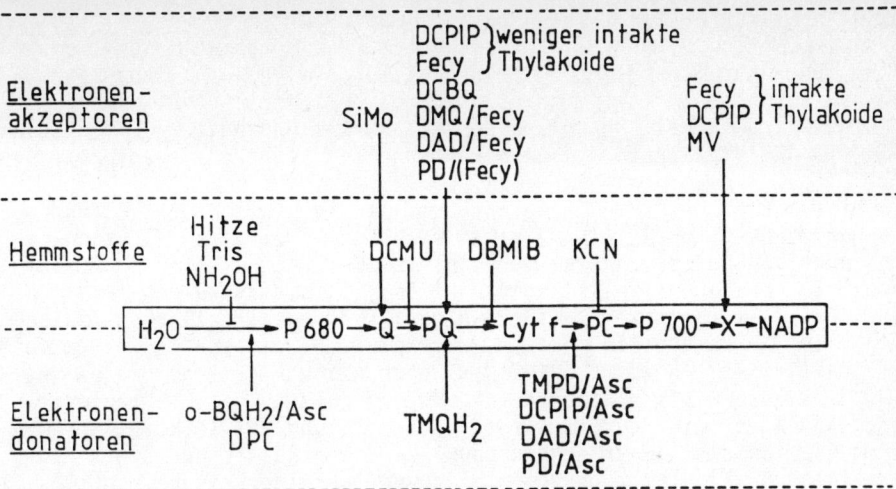

Abb. 54: Lineare photosynthetische Elektronentransportkette und die Angriffsorte von Elektronenakzeptoren, Elektronendonatoren und Hemmstoffen bei Hill-Reaktionen.

Pro 1 Molekül verbrauchtes O_2 werden 2 Elektronen in der Elektronentransportkette transportiert, das entspricht 1/2 Molekül von bei der Wasserspaltung freigesetztem O_2 ($H_2O \rightarrow 2 H^+ + 2 e^- + 1/2\ O_2$).

Manche Elektronenakzeptoren können Elektronen an verschiedenen Stellen der Elektronentransportkette aufnehmen. An intakten Thylakoiden nehmen z.B. DCPIP und Fecy Elektronen nach dem PS I auf. Bei weniger intakten Thylakoiden wird eine Akzeptorstelle vor PS I für DCPIP und Fecy zugänglich, die dann bevorzugt wird. In vielen Fällen muß die Chloroplastenhüllmembran osmotisch aufgebrochen werden (z.B. bei der Hill-Reaktion mit Fecy, E 3), damit die Elektronenakzeptoren, -donatoren und Hemmstoffe zu den Thylakoiden vordringen können. Aufgebrochene Chloroplasten haben meist noch einen funktionsfähigen Elektronentransport. Nur geht im allgemeinen das locker gebundene Ferredoxin verloren, das dann, z.B. zur Reduktion von NADP, als isolierte Substanz zugegeben werden muß.

Die Hemmstoffe DCMU und DBMIB blockieren den Elektronentransport nach Q bzw. nach dem Plastochinon-pool (11.1.1.). Erhitzt man die Chloroplasten für wenige Minuten auf 55° C, so wird das Wasser-spaltende Enzym zerstört. Durch Zugabe von Ascorbat werden Elektronendonatoren im reduzierten Zustand gehalten. Kaliumhexacyanoferrat(III) hält Elektronenakzeptoren im oxidierten Zustand.

Die Rate des Elektronentransportes hängt mit dem Ablauf der Photophosphorylierung zusammen. Maximale Hill-Reaktionsraten erhält man, wenn die Photophosphorylierung durch Entkoppler vom Elektronentransport "abgekoppelt" wurde (entkoppelter Elektronentransport). Entkoppler, wie z.B. NH Cl oder Gramicidin D, hemmen die Photophosphorylierung dadurch, daß sie den Aufbau des Protonengradienten am Thylakoid verhindern. Isolierte Thylakoide (aufgebrochene Chloroplasten) haben meist nicht mehr ausreichend ADP und Phosphat für die Photophosphorylierung. Dadurch wird die Elektronentransportrate vermindert (nicht gekoppelter Elektronentransport). Durch Zugabe von ADP und Phosphat läßt sich dann die Hill-Aktivitätsrate steigern (gekoppelter Elektronentransport).

Die hier aufgeführten Meßmethoden sind relativ einfach durchzuführen. Bei der Messung der PS II-Aktivität (Methode A) wird der Elektronentransport von Wasser zu Plastochinon mit DCPIP als Elektronenakzeptor getestet. An dieser Stelle kann auch Fecy eingesetzt werden (E 3). Als PS I-Aktivität (Methode B) mißt man den Elektronentransport zwischen Cytochrom f/Plastocyanin und der Substanz X. Dabei wird durch DCMU die PS II-Aktivität gehemmt. DCPIP, das durch Ascorbat ständig reduziert wird, ist der Elektronendonator und Methylviologen der Elektronenakzeptor (NaN_3 hemmt die Katalase s.o.). PS I- und PS II-Aktivität (Methode C) wird als Elektronentransport zwischen Wasser und X mit Methylviologen als Elektronenakzeptor gemessen. Eine weitere Möglichkeit der Messung ist die Messung der NADP-Reduktion intakter Chloroplasten (E 16).

Literatur zu E 15:
- Izawa S (1980) Acceptors and donors for chloroplast electron transport. In: San Pietro A (ed) Methods in enzymology. Academic Press, New York (Photosynthesis and nitrogen fixation, part C, Vol 69) pp 413-434
- Mc Carty RE (1980) Delineation of the mechanism of ATP synthesis in chloroplasts: use of uncouplers, energy transfer inhibitors and modifiers of coupling factor 1. In: San Pietro A (ed) Methods in enzymology. Academic Press, New York (Photosynthesis and nitrogen fixation, part C, Vol 69) pp 719-728

Material

- isolierte Chloroplasten (E 1; 0,5 bis 0,05 mg Chlorophyll / ml)
- Lichtquelle (>20000 lx)
- Suspensionsmedium: wie E 1 jedoch ohne Sorbit
zusätzlich für gekoppelten Elektronentransport:
- 0,307 g / 10 ml   ADP = Adenosin-5´-diphosphat · Na · 2 H_2O (MG: 529,2)
- 1,01 g / 10 ml K_2HPO_4 (MG: 174,2)
zusätzlich für entkoppelten Elektronentransport:
- 0,388 g / 25 ml NH_4Cl (MG: 53,5)

Methode A (Messung der PS II-Aktivität: $H_2O \rightarrow DCPIP$):

- Spektralphotometer oder Sauerstoff-Elektrode für Messungen in wäßrigem Medium
- 0,142 g / l   DCPIP = 2,6-Dichlorphenolindophenol · Na · 2 H_2O
       (MG: 326,11)

Methode B (Messung der PS I-Aktivität: DCPIP/Ascorbat $\rightarrow$ MV):

- Sauerstoff-Elektrode für Messungen in wäßrigem Medium
- 0,113 g / 100 ml   DCPIP = 2,6-Dichlorphenolindophenol · Na · 2 H_2O
         (MG: 326,11)

- 0,23   g / 10 ml   Natriumascorbat (MG: 198,11)
- 0,027 g / l   DCMU = 3-(3,4-Dichlorphenyl)-1,1-dimethylharnstoff
                    = "Diuron" (MG: 233,1)
- 0,149 g / 100 ml Methylviologen = 1,1-Dimethyl-4,4-dipyridyldichlo-
                    rid = "Paraquat" (MG: 257,2)
- 0,377 g / 100 ml NaN$_3$ = Natriumazid (MG: 65,01)

Methode C (Messungen der PS I- und der PS II-Aktivität: $H_2O \rightarrow MV$):

- Sauerstoff-Elektrode für Messungen in wäßrigem Medium
- 0,186 g / 250 ml Methylviologen = 1,1-Dimethyl-4,4-dipyridyldichlo-
                    rid = "Paraquat" (MG: 257,2)
- 0,189 g / 100 ml NaN$_3$ = Natriumazid (MG: 65,01)

für Bezug auf Chlorophyll:
- Geräte und Lösungen zur Chlorophyllbestimmung nach Arnon (E 4c, E 6)

Durchführung

Für die Messung der Hill-Aktivität gibt man 0,2 ml Chloroplasten*in die Meßküvette. Will man den ungekoppelten Elektronentransport messen, so versetzt man mit 5,2 ml Suspensionsmedium*. Für den gekoppelten Elektronentransport gibt man statt dessen in das Reaktionsgefäß*
    5,0 ml Suspensionsmedium,
    0,1 ml ADP-Lösung und
    0,1 ml Phosphat-Lösung.
Für den entkoppelten Elektronentransport gibt man stattdessen in das Gefäß*
    5,0 ml Suspensionsmedium und
    0,2 ml NH$_4$Cl-Lösung.
*(Angaben für den Ansatz ohne Hill-Reagenzien jeweils für die Küvette einer Sauerstoff-Elektrode von ca. 6 ml Volumen; für die Messung in einer Photometerküvette von ca. 3 ml Volumen müssen die Volumenangaben halbiert werden.)

Methode A (Messung der PS II-Aktivität: $H_2O \rightarrow DCPIP$):
a) Spektralphotometer: Man mißt die Extinktion bei 600 nm vor (Ext 1) bzw. nach (Ext 2) der Zugabe von 0,2 ml DCPIP-Lösung. Dann belichtet man die Küvette für genau 30 s und mißt wieder die Extinktion bei 600 nm (Ext 3). Man berechnet die Menge an reduziertem DCPIP im Ansatz:

$$\frac{0,03 \cdot (Ext\ 2 - Ext\ 3) \cdot 120}{(Ext\ 2 - Ext\ 1)} = \mu mol\ reduziertes\ DCPIP\ /\ ml\ /\ h$$

1 mol reduziertes DCPIP entspricht 1/2 mol entwickeltem O_2 oder 2 mol transportierten Elektronen.

b) Sauerstoff-Elektrode: In die Meßküvette werden zusätzlich 0,4 ml DCPIP-Lösung gegeben und die Sauerstoff-Entwicklung im Licht verfolgt (Auswertung: E 14).

Methode B (Messung der PS I-Aktivität: DCPIP/Ascorbat$\rightarrow$MV): In die Meßküvette der Sauerstoff-Elektrode gibt man zusätzlich

        0,05 ml DCPIP-Lösung,
        0,05 ml Ascorbat-Lösung,
        0,1 ml DCMU-Lösung,
        0,1 ml Methylviologen-Lösung und
        0,1 ml Natriumazid-Lösung.

Man verfolgt die Sauerstoff-Abnahme im Licht (Auswertung: E 14). 1 mol verbrauchtes O_2 entspricht 2 mol transportierten Elektronen oder 1/2 mol entwickeltem O_2.

Methode C (Messung der PS I- und der PS II-Aktivität: $H_2O \rightarrow MV$): In die Meßküvette der Sauerstoff-Elektrode gibt man zusätzlich 0,2 ml Methylviologen-Lösung und 0,2 ml Natriumazid-Lösung. Man verfolgt den Sauerstoffverbrauch im Licht (Auswertung: E 14). 1 mol verbrauchtes O_2 entspricht 4 mol transportierten Elektronen oder 1 mol entwickeltem Sauerstoff.

Im allgemeinen wird die Hill-Aktivität in μmol O_2 pro mg Chlorophyll und Stunde angegeben, auch wenn nicht unmittelbar O_2 an der Reaktion beteiligt ist, wie z.B. bei der Reaktion DCPIP/Ascorbat$\rightarrow$MV. Für den Bezug auf Chlorophyll mißt man den Gesamtchlorophyll-Gehalt der Chloroplastensuspension. Dazu extrahiert man mit 80%igem Aceton (E 4c) und berechnet die Konzentration nach Arnon (E 6, Methode A1). Die auf Chlorophyll bezogene Rate errechnet sich dann wie folgt (r = gemessene Rate in μmol O_2 / ml / h; VG = Gesamtvolumen des Ansatzes in ml; c = Gesamt-Chlorophyllgehalt der Chloroplastensuspension in mg / ml; VC = Volumen der Chloroplasten im Ansatz in ml):

$$r \cdot VG / c / VC = \mu mol\ O_2 / mg\ Chlorophyll\ /\ h$$

E 16 Messung der NADP-Reduktion

Die Reduktion des natürlichen Elektronenakzeptors NADP im Verlauf der Lichtreaktion der Photosynthese kann man über die Konzentrationszunahme des reduzierten NADP (NADPH/H$^+$) messen. Dabei wird die Extinktion bei 340 nm vor und nach einer Belichtungsphase bestimmt. Reduziertes NADP hat bei 340 nm ein Absorptionsmaximum, oxidiertes NADP (NADP$^+$) absorbiert bei 340 nm dagegen nicht. Die Messung stellt eine Hill-Reaktion ($H_2O \rightarrow NADP$) dar, in der die PS I- und PS II-Aktivität bestimmt werden.

Literatur zu E 16:
- Klingenberg M (1970) Nicotinamid-adenin-dinucleotid. In: Bergmeyer HU (ed) Methoden der enzymatischen Analyse. Verlag Chemie, Weinheim, pp 2045-2074

Material

- isolierte Chloroplasten (E 1)
- Lichtquelle (>20000 lx)
- Spektralphotometer

- Zentrifuge
- 1 g / 10 ml KOH (MG: 56,11)

für Bezug auf Chlorophyll:
- Geräte und Lösungen zur Chlorophyllbestimmung nach Arnon (E 4c, E 6)

Durchführung

2 ml der Chloroplastensuspension werden 10 min belichtet. Eine zweite gleichwertige Probe wird im Dunkeln gehalten. Nach 10 min werden jeweils 0,5 ml KOH-Lösung zugegeben und die Probe auf 4°C abgekühlt, um die NADP-Reduktion zu beenden. Zur Abtrennung störender Bestandteile werden die Proben 10 min bei 8000xg abzentrifugiert. Anschließend wird die Absorption der Dunkelkontrolle und der belichteten Probe bei 340 nm im Spektralphotometer gemessen. Die Differenz der Extinktion der belichteten Probe (Ext(L)) und der Dunkelkontrolle (Ext(D)) entspricht der im Licht gebildeten Menge an $NADPH/H^+$. Die Konzentration an reduziertem NADP berechnet sich nach der Formel (ε = 6211 l / mol / cm):

$$[1250 \cdot (Ext(L) - Ext(D)) / 6211] \cdot 6 = \mu mol\ NADPH/H^+ / ml\ Chloroplasten / h$$

Analog zu den anderen Hill-Reaktionen bezieht man auf die Chlorophyll-Konzentration. Dazu bestimmt man den Gesamt-Chlorophyllgehalt der Chloroplastensuspension. Man extrahiert mit 80%igem Aceton (E 4c) und berechnet dann die Konzentration nach Arnon (E 6, Methode A1). Die Rate der NADP-Reduktion errechnet sich dann wie folgt (r = gemessene Rate in $\mu mol\ NADPH/H^+$ / ml Chloroplasten / h; c = Gesamt-Chlorophyllgehalt der Chloroplastensuspension in mg / ml):

$$r / c = \mu mol\ NADPH/H^+ / mg\ Chlorophyll / h$$

E 17 Messung der Photophosphorylierung an isolierten Chloroplasten

Zur Bestimmung der Photophosphorylierung wird die Erhöhung des ATP-Gehaltes nach einer Belichtungsphase gemessen. Die Photophosphorylierungs-Reaktion kann an intakten Chloroplasten, aber auch an aufgebrochenen Chloroplasten, als Reaktion von PS I, PS II oder PS I und PS II untersucht werden. Die ATP-Konzentration läßt sich mit Hilfe der Enzyme 3-Phosphoglycerat-Kinase (PGK, E.C. 2.7.2.3) und Glycerinaldehydphosphat-Dehydrogenase (GAPDH, E.C. 1.2.1.12) bestimmen (Methode A). Dabei ist die Abnahme der $NADH/H^+$-Absorption bei 340 nm ein Maß für die ATP-Konzentration:

Glycerat-3-Phosphat + ATP ——(PGK)—→ Glycerat-1,3-bisphosphat + ADP
Glycerat-1,3-bisphosphat + $NADH/H^+$ ——(GAPDH)——→
          Glycerinaldehyd-3-phosphat + NAD^+ + Phosphat

Eine weitere Möglichkeit, ATP zu bestimmen, ist die Messung der Biolumineszenz bei der Reaktion von Luciferin mit ATP und Sauerstoff, die durch das Enzym Luciferase katalysiert wird (Methode B):

Luciferin + ATP —(Luciferase, Mg^{2+}) ⟶ Adenyl-Luciferin + Pyrophosphat
Adenyl-Luciferin + O_2 ⟶ Adenyl-oxy-luciferin + H_2O + Biolumineszenz

Literatur zu E 17:
- Jawoek D, Möllering H, Bergmeyer HU (1970) Adenosin-5´-triphosphat - Bestimmung mit 3-Phosphoglycerat-Kinase. In: Bergmeyer HU (ed) Methoden der enzymatischen Analyse. Verlag Chemie, Weinheim, pp 2020-2024
- Strehler BL (1970) Adenosin-5´-triphosphat und Creatinphosphat. In: Bergmeyer HU (ed) Methoden der enzymatischen Analyse. Verlag Chemie, Weinheim, pp 2036-2050

Material

- isolierte Chloroplasten (E 1)
- Lichtquelle (>20000 lx)
Photophosphorylierungsreaktion:
- Ansätze wie bei der Messung der Sauerstoff-Entwicklung an intakten Chloroplasten (E 14) oder wie bei der Messung des gekoppelten Elektronentransportes (E 15) für PS I, PS II oder PS I und PS II.

Methode A:

- Spektralphotometer
- Zentrifuge
- 10 g / 100 ml   Trichloressigsäure (MG: 163,39)
- 0,1 g / 2 ml $NaHCO_3$ (MG: 84,01)
- 4,0 g / 10 ml $(NH_4)_2SO_4$ (MG: 132,14)
- Substratmedium:
  . 1,86 g Triethanolaminhydrochlorid (MG: 185,65)
  . 0,34 g K_2CO_3 (MG: 138,21)
  . 0,10 g $MgSO_4 \cdot 7\ H_2O$ (MG: 246,48)
  . 0,04 g EDTA $\cdot Na_2 \cdot 2\ H_2O$ = Ethylendinitrilotetraessigsäure
    (MG: 372,24)
  . 0,33 g 3-Phosphoglycerinsäure Tricyclohexylammonium-Salz
    (MG: 537)
  zusammen in Wasser lösen und auf 100 ml auffüllen
- Cofaktormedium:
  . 21,4 mg $NADH/H^+ \cdot Na_2$ = Nicotinamid-adenin-dinucleotid
       (MG: 736,46)
  mit $NaHCO_3$-Lösung lösen und auf 2 ml auffüllen
- Enzymmedium:
  . 0,6 ml 3-Phosphoglycerat-Kinase
  Stammsuspension mit $(NH_4)_2SO_4$-Lösung auf 2 ml auffüllen
  . 0,4 ml Glycerinaldehydphosphat-Dehydrogenase
  Stammsuspension mit $(NH_4)_2SO_4$-Lösung auf 2 ml auffüllen

Methode B:

- Zentrifuge
- Biolumineszenzgerät (z.B. auch Szintillationszähler)
- 35% Perchlorsäure
- Neutralisationsmedium:
  . 22,5 ml gesättigte KOH
  . 1,3 g / 17,5 ml   KCl (MG: 74,55)

. 14,5 g / 60 ml Tris = Tris-(hydroxymethyl)-aminomethan
(MG: 121,14)
- Luciferin/Luciferase
nach Vorschrift in Wasser aufnehmen, 1/2 h im Kühlschrank stehen lassen und dann 10 min bei 2000xg abzentrifugieren, Sediment verwerfen
ATP-Eichlösungen: ATP · Na_2 = Adenosin-5´-triphosphat (MG: 551,15)
- 0,33 µg / ml (0,6 µmol / l)
- 1,05 µg / ml (1,9 µmol / l)
- 3,3 µg / ml (6 µmol / l)
- 10,5 µg / ml (19 µmol / l)
- 33 µg / ml (60 µmol / l)
- Arsenat/Magnesium-Lösung:
  . 3,12 g di-Natriumhydrogenarsenat · 7 H_2O (MG: 312,02)
  . 1 g $MgCl_2$ · 6 H_2O (MG: 203,31)
  zusammen in 80 ml Wasser lösen, mit 1 n HCl auf pH 7,4 einstellen und mit Wasser auf 100 ml auffüllen

für Bezug auf Chlorophyll:
- Geräte und Lösungen zur Chlorophyllbestimmung nach Arnon (E 4c, E 6)

Durchführung

Die isolierten Chloroplasten werden zusammen mit den für die Photophosphorylierungs-Reaktion notwendigen Faktoren vermischt. Von dem Reaktionsansatz wird 1 ml zur Durchführung der Photophosphorylierungs-Reaktion 10 min belichtet und 1 ml als Blindwert für 10 min ins Dunkle gestellt.

Methode A: Zu den beiden Ansätzen gibt man je 0,25 ml Trichloressigsäure, um die Photophosphorylierungs-Reaktion zu stoppen. Das denaturierte Protein wird 10 min bei 2000xg abzentrifugiert. Zur ATP-Bestimmung pipettiert man in eine Photometer-Küvette
  0,4 ml Überstand,
  2,5 ml Substratmedium und
  0,05 ml Cofaktormedium.
Dann mißt man die Extinktion bei 340 nm (Ext 1) und startet die enzymatische Nachweisreaktion durch Zugabe von 0,05 ml Enzymmedium. Nach genau 10 min mißt man erneut die Extinktion bei 340 nm (Ext 2). Als Blindwert verwendet man einen Ansatz, in dem Wasser an Stelle des Überstandes enthalten ist. Man mißt die Extinktion bei 340 nm vor (Ext 1B) und 10 min nach der Zugabe des Enzymmediums (Ext 2B). Die Photophosphorylierungsrate errechnet sich nach der Formel (ϵ = 6211 l / mol / cm):

$$[9219 \cdot (Ext\ 1 - Ext\ 1B) / 6211 - 9375 \cdot (Ext\ 2 - Ext\ 2B) / 6211] \cdot 6 =$$
$$= \mu mol\ ATP\ /\ ml\ Reaktionsansatz\ /\ h$$

Methoden B: Vor der Messung muß eine Eichkurve erstellt werden, die die Aktivität des Enzympräparates und die Besonderheiten des Meßsystems berücksichtigt. Dazu pipettiert man in ein Reaktionsgefäß (z.B. ein Szintillationsfläschchen)
  0,2 ml ATP-Lösung und
  5,6 ml Arsenat/Magnesium-Lösung.
Dann wird zum Starten der enzymatischen Nachweisreaktion 0,2 ml Luciferin/Luciferase zugegeben, kurz vermischt und das Abklingen der Bio-

lumineszenz (etwa 1 min lang, 1 Wert / 10 s) gemessen. Aus der Abklingkinetik kann man durch Zurückextrapolieren die Biolumineszenz zu Beginn der Reaktion ermitteln. Man wiederholt diese Reaktion mit den ATP-Lösungen anderer Konzentration und trägt die für den Beginn der Reaktion ermittelten Biolumineszenzwerte gegen die eingesetzte ATP-Konzentration (μmol ATP / l) in einer Eichkurve auf.

Die Photophosphorylierungs-Reaktion wird durch Zugabe von 0,5 ml Perchlorsäure gestoppt. Nach einer halben Stunde Einwirkzeit wird der Ansatz mit Neutralisationsmedium auf pH 7,4 gebracht. Mit Wasser füllt man das Volumen auf 3 ml auf. Der bei der Neutralisation entstehende Niederschlag ($KClO_4$) wird 10 min bei 2000xg abzentrifugiert. Aus dem Überstand wird ATP bestimmt. Dazu pipettiert man in ein Reaktionsgefäß
  0,2 ml Überstand und
  5,6 ml Arsenat/Magnesium-Lösung.
Dann wird 0,2 ml Luciferin/Luciferase zugegeben, kurz vermischt und das Abklingen der Biolumineszenz (etwa 1 min lang, 1 Wert / 10 s) gemessen. Wie beim Eichverfahren extrapoliert man zurück auf den Beginn der Reaktion und bestimmt in der Eichkurve aus dem ermittelten Lumineszenzwert die ATP-Konzentration. Die Photophosphorylierungsrate errechnet sich wie folgt:

$$\frac{3 \cdot (c - c(B)) \cdot 6}{1000} = \mu\text{mol ATP / ml Reaktionsansatz / h}$$

  c   = ATP-Konzentration nach 10 min Belichtung (μmol ATP / l)
  c(B) = Blindwert = ATP-Konzentration nach 10 min Dunkel
         (μmol ATP / l)

Wie bei der Hill-Reaktion bezieht man auf Chlorophyll. Dazu mißt man den Gesamt-Chlorophyllgehalt der Chloroplastensuspension. Man extrahiert mit 80%igem Aceton (E 4c) und berechnet die Konzentration nach Arnon (E 6, Methode A1). Die Rate der Photophosphorylierung errechnet sich dann wie folgt (r = gemessenen Rate in umol ATP / ml Reaktionsansatz / h; c = Gesamt-Chlorophyllgehalt der Chloroplastensuspension in mg /   ml; V = Volumen der Chloroplasten im Ansatz in ml):

  $r / c / V = \mu$mol ATP / mg Chlorophyll / h

E 18 Messung des Protonengradienten an isolierten Thylakoidmembranen

Mit einer empfindlichen pH-Elektrode kann man bei Belichtung isolierter Thylakoide die Abnahme der H^+-Konzentration im Suspensionsmedium durch den Transport von Protonen in den Thylakoidinnenraum messen. Dieser Versuch ist gleichzeitig ein Nachweis für den photosynthetischen Elektronentransport und für die Photophosphorylierung.

Literatur zu E 18:
- Böhme H (1980) Der photosynthetische Elektronentransport und die Photophosphorylierung. Praxis der Naturwissenschaften - Biologie 29: 296-302

Material

- Chloroplastensuspension (E 1)
- pH-Meter für Messungen von pH-Einheiten kleiner 0,2 mit Anschlußmöglichkeit an einen Schreiber
- Lichtquelle (>20000 lx)
- Magnetrührer
- yt-Schreiber

zur Eichung:
- 10^{-3} mol HCl

pufferfreies Medium:
- Isolationsmedium aus E 1 ohne Puffer

Durchführung

Eine Chloroplastensuspension (E 1) wird abzentrifugiert und in pufferfreiem Suspensionsmedium aufgenommen. Die Chloroplasten werden nochmals abzentrifugiert und dann in destilliertem Wasser aufgebrochen. Die aufgebrochenen Chloroplasten werden in ein Becherglas gegeben und mit dem Magnetrührer ständig gerührt. Bei längeren Messungen sollte das Reaktionsgefäß zur Kühlung in ein mit Eiswasser gefülltes größeres Becherglas gestellt werden. Die pH-Elektrode wird in die Suspension getaucht und der pH-Wert im Dunkeln und bei Belichtung gemessen. Durch Zugabe von 0,1 ml einer 10^{-3} mol HCl-Lösung erhält man auf dem Schreiber den Signalausschlag, der 10^{-7} mol HCl entspricht.

5.6. Reduktiver Pentosephosphat-Zyklus (Calvin-Zyklus)

In der Dunkelreaktion werden die in der Lichtreaktion gebildeten ATP- und NADPH/H$^+$-Moleküle im Reduktiven Pentosephosphat- oder Calvin-Zyklus dazu verwendet, um aus CO_2 Kohlenhydrate zu synthetisieren. Der Reduktive Pentosephosphat-Zyklus besteht aus 3 miteinander gekoppelten Reaktionsketten (Abb. 55, Tab. 18):
1. die carboxylierende Phase: Bindung von CO_2 an D-Ribulose-1,5-bisphosphat unter Bildung von 3-Phospho-D-glycerat,
2. die reduzierende Phase: Reduktion von 3-Phospho-D-glycerat zu D-Glycerinaldehyd-3-phosphat und die anschließende Bildung von Fructose-1,6-bisphosphat sowie
3. die regenerierende Phase: Rückbildung von D-Ribulose-1,5-bisphosphat.

5.6.1. Reaktionsablauf

CO_2 wird an D-Ribulose-1,5-bisphosphat (RubP) gebunden und über eine hypothetische C_6-Zwischenstufe zu 2 Molekülen 3-Phospho-D-glycerat (Salz der Phosphoglycerinsäure = PGS) umgesetzt. Ribulose-1,5-bisphosphat-Carboxylase (RubP-Carboxylase), das Enzym, das diese Reaktion katalysiert ist durch Licht aktivierbar. Es besteht aus 8 großen (55 kD) und 8 kleinen (15 kD) Untereinheiten und hat ein Molekulargewicht von 560 kD. An die kleine Untereinheit sollen sich CO_2 und Mg^{2+} reversibel binden und damit das Enzym (E) aktivieren:

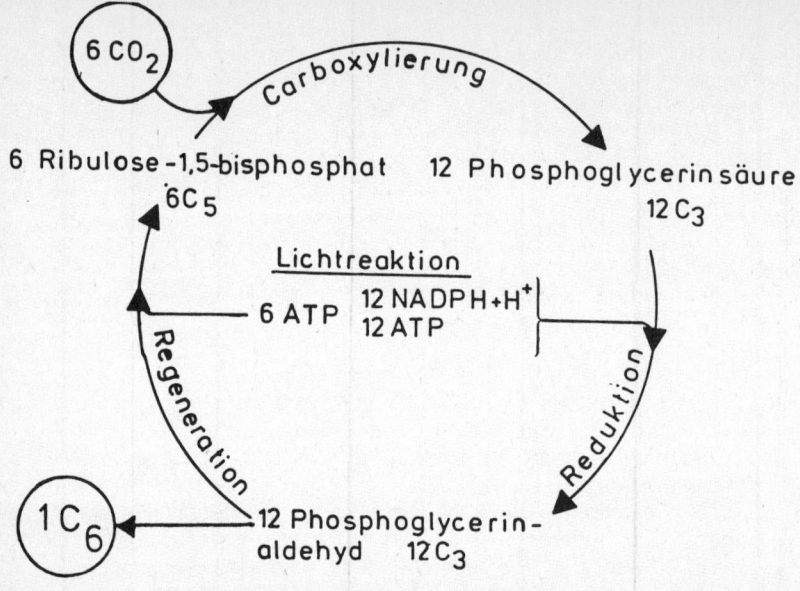

Abb. 55: Vereinfachtes Schema der am Calvin-Zyklus beteiligten Reaktionen.

$$E + CO_2 \longrightarrow E\text{-}CO_2 + Mg^{2+} \longrightarrow E\text{-}CO_2\text{-}Mg$$
inaktiv   inaktiv   aktiv

Wenn sich das Enzym im aktivierten Zustand befindet, besitzt die große Untereinheit der RubP-Carboxylase eine hohe Affinität zu CO_2 (KM = 12 µmol) und ist dann in der Lage, CO_2 an RubP zu binden. Es entstehen 2 Moleküle 3-Phospho-D-glycerat:

$$E\text{-}CO_2\text{-}Mg + RubP + CO_2 \longrightarrow E\text{-}CO_2\text{-}Mg + 2\ PGS$$

Ru-1,5-BP   2 PGS
Ribulosebisphosphat-carboxylase: E.C. 4.1.1.39

Durch den Protonengradienten, der sich bei Ablauf der Lichtreaktion an den Thylakoiden aufbaut (5.5.), liegt der pH-Wert des Stromas bei Belichtung bei ca. 8. Unter diesen Bedingungen liegt Kohlendioxid hauptsächlich in Form von HCO_3^- vor (E 19), das aber von RubP-Carboxylase nicht als Substrat angenommen wird. Durch das Enzym Carboanhydrase, das die Reaktion $HCO_3^- + H^+ \rightarrow CO_2 + H_2O$ katalysiert, wird eine ausreichende Versorgung der RubP-Carboxylase mit CO_2 garantiert. Der hohe pH-Wert trägt auch dazu bei, daß das gebildete Phosphoglycerat dem Chloroplasten nicht verloren geht. Der Phosphat-Translokator, der PGS im Austausch gegen Phosphat aus dem Chloroplasten in das Cytoplasma transportiert, akzeptiert PGS nur als divalentes Anion (PGS^{2-}). Durch den hohen pH-Wert des Stromas liegt aber PGS als trivalentes Anion (PGS^{3-}) vor.

```
   C=O                              C=O
    \OH                              \OPO(OH)2
    |                                |
   HCOH        + ATP    Mg2+        HCOH            +ADP
    |                   ----->       |
   CH2OPO(OH)2                      CH2OPO(OH)2

     PGS                              1,3-DPGS
```
Phosphoglycerat-kinase: E.C. 2.7.2.3

Durch die Phosphoglycerat-Kinase wird ein Phosphatrest von einem Molekül ATP auf die COO^--Gruppe des 3-Phospho-D-glycerates übertragen. Es entsteht ein Diphosphoglycerat (DPGS; 3-Phospho-D-glyceroyl-1-phosphat). Diese Reaktion ist stark endergon und wird durch hohe Konzentrationen an Phosphoglycerat und ATP begünstigt.

```
   C=O                              C=O
    \OPO(OH)2                        \H
    |                                |
   HCOH      +NADPH2 ----->         HCOH            +HOPO(OH)2
    |                                |                +NADP
   CH2OPO(OH)2                      CH2OPO(OH)2

    1,3-DPGS                          GAP
```
Triosephosphat-dehydrogenase: E.C. 1.2.1.13

3-Phospho-D-glyceroyl-1-phosphat heftet sich an die Mercaptogruppe der Glycerinaldehydphosphat-Dehydrogenase. Dabei wird der Phosphatrest am C-1-Atom abgespalten und die Ketogruppe am C-1-Atom zum Aldehyd reduziert. Es entsteht D-Glycerinaldehyd-3-phosphat (GAP). Für die Reduktion dient $NADPH/H^+$ als Cosubstrat. Die Glycerinaldehydphosphat-Dehydrogenase besitzt eine sehr hohe Affinität zu Diphosphoglycerat (KM(DPGS) = 1 µmol) und reduziert somit sofort alles Diphosphoglycerat. Glycerinaldehydphosphat-Dehydrogenase wird durch Licht über das Ferredoxin-Thioredoxin-System aktiviert.

```
H    O              H    OH
 \\ //               \\ /
  C                   C
  |                   | \H
  HCOH     ⇌          C=O
  |                   |
  CH₂OPO(OH)₂         CH₂OPO(OH)₂
     GAP                 DHAP
```
Triosephosphat-isomerase: E.C.5.3.1.1

D-Glycerinaldehyd-3-phosphat wird durch die Triosephosphat-Isomerase in sein Isomeres, Dihydroxyacetonphosphat (DHAP), überführt. Diese Reaktion ist reversibel. Das Gleichgewicht liegt jedoch zu 96% auf der Seite des Dihydroxyacetonphosphates. Die Aktivität der Triosephosphat-Isomerase wird durch geringe Mengen an Phosphoglycolat gehemmt.

```
                    CH₂OPO(OH)₂              CH₂OPO(OH)₂
                    |                        |
                    C=O                      C=O
                    | H                      |
H    O              C                        HOCH
 \\ //              |                        |
  C          +     HO  H          ⇌          HCOH
  |                                          |
  HCOH                                       HCOH
  |                                          |
  CH₂OPO(OH)₂                                CH₂OPO(OH)₂
   GAP               DHAP                       F-1,6-BP
```
Aldolase: E.C.=4.1.2.13

Aus den Triosephosphaten GAP und DHAP wird D-Fructose-1,6-bisphosphat (FbP) gebildet. Diese Reaktion wird durch eine chloroplastenspezifische Fructosebisphosphat-Aldolase katalysiert. Die Reaktion ist reversibel, verläuft aber stark exergonisch, so daß man annehmen kann, daß das Gleichgewicht auf der Seite des Fructose-1,6-bisphosphates liegt.

D-Fructose-1,6-bisphosphat wird durch die Fructose-1,6-bisphosphatase irreversibel zu D-Fructose-6-phosphat (F6P) hydrolysiert. Dabei wird am C-1-Atom Phosphat abgespalten. Licht und Magnesium erhöhen die Aktivität des Enzyms und führen zu einer hohen Affinität gegenüber D-Fructose-1,6-bisphosphat. Von D-Fructose-6-phosphat geht die Biosynthese der Stärke im Chloroplasten aus. Der größte Teil der Moleküle wird aber wieder zur Regeneration von D-Ribulose-1,5-bisphosphat, dem primären CO_2-Akzeptor, verwendet.

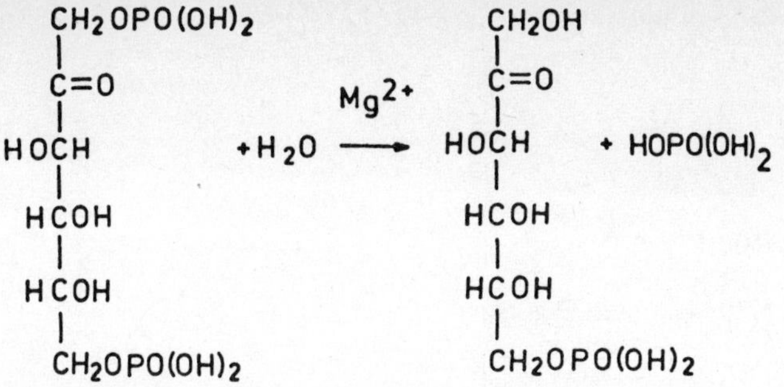

$$\text{F-1,6-BP} \xrightarrow[+H_2O]{Mg^{2+}} \text{F-6-P} + HOPO(OH)_2$$

F-1,6-BP: CH₂OPO(OH)₂–C(=O)–HOCH–HCOH–HCOH–CH₂OPO(OH)₂

F-6-P: CH₂OH–C(=O)–HOCH–HCOH–HCOH–CH₂OPO(OH)₂

Fructose-bisphosphatase: E.C.3.1.3.11

Von D-Fructose-6-phosphat wird eine C_2-Einheit auf D-Glycerinaldehyd-3-phosphat übertragen. Dabei entstehen D-Erythrose-4-phosphat (E4P) und D-Xylulose-5-phosphat (Xu5P). Diese Reaktion wird von dem Enzym Transketolase katalysiert. Diphosphothiamin dient dabei als Cofaktor.

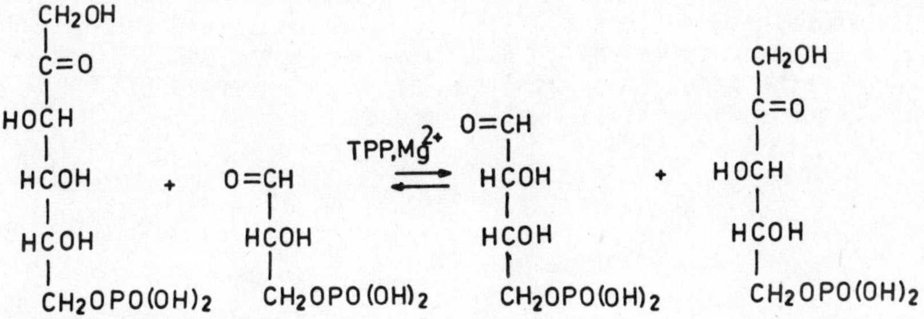

$$\text{F-6-P} + \text{GAP} \xrightleftharpoons[]{TPP, Mg^{2+}} \text{E-4-P} + \text{Xu-5-P}$$

Transketolase: E.C.2.1.11

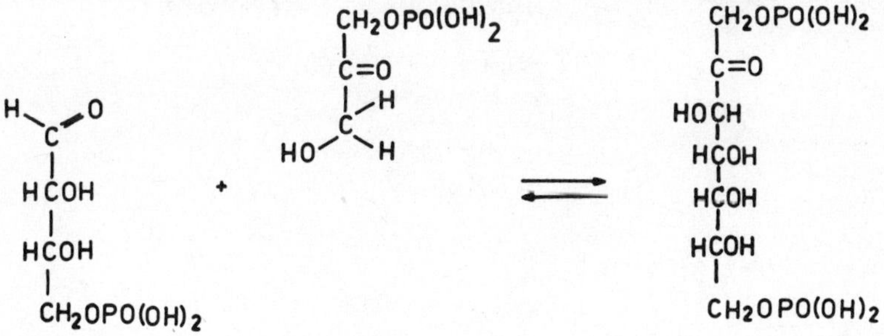

$$\text{E-4-P} + \text{DHAP} \rightleftharpoons \text{S-1,7-BP}$$

Aldolase:

Aus D-Erythrose-4-phosphat und Dihydroxyacetonphosphat entsteht mit Hilfe einer Aldolase Sedoheptulose-1,7-bisphosphat (SbP). Der Phosphatrest am C-1-Atom des Sedoheptulose-1,7-bisphosphates wird anschließend durch Sedoheptulose-1,7-bisphosphatase abgespalten und es entsteht Sedoheptulose-7-phosphat (S7P). Diese Reaktion ist stark exergonisch und verläuft irreversibel.

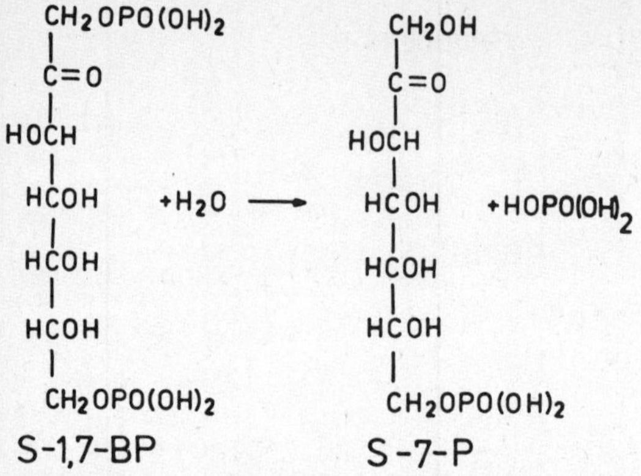

$$\begin{array}{c}CH_2OPO(OH)_2\\|\\C=O\\|\\HOCH\\|\\HCOH\\|\\HCOH\\|\\HCOH\\|\\CH_2OPO(OH)_2\end{array} + H_2O \longrightarrow \begin{array}{c}CH_2OH\\|\\C=O\\|\\HOCH\\|\\HCOH\\|\\HCOH\\|\\HCOH\\|\\CH_2OPO(OH)_2\end{array} + HOPO(OH)_2$$

S-1,7-BP   S-7-P

Sedoheptulose bisphosphatase: E.C.3.1.3.37

Aus Sedoheptulose-7-phosphat und D-Glycerinaldehyd-3-phosphat wird über eine weitere Transketolase-Reaktion D-Ribose-5-phosphat (R5P) und D-Xylulose-5-phosphat gebildet. D-Xylulose-5-phosphat wird dann durch eine Ribulosephosphat-Epimerase zu Ribulose-5-phosphat und D-Ribose-5-phosphat durch eine Ribosephosphat-Isomerase in einer reversiblen Reaktion zu D-Ribulose-5-phosphat (Ru5P) umgesetzt.

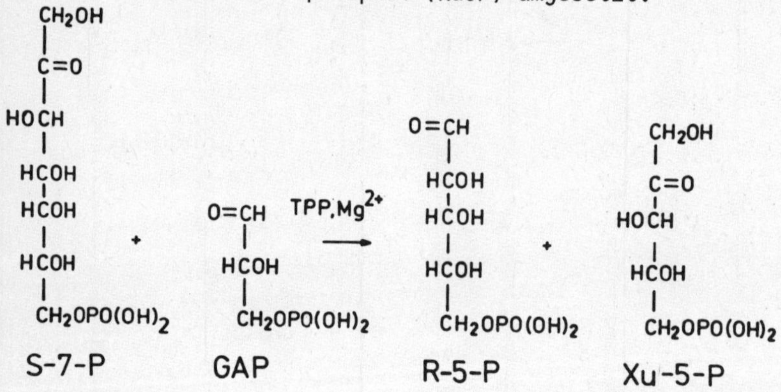

$$\begin{array}{c}CH_2OH\\|\\C=O\\|\\HOCH\\|\\HCOH\\|\\HCOH\\|\\HCOH\\|\\CH_2OPO(OH)_2\end{array} + \begin{array}{c}O=CH\\|\\HCOH\\|\\CH_2OPO(OH)_2\end{array} \xrightarrow{TPP,Mg^{2+}} \begin{array}{c}O=CH\\|\\HCOH\\|\\HCOH\\|\\CH_2OPO(OH)_2\end{array} + \begin{array}{c}CH_2OH\\|\\C=O\\|\\HOCH\\|\\HCOH\\|\\CH_2OPO(OH)_2\end{array}$$

S-7-P   GAP   R-5-P   Xu-5-P

Transketolase

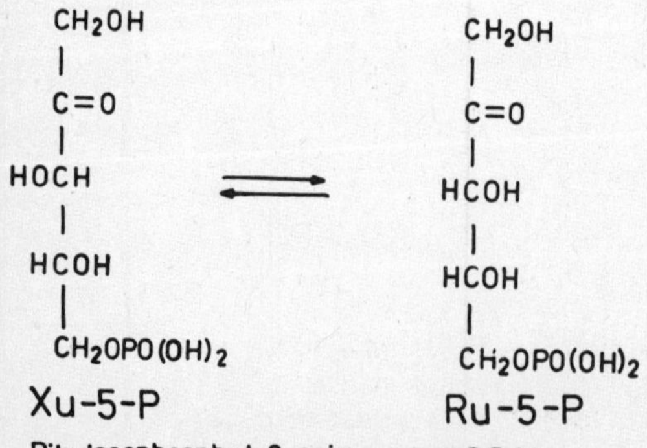

$$\begin{array}{c}CH_2OH\\|\\C=O\\|\\HOCH\\|\\HCOH\\|\\CH_2OPO(OH)_2\end{array} \rightleftharpoons \begin{array}{c}CH_2OH\\|\\C=O\\|\\HCOH\\|\\HCOH\\|\\CH_2OPO(OH)_2\end{array}$$

Xu-5-P   Ru-5-P

Ribulosephosphat-3-epimerase: E.C.5.1.3.1

$$\text{R-5-P} \rightleftharpoons \text{Ru-5-P}$$

Ribosephosphat isomerase: E.C.5.3.1.6.

Alle im Verlauf der Regeneration von C_3-Körpern gebildeten D-Ribulose-5-phosphat Moleküle werden durch die Phosphoribulo-Kinase zu D-Ribulose-1,5-bisphosphat phosphoryliert. Diese Reaktion verläuft stark exergonisch und benötigt ATP als Substrat und Mg^{2+} als Cofaktor. Licht und Adeninnukleotide wie ATP, ADP und AMP aktivieren dieses Enzym.

$$\text{Ru-5-P} + \text{ATP} \longrightarrow \text{Ru-1,5-BP} + \text{ADP}$$

Phosphoribulokinase: E.C.2.7.1.19

Der gesamte Calvin-Zyklus ist in Abb. 56. dargestellt. Um einen C_6-Körper, wie Fructose-1,6-bisphosphat, zu synthetisieren, sind 6 CO_2 erforderlich. Für die Reduktion der aus der Reaktion von 6 CO_2 mit 6 Ribulose-1,5-bisphosphat entstehenden 12 Moleküle Phosphoglycerat werden 12 ATP und 12 NADPH/H^+ benötigt. 10 Molekülen Triosephosphat werden gebraucht um 6 Moleküle Ribulose-1,5-bisphosphat zu regenerieren. Dazu müssen noch einmal 6 ATP aufgewendet werden. Pro mol Fructose-1,6-bis-phosphat werden also 18 mol ATP und 12 mol NADPH/H^+ aus der Lichtreaktion benötigt.

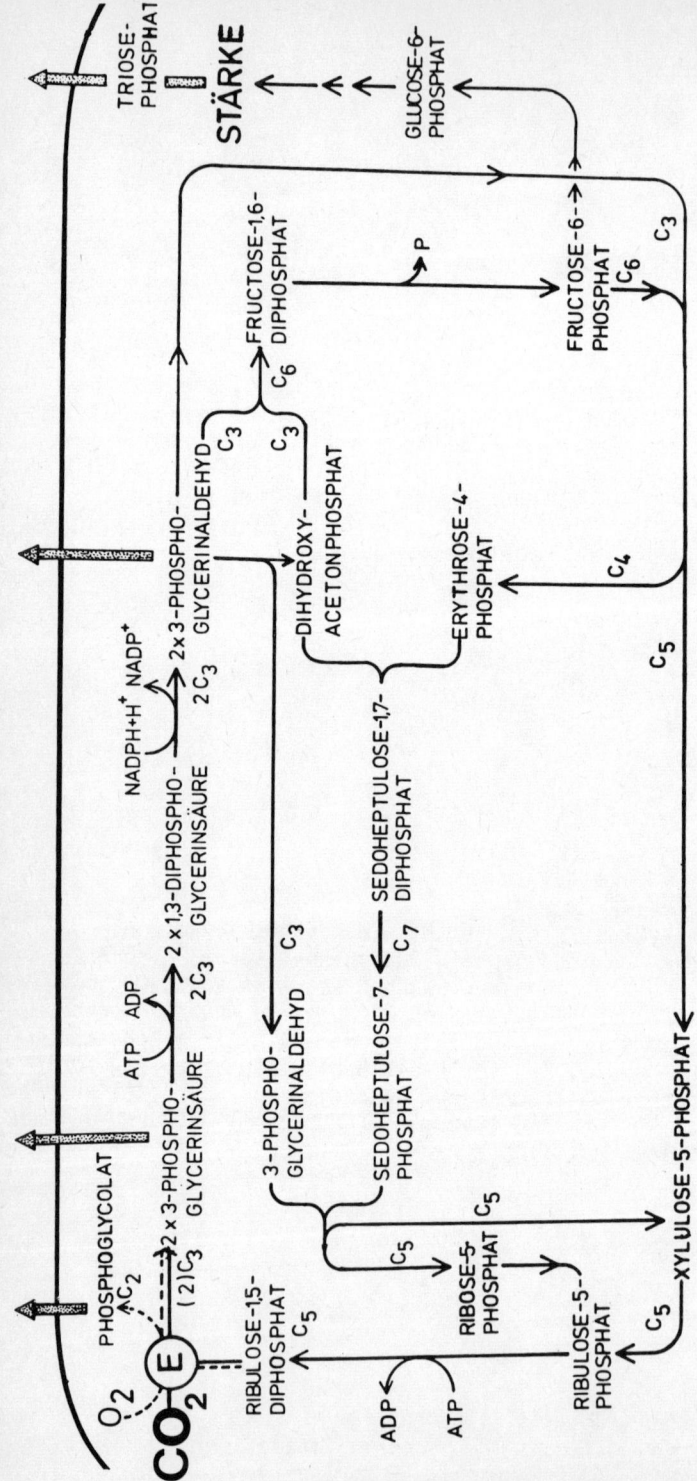

Abb. 56: Schema des Reduktiven Pentosephosphat-Zyklus (Calvin-Zyklus).

Tab. 18: Übersicht über die am Reduktiven Pentosephosphat-Zyklus beteiligten enzymatischen Prozesse

beteiligte Enzyme (Cofaktoren)	Enzym lichtaktivierbar	Affinität Enzym-Substrat (KM)		Änderung der Freien Enthalpie (ΔG)
A) Carboxylierende Phase:				
- Ribulose-1,5-bisphosphat-Carboxylase (Mg^{2+})	+	CO_2: RubP:	0,012 mmol 0,04 mmol	- 35,2 kJ
B) Reduzierende Phase:				
- Phosphoglycerat-Kinase (ATP, Mg^{2+})	-	PGS: ATP:	0,5 mmol 0,1 mmol	+ 18,0 kJ
- Triosephosphat-Dehydrogenase (NADPH/H^+)	+	DPGS: NADPH/H^+:	0,001 mmol 0,004 mmol	- 6,3 kJ
C) Regenerierende Phase:				
- Triosephosphat-Isomerase	-	DHAP: GAP:	1,1 mmol 0,3 mmol	- 7,5 kJ
- Aldolase	-	FbP: GAP: DHAP:	0,02 mmol 0,3 mmol 0,4 mmol	- 21,8 kJ
- Fructose-1,6-bisphosphatase (Mg^{2+})	+	Mg^{2+}: FbP:	3 mmol 0,2 mmol	- 14,2 kJ
- Transketolase (Diphosphothiamin)	-	F6P: GAP:	? ?	+ 6,3 kJ
- Sedoheptulose-1,7-bisphosphatase (Mg^{2+})	+	SbP:	0,24 mmol	- 14,2 kJ
- Ribulosephosphat-Epimerase	-	Xu5P:	0,5 mmol	+ 0,8 kJ
- Ribosephosphat-Isomerase	-	R5P:	2,0 mmol	+ 2,1 kJ
- Phosphoribulo-Kinase (ATP, Mg^{2+})	+	Ru5P:	0,2 mmol	- 21,8 kJ

5.6.2. Regulation

Unter natürlichen Bedingungen sind die Chloroplasten der C_3-Pflanzen nur im Licht in der Lage, CO_2 zu fixieren, denn nur im Licht werden einige der am Calvin-Zyklus beteiligten Enzyme aktiviert und nur im Licht werden die Energie- und Reduktionsäquivalente ATP und NADPH/H^+ gebildet. ATP dient als Cosubstrat in der Phosphoglycerat-Kinase- und der Phosphoribulo-Kinase-Reaktion, NADPH/H^+ in der Glycerinaldehydphosphat-Dehydrogenase-Reaktion.

Ribulose-1,5-bisphosphat kann neben der Umsetzung mit CO_2 (RubP-Carboxylase-Reaktion) auch mit O_2 reagieren (RubP-Oxygenase-Reaktion, KM(O_2) = 0,25 mmol). Bei der Oxygenase-Reaktion, die zum Reaktionskreislauf der Lichtatmung (6.1.) führt, entstehen aus Ribulose-1,5-bisphosphat Phosphoglycolat und Phosphoglycerat. Carboxylase- und Oxygenase-Reaktion werden von demselben Protein katalysiert. Das Verhältnis CO_2 zu O_2 in unmittelbarer Nähe des Enzyms entscheidet darüber, wieviel Phosphoglycerat und wieviel Phosphoglycolat gebildet wird, d.h. in welchem Maße Photosynthese bzw. Lichtatmung ablaufen (6.2).

Für den koordinierten Ablauf des Calvin-Zyklus sind vor allem 4 irreversible Schritte verantwortlich, deren Enzyme alle durch Magnesium und Licht aktiviert werden. Mit einer Halbwertszeit von 3 min stellt die Aktivierung der RubP-Carboxylase den langsamsten geschwindigkeitsbegrenzenden Schritt in der Reihe der durch Licht aktivierbaren Enzyme dar. Die Glycerinaldehydphosphat-Dehydrogenase, die Fructose-1,6-bisphosphatase, die Sedoheptulose-1,7-bisphosphatase und die Phosphoribulo-Kinase werden durch Licht wesentlich schneller aktiviert. Diese Aktivierung soll über Thioredoxin, ein niedermolekulares, hitzestabiles Protein mit freien Mercaptogruppen, das durch reduziertes Ferredoxin über die Ferredoxin-Thioredoxin-Reduktase im reduzierten Zustand gehalten wird, erfolgen.

Neben Licht und dem pH-Wert ist auch das Ionenmilieu des Stromas für die Aktivität einiger Enzyme des Calvin-Zyklus von Bedeutung. Magnesium- und Phosphationen begünstigen die Fixierung von CO_2. Der pH-Wert und die Magnesium-Konzentration stehen in direktem Zusammenhang mit dem Ionen- und Protonengradienten an den Thylakoiden. Licht löst den Austausch von Ionen, wie H^+, Mg^{2+}, Ca^{2+} und Cl^- (10.4.) aus und verändert dadurch den pH-Wert und das Ionenmilieu im Stroma. Gleichzeitig werden ATP und $NADPH/H^+$ synthetisiert und die Enzyme des Calvin-Zyklus aktiviert.

Im Dunkeln kommt es zu einer Umkehr des Protonen- und Ionenmilieus. ATP und $NADPH/H^+$ werden nicht mehr gebildet und die Aktivierung der Enzyme über Thioredoxin bleibt aus. Unter diesen Bedingungen wird die im Chloroplasten gespeicherte Stärke zu Triosephosphat abgebaut und in Form von Dihydroxyacetonphosphat über den Phosphat-Translokator in das Cytoplasma transportiert. Gleichzeitig werden Triosephosphate zur Regeneration von Ribulose-5-phosphat verwendet, die mit Beginn der Wiederbelichtung von der Phosphoribulo-Kinase zu Ribulose-1,5-bisphosphat umgesetzt werden. Phosphoribulo-Kinase wird durch AMP, das im Dunkeln in ausreichender Menge vorhanden ist, inaktiviert, durch ATP, das sich gerade im Licht anreichert, aber aktiviert. Das ATP/AMP-Verhältnis entscheidet also darüber, wieviel Ribulose-1,5-bisphosphat gebildet wird.

Literatur zu 5.6.:
- Bassham JA (1979) The reductive pentose phosphate cycle and its regulation. In: Gibbs M, Latzko E (eds) Encyclopedia of plant physiology. Springer, Berlin (Photosynthesis II, photosynthetic carbon metabolism and related processes, Vol 6) pp 9-30
- Buchanan B (1980) Role of light in the regulation of chloroplast enzymes. Ann Rev Plant Physiol 31: 341-374
- Edwards G, Walker D (1983) C_3, C_4: Mechanisms and cellular and environmental regulation of photosynthesis. Blackwell Scientific Publ, Oxford
- Latzko E, Kelly GJ (1979) Enzymes of the reductive pentose phosphate cycle. In: Gibbs M, Latzko E (eds) Encyclopedia of plant physiology. Springer, Berlin (Photosynthesis II, Photosynthetic carbon metabolism and related processes, Vol 6) pp 239-250
- van Schaftingen E, Hers HG (1981) Inhibition of fructose-1,6-bis-

phosphatase by fructose-2,6-bisphosphate. Proc Nat Acad Sci USA 78: 2861-2863

5.7. Vorgeschaltete CO_2-Fixierung bei C_4- und CAM-Pflanzen

C_4- und CAM-Pflanzen unterscheiden sich von den bei uns am häufigsten anzutreffenden C_3-Pflanzen dadurch, daß sie besonders gut an hohe Lichtintensitäten, große Temperaturunterschiede (z.B. 50° C am Tage, - 10° C in der Nacht), salzhaltige Böden und Wassermangel angepaßt sind. Ein wesentlicher Faktor dieser Anpassung ist ihr Mechanismus der primären CO_2-Fixierung, der dem Calvin-Zyklus vorgeschaltet ist. Die Unterschiede in den photosynthetischen Eigenschaften zwischen C_3-, C_4- und CAM-Pflanzen sind in Tab. 19 zusammengefaßt.

Tab. 19: Vergleichende Übersicht über die photosynthetischen Eigenschaften von C_3-, C_4- und CAM-Pflanzen

	C_3-Pflanzen	C_4-Pflanzen	CAM-Pflanzen
- exemplarischer Vertreter:	Spinacia oleracea (Spinat)	Zea mays (Mais)	Kalanchoë daigremontianum (Brutblatt)
- Wachstumsbedingungen am natürlichen Standort:	gemäßigtes Klima (z.B. 20° C, 60% relat. Luftfeuchte)	trockenes Klima, hohe Lichtintensität, geringe Luftfeuchte	trockenes Klima, hohe Lichtintensität, hohe Tag- und geringe Nachttemperaturen
- photosynthetisch aktives Gewebe:	Mesophyll aus Schwamm- und Palisadenparenchym	Mesophyll mit Leitbündelscheidenzellen (Kranz-Anatomie)	Mesophyll mit stark wasserhaltigen Zellen
- Struktur der Chloroplasten:	Chloroplast mit Granastapeln, Stärke und Plastoglobuli	Chloroplastendimorphismus: a) Mesophyllzellen (M): Chloroplast mit Granastapeln ohne Stärke b) Leitbündelscheidenzellen (L): Chloroplast mit Stärke ohne Granastapel	Chloroplast mit wenigen Granastapeln, viel Stärke, viele Plastoglobuli
- Verhältnis Chlorophyll a zu Chlorophyll b:	3,1	M: 3,1; L: 5,1	3,1
- Photosysteme:	PS I und PS II	M: PS I (PS II) L: PS I und PS II	PS I und PS II

(Fortsetzung Tab. 19)

- CO_2-Fixierungsrate (mg CO_2 / m² / h):		
1500 - 3500	4000 - 8000	500 - 700
- CO_2-fixierende Enzyme:		
RubP-Carboxylase	M: PEP-Carboxylase L: RubP-Carboxylase	PEP-Carboxylase, RubP-Carboxylase
- Primärprodukt der CO_2-Fixierung:		
Phosphoglycerat	M: Oxalacetat L: (nur sekundär)	Oxalacetat
- Ort der CO_2-Fixierung:		
Chloroplast	Mesophyllchloroplast	Cytoplasma
- ¹³C/¹²C-Verhältnis (δ ¹³C-Wert):		
- 23 bis - 36 ‰	- 9 bis - 18 ‰	- 9 bis - 36 ‰
- ATP- und NADPH/H⁺-Bedarf pro mol fixiertes CO_2:		
3 mol ATP 2 mol NADPH/H⁺	5 mol ATP 2 mol NADPH/H⁺	5 mol ATP 2 mol NADPH/H⁺
- Photosynthese begrenzende Faktoren:		
CO_2	Licht	CO_2
- CO_2-Konzentration für maximale Photosynthese (ppm = μl / l):		
30 bis 150	kleiner 10	30 bis 150
- Lichtsättigung:		
größer 40000 lx	keine oder sehr hoch	10000 bis 20000 lx
- Temperaturoptimum für die CO_2-Fixierung:		
15 bis 20° C	30 bis 40° C	70 bis 80° C
- Decarboxylierende Enzyme:		
-	M: - L: NAD-Malat-Enzym, NADP-Malat-Enzym, PEP-Carboxykinase	NAD-Malat-Enzym, NADP-Malat-Enzym, PEP-Carboxykinase
- Ort der Decarboxylierung:		
-	Chloroplast der Leit- bündelscheidenzellen	Cytoplasma oder Chloroplast
- Pool an C_4-Dicarbonsäuren:		
-	klein	groß
- Turnover der C_4-Dicarbonsäuren:		
-	1 μÄquivalent pro g Frischgewicht (Halbwertszeit: 10 s)	200 μÄquivalente pro g Frischgewicht (Halbwertszeit: 3 min)
- Photorespiration:		
bis zu 30% des fixierten CO_2	sehr gering oder nicht vorhanden	gering

Vertreter von C_4- und CAM-Pflanzen finden sich in vielen Pflanzenfamilien (Tab. 20). Zum Teil gibt es C_4- und C_3-Pflanzen in einer Gattung. Einige CAM-Pflanzen können ihren Stoffwechsel von CAM auf C_3 umstellen, wenn sich die klimatischen Bedingungen ändern (5.7.3.).

Tab. 20: Eine Auswahl von Vertretern der C_3-, C_4- und CAM-Pflanzen

C_3-Pflanzen

Chenopodiaceae:
 Atriplex glabriuscula
 Beta vulgaris (Rübe)
 Chenopodium album
  (Weißer Gänsefuß)
 Spinacia oleracea (Spinat)
Convulvulaceae:
 Convulvus arvensis (Ackerwinde)
 Eichhornia crassipes
  (Wasserhyazinthe)
Cruciferae:
 Raphanus sativus (Radieschen)
 Sinapis alba (Senf)

Cucurbitaceae:
 Cucurbita pepo (Gurke)
Gramineae:
 Avena fatua (Flughafer)
 Avena sativa (Hafer)
 Hordeum vulgare (Gerste)
 Triticum aestivum (Weizen)
Papilionaceae:
 Pisum sativum (Erbse)
 Vicia faba (Ackerbohne)
Solanaceae:
 Nicotiana tabacum (Tabak)
 Solanum tuberosum (Kartoffel)

C_4-Pflanzen

Amaranthaceae:
 Amaranthus retroflexus
  (Krummer Fuchsschwanz)
Chenopodiaceae:
 Atriplex sabulosa
 Atriplex spongiosa
Cyperaceae:
 Cyperus esculentus (Erdmandel)
Gramineae:
 Chloris gayana
 Cynodon dactylon
  (Fingerhundszahn)
 Digitaria sanguinalis
  (Bluthirse)
 Echinocloa colona (Schamahirse)

Gramineae (Forts.):
 Eragrostis brownii
  (Behaartes Liebesgras)
 Imperata cylindrica
 Panicum maximum (Guineagras)
 Panicum miliaceum (Rispenhirse)
 Paspalum conjugatum
 Saccharum officinarum (Zuckerrohr)
 Sorghum bicolor (Mohrenhirse)
 Sorghum halepense
  (Wilde Mohrenhirse)
 Zea mays (Mais)
Portulacacea:
 Portulaca oleracea
  (Gemüseportulak)

CAM-Pflanzen

Agavaceae:
 Agave americana
Aizoaceae:
 Litops salicola (Lebender Stein)
Aslepiadaceae:
 Hoya carnosa (Wachsblume)
 Stapelia gigantea
Bromeliaceae:
 Ananas comosus (Ananas)
Cactaceae:
 Carnegia gigantea (Riesenkaktus)
 Opuntia acanthocarpa

Crassulaceae:
 Kalanchoë daigremontianum
  (Brutblatt)
Cucurbitacea:
 Xerosycios
Euphorbiaceae
 Euphorbia grandidens
Geraniaceae:
 Geranium pratense
  (Wiesenstorchschnabel)
Portulacacea:
 Anacampseros

5.7.1. C$_4$-Pflanzen

Charakteristisch für C$_4$-Pflanzen ist ein Kranz aus grünen Zellen um die Leitbündelstränge der Blätter (Kranztyp-Anatomie). Diese Leitbündelscheidenzellen (LBS) enthalten mehr Chloroplasten als die übrigen Mesophyllzellen. Die Chloroplasten der Leitbündelscheidenzellen enthalten keine Granastapel aber große Mengen an Stärke, während die Chloroplasten der Mesophyllzellen Granastapel aber keine Stärke besitzen. Das Auftreten dieser zwei ultrastrukturell aber auch physiologisch verschiedenen Chloroplastentypen wird als Chloroplastendimorphismus bezeichnet.

C$_4$-Pflanzen binden Kohlendioxid in den Mesophyllzellen zunächst an Phosphoenolpyruvat (PEP). Sie bilden somit aus einem C$_3$- ein C$_4$-Molekül, das typische Primärprodukt der CO$_2$-Fixierung, das den C$_4$-Pflanzen ihren Namen gab. Diese Reaktion, bei der Oxalacetat entsteht, wird durch das Enzym PEP-Carboxylase katalysiert. Aus Oxalacetat werden dann zum Teil andere C$_4$-Dicarbonsäuren gebildet. Durch Übertragung einer Aminogruppe von Glutamat entsteht Aspartat oder durch Reduktion mit NADPH/H$^+$ als Cofaktor Malat:

A) PEP-Carboxylase-Reaktion:
   PEP + HCO$_3^-$ + H$_2$O $\longrightarrow$ Oxalacetat + Phosphat

B) Aspartat-Aminotransferase-Reaktion:
   Oxalacetat + Glutamat $\longrightarrow$ Aspartat + 2-Oxoglutarat

C) NADP-Malat-Dehydrogenase-Reaktion:
   Oxalacetat + NADPH/H$^+$ + H$^+$ $\longrightarrow$ Malat + NADP$^+$

Diese C$_4$-Dicarbonsäuren werden in die Leitbündelscheidezellen transportiert. Dort wird CO$_2$ abgespalten und es entsteht wieder ein C$_3$-Molekül. Je nach Pflanze kommen drei verschiedene Decarboxylierungsreaktionen vor:

A) NADP-Malat-Enzym-Reaktion:
   Malat + NADP$^+$ $\longrightarrow$ CO$_2$ + NADPH/H$^+$ + Pyruvat

   Pflanzenvertreter: Digitaria sanguinalis (Bluthirse)
                        Saccharum officinarum (Zuckerrohr)
                        Sorghum bicolor (Mohrenhirse)
                        Zea mays (Mais)

B) NAD-Malat-Enzym-Reaktion:
   Malat + NAD$^+$ $\longrightarrow$ CO$_2$ + NADH/H$^+$ + Pyruvat

   Pflanzenvertreter: Amaranthus retroflexus (Kr. Fuchsschwanz)
                        Panicum miliaceum (Rispenhirse)
                        Portulaca oleracea (Gemüseportulak)

C) PEP-Carboxykinase-Reaktion:
   Oxalacetat + ATP $\longrightarrow$ CO$_2$ + PEP + ADP

   Pflanzenvertreter: Chloris gayana
                        Panicum maximum (Guineagras)

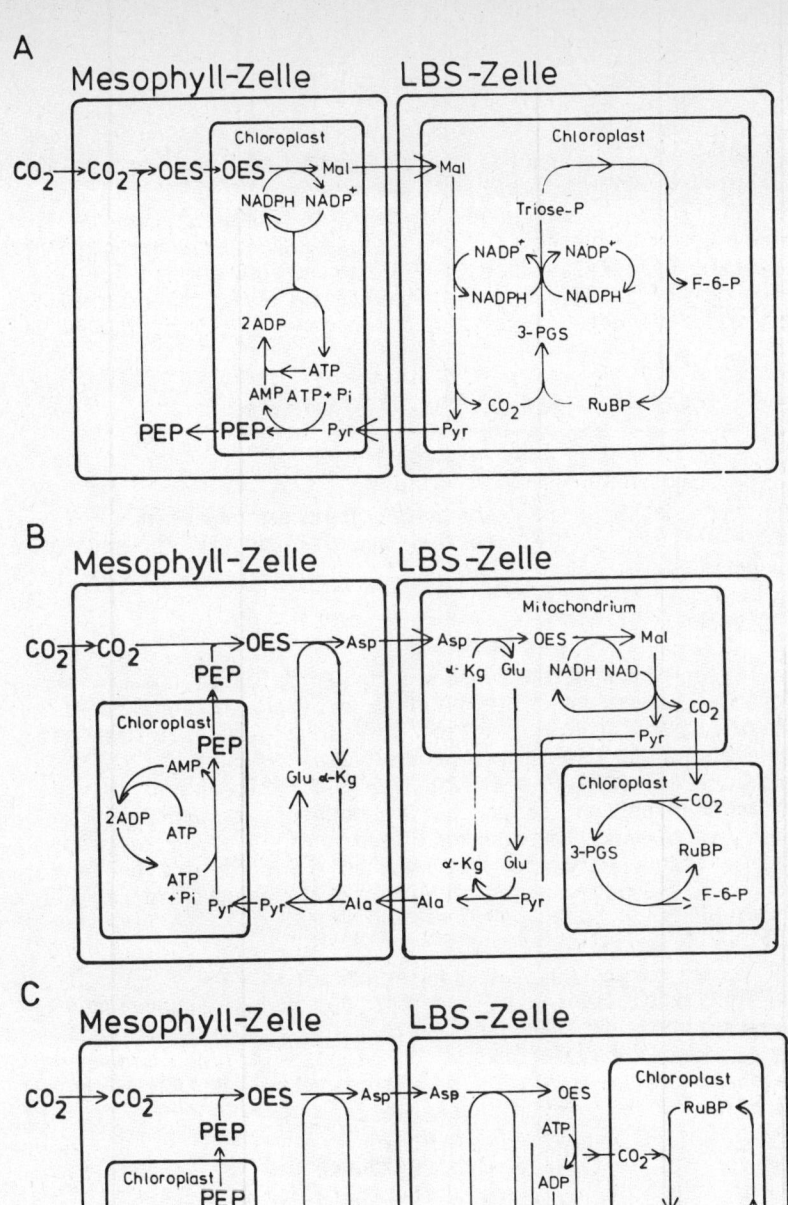

Abb. 57: Der C_4-Dicarbonsäure-Zyklus bei Pflanzen mit Decarboxylierung über das NADP-Malat-Enzym (A), das NAD-Malat-Enzym (B) und die PEP-Caboxykinase.

Das in den Mesophyllzellen freigesetzte CO_2 wird dann im Calvin-Zyklus fixiert und überschüssige Zucker in Form von Stärke abgelagert (Abb. 57).

C_4-Pflanzen weisen in ihren Photosynthese-Produkten einen höheren Anteil an ^{13}C-Kohlenstoffisotop auf als C_3-Pflanzen. Diese Anreicherung von ^{13}C kommt durch die Unterschiede in der Substratspezifität der jeweiligen primär CO_2 fixierenden Enzyme zustande. Im Gegensatz zur Phosphoenolpyruvat-Carboxylase der C_4-Pflanzen bevorzugt die RubP-Carboxylase der C_3-Pflanzen $^{12}CO_2$ als Substrat. Dieser Unterschied in der Substratspezifität der Enzyme wird durch den $\delta^{13}C$-Wert in Promille angegeben:

$$\delta^{13}C\text{-Wert} = \frac{^{13}C/^{12}C \text{ Probe} - ^{13}C/^{12}C \text{ Standard}}{^{13}C/^{12}C \text{ Standard}} \cdot 1000$$

Der $\delta^{13}C$-Wert für das CO_2 der Atmosphäre liegt zwischen minus 6,4 und minus 7,0 Promille. Die $\delta^{13}C$-Werte für C_3-, C_4- und CAM-Pflanzen sind in Tab. 20 angegeben.

5.7.2. CAM-Pflanzen

CAM-Pflanzen leiten ihren Namen von der Art der primären CO_2-Fixierung ab, die zuerst bei Crassulaceen entdeckt wurde (CAM = Crassulacean acid metabolism). CAM-Pflanzen sind meist fleischig und besitzen oft ein stark wasserhaltiges Gewebe mit großen Vakuolen. Wie bei den C_4-Pflanzen wird auch bei CAM-Pflanzen CO_2 vor der Fixierung im Calvin-Zyklus an Phosphoenolpyruvat gebunden. Im Gegensatz zu den C_4-Pflanzen, bei denen die carboxylierenden und decarboxylierenden Reaktionen im Licht aber örtlich voneinander getrennt ablaufen, laufen bei den CAM-Pflanzen beide Reaktionsketten in einer Zelle ab und sind zeitlich voneinander getrennt.

CAM-Pflanzen nehmen nachts CO_2 auf und lagern es in Form von C_4-Dicarbonsäuren in die Vakuolen ein. Am Tage wird aus den Dicarbonsäuren wieder CO_2 abgespalten, das dann zur Photosynthese (Calvin-Zyklus) verwendet werden kann (Abb. 58). Wegen der tageszeitlichen Schwankungen im Säuregehalt des Gewebes wird der Stoffwechsel der CAM-Pflanzen auch als Diurnaler Säurerhythmus bezeichnet.

Im Cytoplasma der Mesophyllzelle wird CO_2 durch die PEP-Carboxylase an Phosphoenolpyruvat gebunden. Dabei entsteht Oxalacetat, das anschließend, wie bei den C_4-Pflanzen, durch die NADP-Malat-Dehydrogenase zu Malat reduziert wird. Malat wird nachts in großen Mengen in der Vakuole gespeichert. Am Tage wird das Malat aktiv aus der Vakuole transportiert und über die gleichen enzymatischen Reaktionen wie bei C_4-Pflanzen (5.7.1.) decarboxyliert. Malat kann im Cytoplasma durch die PEP-Carboxykinase oder das NAD-Malat-Enzym zu Phosphoenolpyruvat bzw. Pyruvat decarboxyliert werden. Es kann aber auch im Chloroplasten der Mesophyllzellen durch das NADP-Malat-Enzym zu Pyruvat umgesetzt werden.

Wie die C_4-Pflanzen reichern auch die CAM-Pflanzen in ihren Photosynthese-Produkten oft mehr ^{13}C an als C_3-Pflanzen.

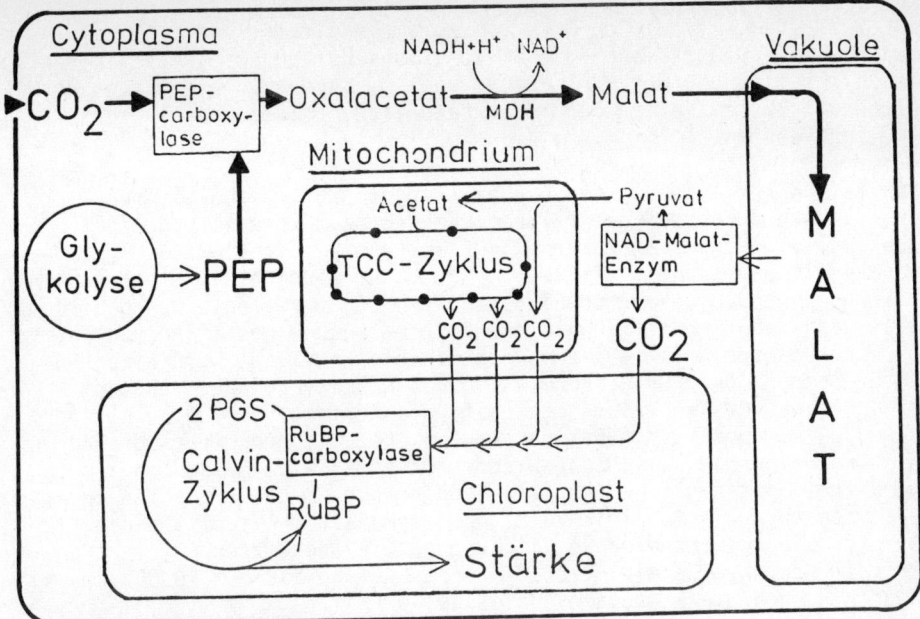

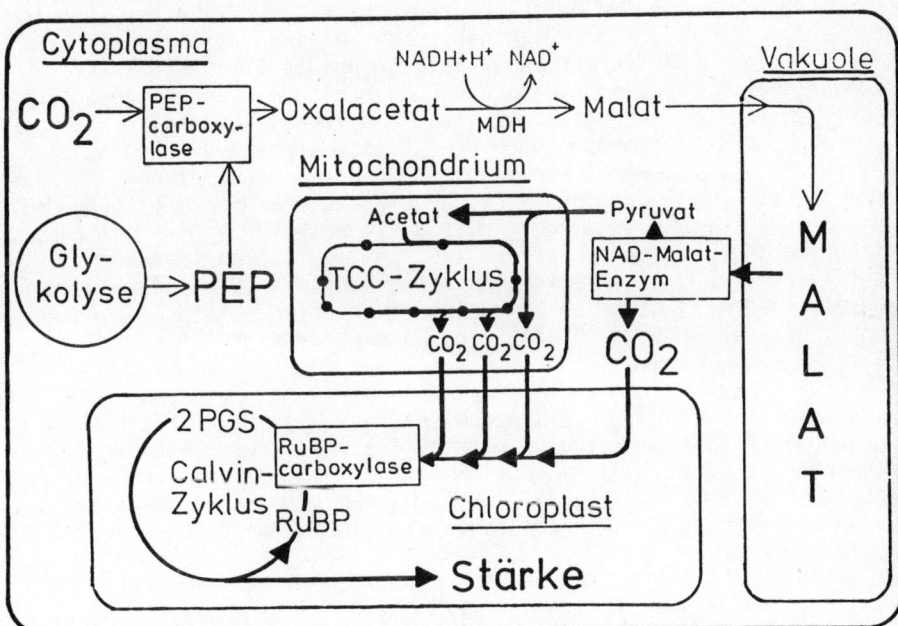

Abb. 58: Schematische Darstellung des Stoffwechsels der CAM-Pflanzen (oben: im Dunkeln, unten: im Licht).

5.7.3 Regulation der CO_2-Fixierung bei C_4- und CAM-Pflanzen

Die Photosynthese der C_4-Pflanzen ist durch hohe Lichtintensitäten und hohe Temperaturen begünstigt. Faktoren wie Wasser, Sauerstoff, Kohlendioxid und der Salzgehalt des Bodens spielen eine untergeordnete Rolle. Licht steigert bei den C_4-Pflanzen die Aktivität der NADP-Malat-Dehydrogenase, so daß auch die Bildung von Phosphoenolpyruvat in den Mesophyllzellen und die Freisetzung von CO_2 in den Chloroplasten der Leitbündelscheidenzellen durch den natürlichen Licht-Dunkel-Wechsel reguliert werden.

Auch bei CAM-Pflanzen werden Carboxylierung und Decarboxylierung im wesentlichen durch den natürlichen Licht-Dunkel-Wechsel reguliert (Abb. 58). Im Gegensatz zu den C_3-Pflanzen sind die Stomata der CAM-Pflanzen in der Nacht geöffnet. In der Nacht wird das im Licht gebildete Phosphoenolpyruvat zur Fixierung von CO_2 verwendet. Das gebildete Malat wird dann in der Vakuole gespeichert. Durch den ständigen Entzug des Endproduktes Malat aus dem Reaktionsgleichgewicht wird eine Endprodukthemmung der PEP-Carboxylase durch Malat verhindert und somit ständig neues CO_2 zu Malat umgesetzt. Dies erfolgt so lange, bis der Vorrat an Phosphoenolpyruvat verbraucht oder die Dunkelperiode beendet ist. Erst wenn die Belichtung wieder einsetzt, wird Malat von der Vakuole freigesetzt und im Cytoplasma oder auch im Chloroplasten zu Pyruvat decarboxyliert. Gleichzeitig hemmt Malat im Cytoplasma die PEP-Carboxylase, wodurch eine Refixierung des freigesetzten CO_2 verhindert wird. Im Mesophyll steigt die CO_2-Konzentration bis auf 10000 ppm an. Dadurch werden die Stomata geschlossen.

Es gibt Pflanzen, die in der Lage sind, ihren C_3-Kohlenstoffwechsel auf CAM umzustellen. Mesembryanthemum crystallinum (Aizoaceae), eine an salzhaltige Böden in der Negevwüste angepaßte Pflanze, fixiert im Frühjahr, bei guter Wasserversorgung und geringem Bodensalzgehalt CO_2 ausschließlich über den Calvin-Zyklus. Sie verhält sich also wie eine C_3-Pflanze. Erst im Sommer, wenn die Wasserknappheit und der Salzgehalt des Bodens zunehmen, stellt diese Pflanze ihren Metabolismus innerhalb kurzer Zeit auf den einer CAM-Pflanze um. Die Ausbildung des CAM-Stoffwechsels in der Trockenzeit gibt der Pflanze die Möglichkeit, bei nur geringen Wasserverlusten eine positive Kohlenstoffbilanz aufrecht zu erhalten. Diese zeitliche Umstellung des CO_2-Fixierungsstoffwechsels innerhalb eines Lebenszyklus einer Pflanze ist als eine Anpassung an sich ändernde ökologische Faktoren von großem Vorteil.

Literatur zu 5.7.:
- Edwards GE, Huber SC (1981) The C_4 pathway. In: Hatch MD, Boardman NK (eds) The biochemistry of plants. Academic Press, New York (Photosynthesis, Vol 8) pp 237-281
- Edwards GE, Walker D (1983) C_3, C_4: Mechanisms and cellular and environmental regulation of photosynthesis. Blackwell Scientific Publ, Oxford
- Kluge M (1972) Die Sukkulenten: Spezialisten im CO_2-Gaswechsel. Biologie in unserer Zeit 8: 121-128
- Kluge M (1979) The flow of carbon in crassulacean acid metabolism (CAM). In: Gibbs M, Latzko E (eds) Encyclopedia of plant physiology. Springer, Berlin (Photosynthesis II, Photosynthetic carbon metabolism and related processes, Vol 6) pp 113-125
- Kluge M, Ting IP (1978) Crassulacean acid metabolism. Springer, Berlin
- Osmond CB, Holtum JAM (1981) Crassulacean acid metabolism. In: Hatch MD, Boardman NK (eds) The biochemistry of plants. Academic Press,

New York (Photosynthesis, Vol 8) pp 283-328
- Ray TB, Black CC (1979) The C_4 and crassulacean acid metabolism pathways. In: Gibbs M, Latzko E (eds) Encyclopedia of plant physiology. Springer, Berlin (Photosynthesis II, Photosynthetic carbon metabolism and related processes, Vol 6) pp 77-101
- Schopfer P (1973) Erfolgreiche Photosynthese-Spezialisten: Die "C_4-Pflanzen". Biologie in unserer Zeit 3: 173-183
- Smith BN (1982) General characteristics of terrestrial plants (agronomic and forests) - C_3, C_4 and crassulacean metabolism plants. In: Mitsui A, Black CC (eds) CRC Handbook of biosolar resources. CRC Press, Boca Raton (Basic principles, part 2, Vol 1) pp 99-103

5.8. Photosynthese-Produkte, ihr Transport und ihre Speicherung

Damit der Chloroplast die von ihm abhängige übrige Zelle versorgen kann, müssen die Produkte der Photosynthese, die Assimilate, den Chloroplasten verlassen. Bei vielen Pflanzen müssen die Assimilate über weite Strecken im Gewebe transportiert werden, um die nicht photosynthetisch aktiven Teile der Pflanze, wie z.B. die Wurzel, Früchte oder die weißen Teile von panaschierten Blättern mit Energie zu versorgen. Werden überschüssige Mengen an Assimilaten synthetisiert, so können sie in Form von Stärke gespeichert werden.

5.8.1 Transport

Die Produkte des Calvin-Zyklus, die nicht im Chloroplasten gespeichert werden, müssen aus dem Chloroplasten in das Cytoplasma und aus der Zelle in die Siebröhren bzw. Siebzellen transportiert werden. Die Triosephosphate Glycerinaldehydphosphat (GAP) und Dihydroxyacetonphosphat (DHAP) sind, neben Glycolat, die einzigen Produkte des Calvin-Zyklus, die über den Phosphat-Translokator im Gegentausch mit Phosphat aus dem Chloroplasten ins Cytoplasma transportiert werden. Über einen zweiten Translokator werden spezifisch Dicarbonsäuren, wie Oxalacetat gegen Malat, Succinat gegen Fumarat und 2-Oxoglutarat gegen Aspartat, zwischen Chloroplast und Cytoplasma ausgetauscht.

Im Cytoplasma können die Triosephosphate zur Biosynthese von Kohlenhydraten verwendet werden. GAP und DHAP werden zu Fructose-1,6-bisphosphat umgesetzt. Aus Fructose-1,6-bisphosphat wird dann über Fructose-6-phosphat, Glucose-6-phosphat und Glucose-1-phosphat mit Hilfe von Uridin-5´-triphosphat (UTP) UDP-Glucose gebildet. UDP-Glucose ("aktivierte Glucose") reagiert dann mit Fructose-6-phosphat zum Disaccharid Saccharose:

DHAP + GAP ⟶ Fructose-1,6-bisphosphat
Fructose-1,6-bisphosphat ⟶ Fructose-6-phosphat + Phosphat
Fructose-6-phosphat ⟶ Glucose-6-phosphat
Glucose-6-phosphat ⟶ Glucose-1-phosphat
Glucose-1-phosphat + UTP ⟶ UDP-Glucose
UDP-Glucose + Fructose-6-phosphat ⟶ Saccharose-6-phosphat + UDP
Saccharose-6-phosphat ⟶ Saccharose + Phosphat

Die Siebröhren (bei Angiospermen) oder Siebzellen (bei Gymnospermen) werden durch aktiven Transport mit Fructose-1,6-bisphosphat und Glucose-6-phosphat, hauptsächlich aber mit Saccharose, beladen. Am Ziel- oder Attraktionsort des Ferntransportes werden die Assimilate wieder aktiv aus den Siebröhren transportiert und erreichen über den Symplasten die zu versorgenden Zellen. Dort werden sie in Form von Glucose in der Glykolyse zur Energiegewinnung verwendet oder als Stärke oder Glykogen gespeichert.

Welche Mechanismen am Assimilattransport beteiligt sind, ist noch unklar. Eine Erklärung beruht auf der Druckstrom-Hypothese von Münch, die davon ausgeht, daß an den Orten des Assimilatstromes ein höheres osmotisches Potential vorliegt als an den Orten des aktiven Ausstromes. Dieses osmotische Gefälle soll die treibende Kraft des Assimilatstromes sein.

5.8.2. Speicherung

Damit der Zellstoffwechsel auch im Winter und Frühjahr oder nachts bei abgeschalteter Photosynthese aufrecht erhalten werden kann, werden überschüssige Photosynthese-Produkte gespeichert. Bei hohen Beleuchtungsstärken kann die Pflanze oder das Blatt überschüssige Assimilate speichern. Die Chloroplasten enthalten dann viel Stärke. Stärke ist ein Polymerisat aus α-Glucose. Sie besteht aus in α-1,4-Stellung verknüpften Spiralen (Amylose) und aus einem in α-1,4- und in α-1,6-Stellung verzweigten Polymer (Amylopektin). Um Stärke zu bilden, wird das im Calvin-Zyklus gebildete Fructose-1,6-bisphosphat zu Fructose-6-phosphat dephosphoryliert, dann zu Glucose-6-phosphat isomerisiert und anschließend zu Glucose-1-phosphat epimerisiert. Glucose-1-phosphat wird dann mit Adenosin-5´-triphosphat (ATP) zu ADP-Glucose umgesetzt. Aus ADP-Glucose ("aktivierte Glucose") wird durch anhängen eines weiteren Glucose-Moleküls das Disaccharid Maltose gebildet. Eine Vielzahl von Maltose- oder Glucose-Additionen führen schließlich zur Synthese von Stärke:

DHAP + GAP $\longrightarrow$ Fructose-1,6-bisphosphat
Fructose-1,6-bisphosphat $\longrightarrow$ Fructose-6-phosphat + Phosphat
Fructose-6-phosphat $\longrightarrow$ Glucose-6-phosphat
Glucose-6-phosphat $\longrightarrow$ Glucose-1-phosphat
Glucose-1-phosphat + ATP $\longrightarrow$ ADP-Glucose + Phosphat
ADP-Glucose + Glucose $\longrightarrow$ Maltose + ADP
$n \cdot$ ADP-Glucose + Maltose $\longrightarrow$ $n \cdot$ ADP + $(n + 2) \cdot$ Glucose
                                                     (= Stärke)

5.8.3. Steuerung des Transportes und der Speicherung von Assimilaten

Die CO_2-Fixierung und die Stärkesynthese im Chloroplasten, der Transport von Triosephosphaten aus dem Chloroplasten und die Synthese von Saccharose im Cytoplasma müssen ständig aufeinander abgestimmt werden. Diese Abstimmung erfolgt über Fructose-2,6-bisphosphat, einen Inhibitor der Fructose-1,6-bisphosphatase. Fructose-2,6-bisphosphat wird von der Fructose-6-phosphat-2-Kinase aus Fructose-6-phosphat synthetisiert, wenn die Konzentration von Saccharose im Cytoplasma zunimmt. Dadurch wird die Fructose-1,6-bisphosphatase zunehmend gehemmt und eine weitere Synthese von Saccharose verhindert. Unter diesen Bedin-

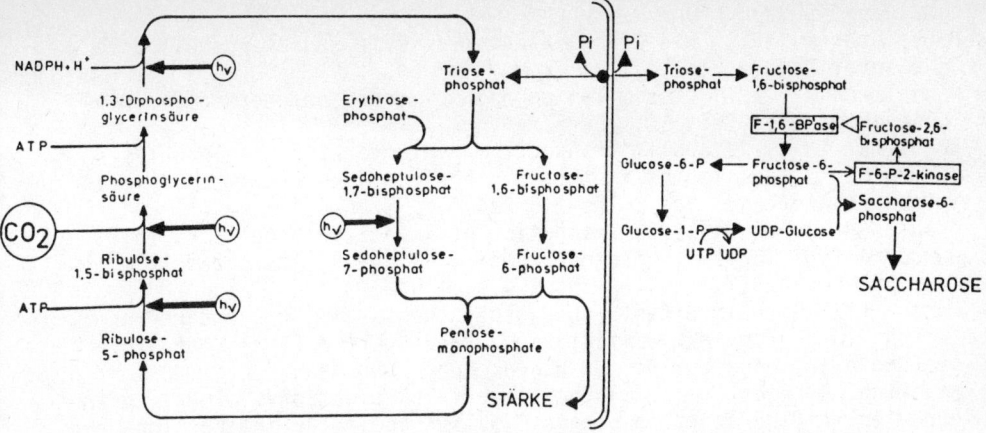

Abb. 59: Regulation der Biosynthese von Stärke und Saccharose.

gungen werden die im Calvin-Zyklus gebildeten Triosephosphate dann überwiegend im Chloroplasten zur Synthese von Stärke verwendet (Abb. 59).

Ein Pflanzenteil, in dem Assimilate gebildet werden, wird auch als source, Quelle, Retentionszentrum oder Spender bezeichnet. Ein Pflanzenteil, zu dem Assimilate transportiert werden, nennt man sink, Empfänger, Attraktionszentrum oder auch Ort des Bedarfs. In einem sink werden die zugeführten Assimilate entweder gespeichert oder verbraucht. Im Verlaufe des Wachstums einer Pflanze können einige Organe, wie zum Beispiel die Blätter, im jungen Stadium eine sink-, im älteren Stadium aber auch eine source-Funktion ausüben:

source (Spender)	sink (Empfänger)
- ausgewachsene Blätter	- junge Blätter (bis etwa zur Hälfte der Endgröße)
- Blätter vor dem Laubfall	
- Speicherorgane zur Zeit der Mobilisierung der Speicherstoffe	- teilungsaktives Meristemgewebe (Spitzenmeristeme, Kambium)
- Stämme und Wurzeln der Bäume vor dem Laubaustrieb	- wachsende Früchte und Speicherorgane (Samen, Wurzeln und Sproßachsen der Bäume im Herbst)
- Keimblätter bei der Samenkeimung,	
- Knollen, Zwiebeln, Rüben beim Austrieb	

Die einzelnen sinks können auch von verschiedenen sources versorgt werden. So versorgen bei größeren Pflanzen die unteren Blätter die Wurzeln und die oberen Blätter die Sproßspitze mit Assimilaten. Werden die Assimilate verstärkt zu den reifenden Früchten transportiert, so zeigen Wurzeln, Blätter oder die Sproßachse ein geringeres Wachstum. Diese Erkenntnis wird im Obstbau angewendet, indem man während der Fruchtbildung heranwachsende, zusätzliche Sprosse abtrennt, damit mehr Assimilate zu den verbleibenden Früchten transportiert werden können und damit der Ertrag steigt.

Literatur zu 5.8.:
- Hanselmann K (1979) Wie Pflanzen Reservestoffe speichern. Biologie in unserer Zeit 9: 103-111
- Hanselmann K (1981) Dissimilation pflanzlicher Speicherstoffe. Biologie in unserer Zeit 11: 15-27
- Heldt HW (1976) Metabolit transport in intact spinach chloroplasts. In: Barber J (ed) Topics in photosynthesis. Elsevier, Amsterdam (The intact chloroplast, Vol 1) pp 215-234
- Krause GH, Heber U (1976) Energetics of intact chloroplasts. In: Barber J (ed) Topics in photosynthesis. Elsevier, Amsterdam (The intact chloroplast, Vol 1) pp 171-214
- Lenz F (1979) Fruit effects on photosynthesis, light and dark respiration. In: Marcelle R, Clijsters H, van Poucke M (eds) Photosynthesis and plant development. Dr W Junk Publ, Den Haag, pp 271-281
- Stocking CR, Heber U (1976) Encyclopedia of plant physiology. Springer, Berlin (Transport in plants III, Intracellular interactions and transport processes, Vol 3)
- Wardaw IF, Passioura JB (1976) Transport and transfer processes in plants. Academic Press, New York
- Woolhouse HW (1981) Aspects of the carbon and energy requirements of photosynthesis considered in relation to environmental constraints. In: Townsend CR, Calow P (eds) Physiological ecology: An evolutionary approach to resource use. Blackwell Scientific Publ, Oxford, pp 51-85

E 19 Messung der CO_2-Fixierung an intakten Pflanzen

Bei der Photosynthese nehmen die Pflanzen im Licht Kohlendioxid auf. Die Messung dieser CO_2-Fixierung muß sich normalerweise auf die Bestimmung der apparenten Photosynthese (= Netto-Photosynthese = Brutto-Photosynthese minus Atmung im Licht) beschränken, da der CO_2-Verbrauch außerhalb der Pflanze gemessen wird und somit der interne CO_2-Gasaustausch nicht berücksichtigt werden kann.

Methode A (Ålvik-Methode): Gemessen wird der pH-Wert einer Bicarbonat-Lösung, der ein Maß für die CO_2-Konzentration der Lösung ist (Abb. 60). In Wasser gelöstes CO_2 steht im Gleichgewicht mit HCO_3^- (Bicarbonat) und CO_3^{2-} (Carbonat):

$$CO_2 \text{ (gelöst)} + H_2O \rightleftharpoons HCO_3^- + H^+$$
$$HCO_3^- \rightleftharpoons CO_3^{2-} + H^+$$

Wird CO_2 in eine Bicarbonat-Lösung eingeleitet, so nimmt die Menge an Bicarbonat und Carbonat zu. Dabei sinkt der pH-Wert der Lösung. Dieser Prozeß kehrt sich um, wenn dem Wasser CO_2 entzogen wird. Bei Wasserpflanzen kann die Photosynthese direkt am steigenden pH-Wert des Wassers abgelesen werden. Landpflanzen entnehmen ihr CO_2 für die Photosynthese der Luft. In einem geschlossenen Raum kann man den CO_2-Gehalt der Luft über den pH-Wert einer Bicarbonat-Lösung bestimmen, da sich zwischen dem CO_2 der Luft und dem der Lösung ein Gleichgewicht einstellt:

$$CO_2 \text{ (Luft)} \rightleftharpoons CO_2 \text{ (in Wasser gelöst)}$$

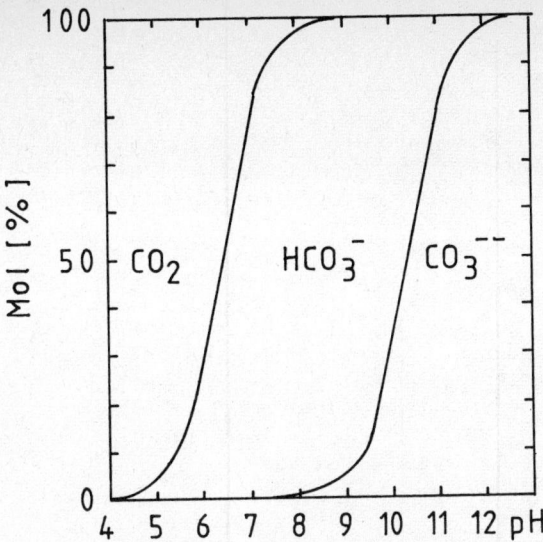

Abb. 60: Molare Konzentration der drei Formen von Kohlendioxid in Abhängigkeit vom pH-Wert der Lösung.

Methode B (Infrarot-Gasanalysator): CO_2 absorbiert infrarote Strahlung. Mit einem Infrarot-Gasanalysator kann man aus der IR-Absorption eines Gases die CO_2-Konzentration bestimmen.

Literatur zu E 19:
- Janac J, Catsky J, Jarvis PG (1971) Infra-red gas analysers and other physical analysers. In: Sestak Z, Catsky J, Jarvis PG (eds) Plant photosynthetic production - Manual of methods. Dr W Junk Publ, Den Haag, pp 111-197
- Jantschek H (1982) Ökologische Feldmethoden. Ulmer, Stuttgart
- Riemer W (1980) Nichtdipersive IR-Analyse in der Photosynthese. Labor-Praxis: 40-44
- Wiedenroth EM (1976) Methodik der Erfassung des Gaswechsels in Sproß- und Wurzelsystemen intakter Jungpflanzen. Wissenschaftliche Zeitschrift der Humboldt-Universität zu Berlin, Mathematisch-naturwissenschaftliche Reihe 25: 737-741

Material

Methode A:

- Landpflanzen, z.B. Spinacia oleracea (Spinat) oder Zea mays (Mais), oder Wasserpflanzen, z.B. Elodea canadensis (Wasserpest)
- empfindliches pH-Meter mit Schreiberanschluß
- yt-Schreiber
- Magnetrührer
- Reaktionsgefäß aus Glas oder farblosem Kunststoff
- Lichtquelle (>20000 lx)
- 84 mg / l $NaHCO_3$ (MG: 84,01)

zusätzlich für die Messung mit Landpflanzen:
- Preßluftflasche mit Druckminderer

- PVC-Schläuche (Innendurchmesser ca. 4 mm)
- Gasdurchflußmesser
- Waschflasche

Methode B:

- Pflanzen oder Blätter, z.B. Spinacia oleracea (Spinat) oder Zea mays (Mais)
- Infrarotgasanalysator
- yt-Schreiber
- temperierbares Wasserbad (10-30° C)
- 2 Gasdurchflußmesser
- Preßluftflasche mit Druckminderer
- PVC-Schläuche (Innendurchmesser ca. 4 mm)
- Wasserabscheider (Kühlfalle oder mit Kieselgel gefüllte Säule)
- Waschflasche
- Reaktionsgefäß aus Glas oder farblosem Kunststoff
- Lichtquelle (>20000 lx)

Eichgase:
- Stickstoff
- 330 vpm CO_2 in Stickstoff

Durchführung

Methode A: Die Bicarbonat-Lösung wird 1 bis 2 Stunden in einem offenem Gefäß gerührt damit sich das Gleichgewicht zwischen CO_2-Gehalt der Luft und dem der Lösung einstellen kann.

Wasserpflanzen: Die Pflanze wird mit der Bicarbonat-Lösung in ein verschließbares Reaktionsgefäß gebracht. Man gibt den Magnetrührstab in die Lösung und taucht die pH-Elektrode ein. Dann verschließt man das Gefäß. Die pH-Elektrode wird über das pH-Meter an den Schreiber angeschlossen.

Landpflanzen: Eine Pflanze wird in das Reaktionsgefäß gestellt, das mit je einer Zuluft- und einer Abluftöffnung versehen ist. Um die Luftfeuchtigkeit im Reaktionsgefäß zu erhöhen, füllt man Wasser auf den Boden des Gefäßes. Das Gefäß wird verschlossen. Nun leitet man über einen PVC-Schlauch Luft aus der Preßluftflasche durch das Reaktionsgefäß in eine mit Bicarbonat-Lösung gefüllte Waschflasche. Der Gasdurchfluß wird mit dem Druckminderer auf 30 l / h eingestellt (ablesbar am Gasdurchflußmesser). In die Waschflasche wird eine pH-Elektrode getaucht und das Gefäß verschlossen. Die Bicarbonat-Lösung wird mit einem Magnetrüher ständig gerührt. Die pH-Elektrode wird über das pH-Meter an den Schreiber angeschlossen.

Am Schreiber werden die pH-Änderungen bei Belichtung und bei Verdunkelung der Pflanze registriert. Die Veränderungen des pH-Wertes sind am größten, CO_2 somit am besten meßbar, wenn
- die Pflanze hohe Photosynthese-Aktivität und
- das Reaktionsgefäß möglichst wenig Lehrraum besitzt.

Bei Messungen mit Landpflanzen sollte außerdem möglichst wenig Bicarbonat-Lösung verwendet werden.

Aus der Änderung des pH-Wertes (Δ pH) berechnet man für 20° C die Änderung der CO_2-Konzentration durch die Pflanze:

$$10^{\left(\frac{10,6 - \Delta pH}{0,97}\right)} = \text{vpm } CO_2 = \mu l \; CO_2 / h$$

Ist das Meßvolumen bekannt (Meßanordnung Wasserpflanzen: Meßkammer minus pH-Elektrode und Rührstab; Meßanordnung Landpflanzen: Gasvolumen, das in 1 Stunde durch die Meßkammer geleitet wurde, z.B. 30 l), so kann man die CO_2-Fixierungsrate der Pflanze berechnen:

$$\text{vpm } CO_2 \cdot l \text{ Meßvolumen} = \mu l \; CO_2 / h$$

Methode B: Preßluft wird durch einen PVC-Schlauch zu einem Gasdurchflußmesser geleitet. Mit dem Druckminderer wird ein Gasdurchfluß von 30 l / h eingestellt. Vom Durchflußmesser wird die Preßluft durch eine mit Wasser gefüllte Waschflasche geleitet, die in einem Wasserbad steht, dessen Temperatur auf 14° C eingestellt ist. Dadurch wird die trockene Preßluft mit Wasser gesättigt. Die Wassermenge von wassergesättigter Luft bei 14° C (rel. Luftfeuchte: 100%) entspricht bei 25° C einer relativen Luftfeuchte von 60%. Diese Luft wird in das Reaktionsgefäß geleitet. Das Reaktionsgefäß ist ein durchsichtiger Behälter aus Glas oder Kunststoff mit einer Zuluft- und einer Abluftöffnung, in dem das zu messende Pflanzenmaterial gerade noch Platz findet.

Pflanzenteile, die nicht gemessen werden sollen, wie z.B. atmende Wurzeln, bleiben außerhalb des Reaktionsgefäßes. Die Öffnungen für Pflanzenteile müssen mit Isolierknetmasse gut abgedichtet werden. Aus dem Reaktionsgefäß wird die verbrauchte Luft über einen Wasserabscheider zum Infrarot-Gasanalysator geleitet. Wasser muß vor der CO_2-Messung entfernt werden, da es auch infrarote Strahlung absorbiert. Die aus dem Analysengerät austretende Luft wird nochmals über einen Gasdurchflußmesser geleitet. Die eingestellte Durchflußrate (30 l / h) sollte an beiden Gasdurchflußmessern gleich sein, wenn das System dicht ist.

Zunächst wird der CO_2-Gehalt der Preßluft gemessen. Dann bringt man das Pflanzenmaterial in das Reaktionsgefäß ein und prüft, ob das System dicht ist (Gasdurchflußmesser vergleichen). Danach kann man die CO_2-Fixierung bei Belichtung und die CO_2-Abgabe bei Verdunkelung erfassen.

Zur quantitativen CO_2-Bestimmung muß das Analysegerät geeicht werden (Nullpunkt: Stickstoffgas, Eichpunkt: Gas mit bekanntem CO_2-Gehalt). Die von der Pflanze abgegebene oder aufgenommene CO_2-Menge errechnet sich wie folgt (Abb. 61):
1. Man mißt die Differenz zwischen dem am Schreiber angezeigten Stickstoff-Nullwert und dem Wert des Eichgases in cm (Δ cm(Eichgas)).
2. Für die Messung im Licht und im Dunkeln wird die Abweichung des Schreibers vom Preßluft-Wert (Gas ohne Pflanze) in cm ausgemessen (Δ cm(Messung)).
3. Man berechnet die CO_2-Konzentrationsänderung (Δ vpm (Messung)

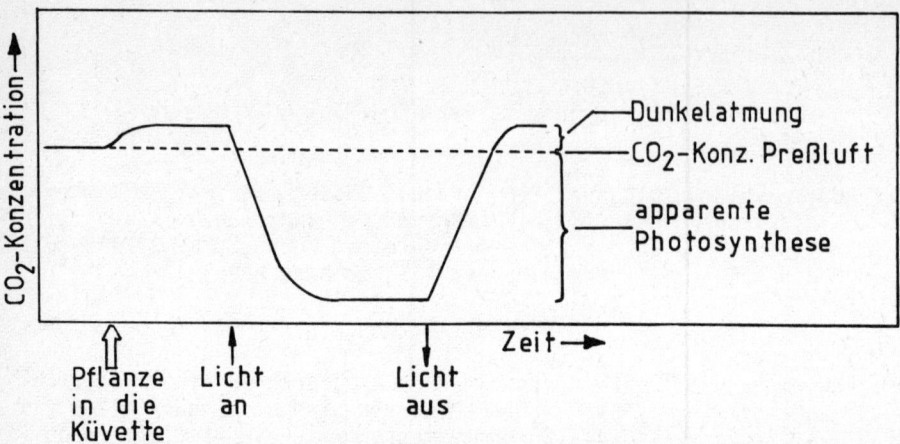

Abb. 61: Schreiberaufzeichnung bei der Messung des CO_2-Gaswechsels einer Pflanze.

während der Messung, indem man sich auf die Eichgaswerte (vpm(Eichgas); vpm = μl / l) bezieht. Dabei ist zu beachten, daß ein cm-Vergleich nur bei gleicher Schreiberempfindlichkeit gilt.

$$\frac{vpm(Eichgas) \cdot \Delta cm(Messung)}{\Delta cm(Eichgas)} = \Delta vpm(Messung)$$

4. Zur Umrechnung auf Normalbedingungen (0° C, 1 atm) korrigiert man mit dem Korrekturfaktor nach Gay-Lussac für konstanten Druck (T = Temperatur in ° C):

$$\Delta vpm\ (normal) = \Delta vpm\ (Messung) \cdot 273,15 / (273,15 + T)$$

5. Man berechnet die CO_2-Konzentrationsänderung pro Stunde (D = Gasdurchfluß in l / h):

$$\Delta vpm\ (normal) \cdot D = \mu l\ CO_2\ /\ h$$

Die CO_2-Fixierung wird von μl auf μmol (22,4 μl = 1 μmol) oder auf mg CO_2 (22,4 μl = 44,01055 μg) umgerechnet. Als Bezugssystem verwendet man z.B.:

- 100 cm^2 Blattfläche
- 1 g Frischgewicht
- 1 g Trockengewicht (12 h bei 90° C im Trockenschrank)
- 1 mg Chlorophyll (Gesamt-Chlorophyllbestimmung nach Arnon, E 4c, E 6)

E 20 Bestimmung des CO_2-Kompensationspunktes bei C_3- und C_4-Pflanzen

Der CO_2-Kompensationspunkt (Γ) ist ein Maß für die Stärke der CO_2-Aufnahme einer Pflanze (10.5.1.). Er gibt die CO_2-Konzentration an, die sich einstellt, wenn eine photosynthetisch aktive Pflanze in einem abgeschlossenen Behälter gehalten wird. Dabei wird soviel CO_2 durch die Photosynthese fixiert wie bei der Atmung gebildet wird. Der CO_2-Kompensationspunkt liegt bei C_3-Pflanzen bei höheren CO_2-Konzentrationen als bei C_4-Pflanzen, da die Affinität von CO_2 zu Ribulose-1,5-bisphosphat-Carboxylase niedriger ist als die zu Phosphoenolpyruvat-Carboxylase. C_4-Pflanzen erreichen den CO_2-Kompensationspunkt also schneller als C_3-Pflanzen. Zur Meßmethodik für Methode A siehe E 19 (Methode A), für Methode B siehe E 19 (Methode B).

Material

- zwei Wochen alte Keimlinge, z.B. von Phaseolus vulgaris (Bohne) und Zea mays (Mais)
- Lichtquelle (>20000 lx)

Methode A:

- 2 Reaktionsgefäße (z.B. 500 ml-Erlenmeyer-Kolben (Weithals))
- 8,4 mg / l $NaHCO_3$ (MG: 84,01)
- Bromthymolblau (in wenig Ethanol lösen)

Methode B:

- Infrarot-Gasanalysator
- PVC-Schläuche (Innendurchmesser ca. 4 mm)
- Gasumwälzpumpe (kontinuierliche Förderleistung: 30 l / h)
- Wasserabscheider (Kühlfalle oder mit Kieselgel gefüllte Säule)
- yt-Schreiber
- Gasdurchflußmesser
- Reaktionsgefäß aus Glas oder farblosem Kunststoff

Eichgase:
- Stickstoff
- 330 vpm CO_2 in Stickstoff

Durchführung

Methode A: Je eine C_3- und eine C_4-Pflanze werden abgeschnitten und mit der Schnittstelle in ein Wasserglas gestellt. Das Wasserglas mit der jeweiligen Pflanze wird in das Reaktionsgefäß gestellt. In die beiden Reaktionsgefäße gibt man 10 ml $NaHCO_3$-Lösung, die zuvor zum CO_2-Ausgleich mit der Luft 1-2 h gerührt und mit einem Tropfen Bromthymolblau-Lösung versetzt wurde. Das Reaktionsgefäß wird gut verschlossen. Man beobachtet die Indikatorverfärbung (gelb→blau, pH 6→7,6) bei Belichtung der Pflanzen. Bei der C_4-Pflanze erfolgt der Farbumschlag schneller als bei der C_3-Pflanze. Bei der C_3-Pflanze kann der Umschlag evtl. auch nicht vollständig sein (gelb→grün).

Methode B: Durch das Reaktionsgefäß mit der Meßpflanze wird ein Gasstrom geleitet, der zum IR-Gasanalysator und über einen Gasdurchflußmesser, den Wasserabscheider und die Gasumwälzpumpe zurück ins Reaktionsgefäß führt (geschlossener Kreislauf). Zur quantitativen Bestimmung der CO_2-Konzentration muß das Analysegerät wie in E 19 (Methode B) geeicht werden. Man mißt die CO_2-Konzentration der umgewälzten Luft so lange bis sich eine konstante CO_2-Konzentration eingestellt hat (= CO_2-Kompensationspunkt). Die Berechnung der CO_2-Konzentration erfolgt wie bei E 19 beschrieben.

E 21 Stärke-Nachweis in Blättern

Überschüssige Zucker aus der Photosynthese werden in Form von Stärke in den Plastiden gespeichert. Stärke (Amylose) läßt sich mit KJ/J_2-Lösung nachweisen. Dabei kommt es durch Einlagerung von Jod in die schraubenförmigen Amylose-Moleküle zu einer Blaufärbung. Damit die blaue Farbe deutlich sichtbar ist, müssen die Blattfarbstoffe vor dem Stärke-Nachweis herausgelöst werden.

Literatur zu E 21:
- Brauner L (1980) Das kleine pflanzenphysiologische Praktikum. G Fischer, Stuttgart
- Schopfer P (1976) Experimente zur Pflanzenphysiologie. Springer, Berlin 1976
- Urbach W, Rupp W, Sturm H (1983) Experimente zur Stoffwechselphysiologie der Pflanzen. Thieme, Stuttgart

Material

- Blätter, z.B. Syringa vulgaris (Flieder), Phaseolus vulgaris (Bohne), Sambucus nigra (Holunder), Pelargonium (Pelargonie), Abutilon-Arten
    . grüne und panaschierte Blätter
    . 2 Tage belichtete und 2 Tage verdunkelte Blätter
    . mit Rotlicht bzw. mit Grünlicht bestrahlte Blätter
    . mit Schwachlicht (200 lx) bzw. mit Starklicht (40000 lx) bestrahlte Blätter
- Heizplatte
- Methanol
- KJ/J_2-Lösung:
    . 1 g KJ
    . 0,5 g J_2
    zusammen in 100 ml Wasser lösen

Durchführung

Die Blätter werden mit Methanol so lange gekocht, bis die Blattfarbstoffe herausgelöst sind. Danach werden sie mit Wasser abgespült und für einige Minuten in die KJ/J_2-Lösung gelegt. Die Anfärbung der Stärke-Moleküle wird sichtbar, nachdem das überschüssige Jod abgewaschen wurde.

E 22 Chromatographische Auftrennung der photosynthetischen Primärprodukte

Die photosynthetischen Primärprodukte sind neben Zuckern Aminosäuren, Carboxylsäuren und Phosphatester. Bietet man Grünalgen radioaktiv markiertes CO_2 in Form von $H^{14}CO_3^-$ an, so fixieren sie dieses Kohlendioxid im Licht über die Photosynthese. Mit Ethanol kann man die organischen Moleküle dann extrahieren. Über eine Papierchromatographie kann man die einzelnen Komponenten auftrennen. Von dem Chromatogramm wird ein Autoradiogramm angefertigt. Dazu legt man einen Röntgenfilm für 2 Tage auf das trockene Chromatogramm. Mit Hilfe des entwickelten Films kann man die einzelnen radioaktiv markierten Stoffe lokalisieren und identifizieren (Abb. 62). Danach markiert man die einzelnen Flekken auf dem Chromatographiepapier und schneidet sie aus. Mit einem Geiger-Müller-Zählrohr kann man die radioaktive Markierung der Komponenten quantitativ bestimmen.

Literatur zu E 22:
- Calvin M, Bassham JA (1962) The photosynthesis of carbon compounds. WA Benjamin, New York

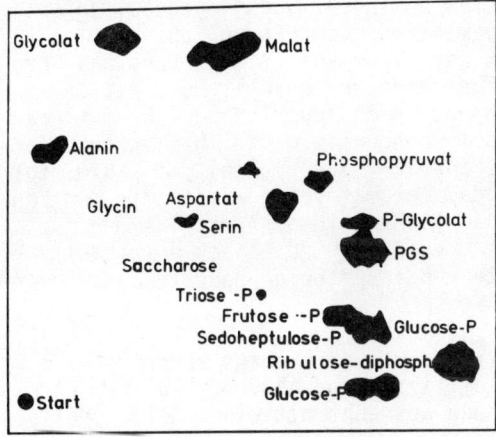

Abb. 62: Autoradiogramm der Photosynthese-Produkte von Chlorella pyrenoidosa nach 60 s Photosynthese mit $NaH^{14}CO_3$ (Calvin und Bassham 1962)

Material

- Suspension von Chlorella pyrenoidosa oder Scenedesmus obliquus (ca. $2 \cdot 10^9$ Zellen / l)
- Zentrifuge
- Chromatographie-Trennkammer
- Lichtquelle (>20000 lx)
- Heizplatte

- Föhn
- Geiger-Müller-Zählrohr
- Chromatographiepapier (Whatman Nr. 3, 20 x 20 cm)
- Röntgenfilm (Agfa Gevaert, Osray T 4)
- 5 µCi $H^{14}CO_3^-$ / ml
- 0,56 g / 100 ml KOH (MG: 56,11)
- 13,6 mg KH_2PO_4 (MG: 136,09)
in 800 ml Wasser lösen, mit KOH-Lösung auf pH 5,5 einstellen und mit Wasser auf 1 l auffüllen
- Ethanol
- Laufmittel 1:
  . 1 ml Essigsäure
  . 75 g Phenol
  . 0,3 mg EDTA · Na_2 · 2 H_2O = Ethylendinitrilotetraessigsäure
       (MG: 372,24)
  zusammen in 50 ml Wasser lösen und auf 100 ml auffüllen
- Laufmittel 2:
  . 44,4 ml Butanol
  . 21,8 ml Propionsäure
  zusammen mit 30 ml Wasser mischen

Durchführung

100 ml Algensuspension werden 5 min bei 500xg abzentrifugiert und in 50 ml KH_2PO_4-Lösung aufgenommen. Anschließend wird die $H^{14}CO_3^-$-Lösung zugegeben und die Algen 5 min belichtet. Danach wird die radioaktiv markierte Algensuspension erneut für 5 min bei 500xg abzentrifugiert und die sedimentierten Algen in 5 ml siedendem Ethanol aufgenommen. 0,1 ml der ethanolischen Lösung werden 3 cm vom unteren Rand des Chromatographiepapiers bandförmig aufgetragen und anschließend mit dem Laufmittelgemisch 1 chromatographiert. Nach Abschluß der Chromatographie wird das Chromatogramm mit dem Föhn unter einem Abzug getrocknet und in der zweiten Laufrichtung (senkrecht zur ersten) mit Laufmittel 2 chromatographiert. Danach wird das Chromatogramm wieder mit dem Föhn unter dem Abzug getrocknet und anschließend in der Dunkelkammer für 2 Tage auf den Röntgenfilm gelegt. Der Film wird danach entwickelt. Man sieht die radioaktiv markierten Photosynthese-Produkte als schwarze Flecken.

Zur quantitativen Bestimmung des radioaktiven Einbaus werden die radioaktiv markierten Bereiche (Identifizierung: Abb. 62) aus dem Chromatographiepapier ausgeschnitten und getrennt mit einem Geiger-Müller-Zählrohr gemessen.

E 23 Bestimmung des Säuregehaltes einer CAM-Pflanze im Licht-Dunkel-Wechsel

CAM-Pflanzen fixieren nachts CO_2 an Phosphoenolpyruvat. Das dabei gebildete Malat wird in den Zellvakuolen gespeichert. Tagsüber wird aus Malat wieder CO_2 freigesetzt, das dann in der Photosynthese im Calvin-Zyklus verwendet wird (5.7.2.). Die Anhäufung von Malat im Dunkeln und den Abbau von Malat im Licht kann man als Ansäuerung bzw. Absäuerung des Zellsaftes der CAM-Pflanzen mit einer pH-Elektrode bestimmen.

Material

- Blätter von CAM-Pflanzen, z.B. Kalanchoë daigremontianum (Brutblatt) oder Kalanchoë blossfeldiana
- Kühlschrank
- Lichtquelle (>20000 lx)
- pH-Meter
- Homogenisator oder Mörser mit Pistill

Durchführung

Von der CAM-Pflanze werden 4 etwa gleich große Blätter geerntet. Die Blätter werden wie folgt behandelt:

1. 24 h bei Raumtemperatur abgedunkelt
2. 24 h im Kühlschrank abgedunkelt
3. 24 h bei Raumtemperatur belichtet
4. 24 h im Kühlschrank belichtet

Die vier Proben werden danach in je 100 ml Wasser homogenisiert und anschließend der jeweilige pH-Wert bestimmt.

6. Lichtatmung

Die im Licht gemessene O_2-Entwicklung oder CO_2-Fixierung einer Pflanze wird Netto-Photosynthese oder apparente Photosynthese genannt. Sie setzt sich zusammen aus der reinen Photosynthese oder Brutto-Photosynthese abzüglich der Atmung. Sauerstoff, der im Blatt durch die Photosynthese gebildet wird, kann zum Teil gleich wieder im Blatt veratmet werden (Abb. 63). Im Licht läuft die Atmung zum einen über die auch im Dunkeln vorhandene "Dunkelatmung" zum anderen über die Lichtatmung oder Photorespiration ab. Die Lichtatmung kann ein Vielfaches der Dunkelatmung ausmachen. Einen Vergleich zwischen Dunkel- und Lichtatmung zeigt Tab. 21.

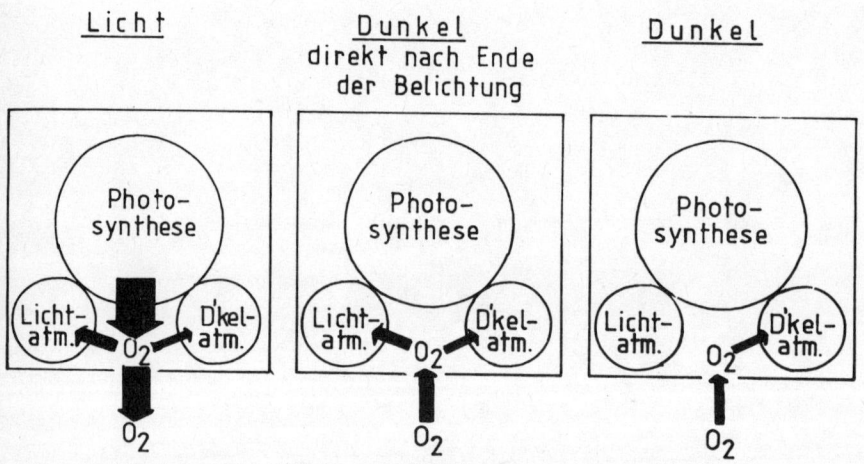

Abb. 63: Wechselwirkung zwischen Photosynthese, Licht- und Dunkelatmung in einem Blatt und der Gasaustausch über die Stomata im Licht, kurz nach Ende der Belichtung und nach längerer Dunkelphase.

Etwa 30% der bei der Photosynthese gebildeten Stoffe sollen über die Lichtatmung wieder abgebaut werden. Bei C_4-Pflanzen ist sie erst bei sehr hohen Lichtintensitäten nachweisbar. Dies erklärt ihre hohe Biomasseproduktion (Tab. 6). Die biologische Bedeutung der Lichtatmung ist bis heute umstritten. Als Vorteile, die die Lichtatmung für die Pflanze bietet, werden angeführt:

- Bildung der Aminosäuren Glycin und Serin.
- Befreiung des Chloroplasten von überschüssigem Glycolat, das bei Anwesenheit von Sauerstoff entsteht.
- ATP-Bildung aus NADH, das bei der Bildung von Serin entsteht.
- bei starkem Licht oder Wassermangel: Verbrauch von überschüssigem $NADPH/H^+$ und ATP aus der Lichtreaktion der Photosynthese. Da CO_2-Mangelfaktor ist, verbraucht der Calvin-Zyklus weniger ATP und $NADPH/H^+$ als in der Lichtreaktion geliefert wird.
- Lichtschutzfunktion bei starkem Licht: Die Lichtatmung verhindert die Reduktion von Sauerstoff (Mehler-Reaktion) zu hochreaktiven Super- und Peroxiden, da sie $NADP^+$ für die Lichtreaktion liefert.
- Das bei Anwesenheit von Sauerstoff ohnehin immer gebildete Phosphoglycolat wird als Phosphoglycerat wieder in den Calvin-Zyklus eingeschleußt. Ein Verlust von RubP-Molekülen für den Calvin-Zyklus wird somit verhindert.

Tab. 21: Vergleich zwischen Licht- und Dunkelatmung

	Lichtatmung	Dunkelatmung
Ort	in Chloroplasten, Peroxisomen und Mitochondrien	im Cytoplasma und in den Mitochondrien
Lichteinfluß	läuft nur im Licht bzw. kurze Zeit nach Belichtung ab, bei Steigerung der Lichtintensität erhöhte Rate	läuft im Licht und im Dunkeln ab, im Licht z.T. mit verminderter Rate
O_2-Sättigung	erst bei hohen O_2-Konzentrationen (ca. 20%)	schon bei relativ niedrigen O_2-Konzentrationen (ca. 2%)
Temperatur	starke Zunahme bei Temperaturanstieg, hohes Temperaturoptimum	geringe Zunahme bei Temperaturanstieg, niedriges Temperaturoptimum
Hemmstoffe	z.B. Isonicotinsäure	z.B. KCN
biochemischer Weg	Kreislauf von RubP über Glycolat usw. zu RubP, Abgabe von 1 CO_2	vollständiger Abbau von Glucose zu CO_2 und H_2O
Bilanz	Verbrauch von ATP, CO_2-Entwicklung, O_2-Verbrauch	Bildung von ATP, CO_2-Entwicklung, O_2-Verbrauch

6.1. Reaktionsablauf

Bei der Lichtatmung wird im Stroma der Chloroplasten Sauerstoff an Ribulose-1,5-bisphosphat (RubP) angelagert (RubP-Oxygenase-Reaktion). Diese Reaktion steht in Konkurrenz zur Bindung von CO_2 an Ribulose-1,5-bisphosphat (RubP-Carboylase-Reaktion des Calvin-Zyklus; 5.6.1.) und wird von demselben Protein katalysiert. Zunächst entstehen bei der Lichtatmung aus RubP und Sauerstoff Phosphoglycolat und Phosphoglycerat. Glycolat gelangt von den Chloroplasten in die benachbarten Peroxisomen (Microbodies mit einfacher Hüllmembran: 0,2 - 1,5 μm) und wird dort zu Glyoxylat umgesetzt. Bei der Glyoxylat-Bildung wird Sauerstoff (1 O_2) verbraucht. Gleichzeitig entsteht Wasserstoffperoxid, das seinerseits wieder durch das Enzym Katalase zu Wasser und Sauer-

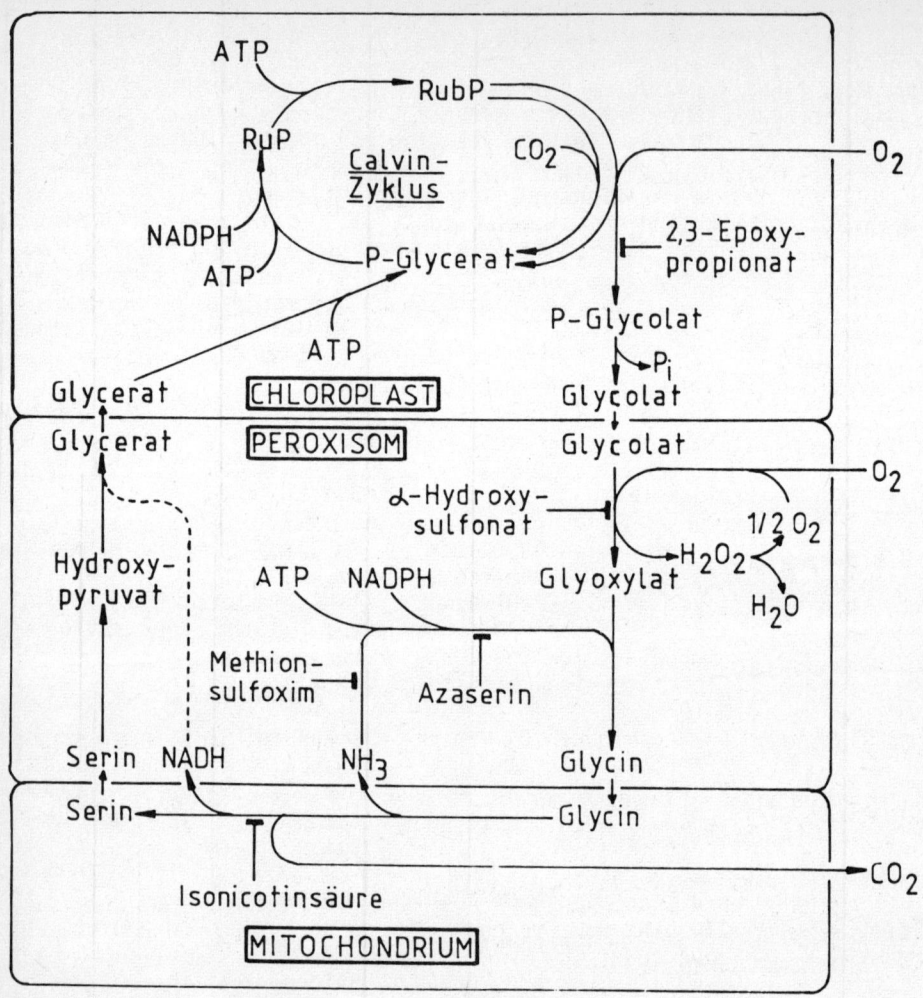

Abb. 64: Schema der Lichtatmung.

stoff gespalten wird ($H_2O_2 \rightarrow H_2O + 1/2\ O_2$). Aus Glyoxylat entsteht durch Transaminierung Glycin, das in die Mitochondrien transportiert wird. Dort wird aus 2 Glycin-Molekülen unter Abspaltung von CO_2 und NH_3 ein Serin gebildet. Hierbei wird $NADH/H^+$ gebildet, das über die Atmungskette Energie in Form von ATP liefern aber auch bei der späteren Bildung von Glycerat wieder verbraucht werden kann. Das bei der Bildung von Serin freigesetzte NH_3 wird zur Aminierung von Glyoxylat zu Glycin in den Peroxisomen verbraucht. Serin gelangt von den Mitochondrien in die Peroxisomen und wird dort zu Hydroxypyruvat oxidiert. Hydroxypyruvat wird mit $NADH/H^+$ zu Glycerat reduziert. Glycerat gelangt dann in den Chloroplasten, wo es phosphoryliert und in den Calvin-Zyklus eingebracht wird (Abb. 64).

Bei der Lichtatmung werden maximal 10 ATP und 6 NADPH/H$^+$ pro 1 gebildetes CO_2 verbraucht:

2 Ribulose-Phosphat→2 RubP   2 ATP
2 RubP ─────────────→2 Glycolat + 2 Phosphoglycerat
2 Glycolat→2 Glyoxylat→2 Glycin→1 Serin + CO_2 + NH_3
1 Serin ─────────────→1 Phosphoglycerat   1 ATP
----
2 Ribulose-Phosphat→3 Phosphoglycerat + CO_2 + NH_3 3 ATP

hinzu kommen:
- Refixierung von 1 NH_3 an Glycin   1 ATP, 1 NADPH/H$^+$
- Regeneration von RubP aus 3 Phosphoglycerat   3 ATP, 3 NADPH/H$^+$
- Refixierung von 1 CO_2 im Calvin-Zyklus   3 ATP, 2 NADPH/H$^+$

Als Hemmstoffe der Lichtatmung wurden bisher eingesetzt:

- 2,3-Epoxypropionat   : hemmt die Bildung von Phosphoglycolat
- Isonicotinsäure   : hemmt die Umsetzung von 2 Glycin zu Serin
- α-Hydroxysulfonat   : hemmt die Umsetzung von Glycolat zu Glyoxylat
- Azaserin   : hemmt die Übertragung von NH_3 auf Glycin
- Methioninsulfoxim   : hemmt die Übertragung von NH_3 auf Glycin

6.2. Regulation der Lichtatmung und Wechselwirkung mit der Photosynthese

Da die CO_2-Fixierung der Photosynthese und die O_2-Fixierung der Lichtatmung beide mit RubP als Substrat und mit demselben Protein als Enzym ablaufen (Abb. 65), entscheiden die O_2- und die CO_2-Konzentration, welche Reaktion bevorzugt wird. Die Hemmung der Photosynthese bei hohen O_2-Partialdrücken hat eine Erhöhung der Lichtatmung zur Folge (Warburg-Effekt) und kann nur durch CO_2- bzw. HCO_3^--Gabe vermindert werden. Außerdem entscheiden die H^+-Konzentration und die Temperatur, ob die RubP-Carboxylase-Reaktion oder die RubP-Oxygenase-Reaktion bevorzugt wird. Erhöhter pH und erhöhte Temperatur führen zu einer verstärkten Oxygenase-Reaktion.

Ein Teil des bei der Photosynthese gebildeten Sauerstoffs wird bei der Lichtatmung wieder verbraucht. CO_2, das bei der Lichtatmung entsteht, kann seinerseits über den Calvin-Zyklus fixiert werden. Bei C_4-Pflanzen ist der Ort der O_2-Entwicklung (Mesophyll-Chloroplasten) vom Ort der CO_2-Fixierung (Chloroplasten der Leitbündelscheidenzellen) getrennt (5.7.1.). Die O_2-Konzentration in der Nähe der RubP-Carboxylase/Oxygenase muß daher wesentlich geringer sein als in C_4-Pflanzen, bei denen O_2-Entwicklung und CO_2-Fixierung im selben Chloroplasten ablaufen. Vermutlich erklärt dies das geringe Ausmaß bzw. das Fehlen der Lichtatmung bei C_4-Pflanzen.

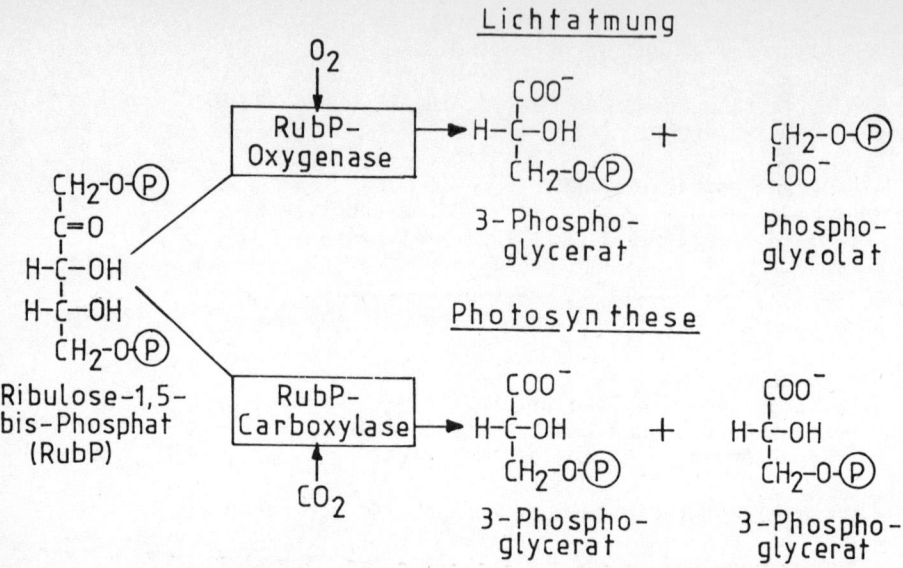

Abb. 65: Konkurrierender Prozeß der Bindung von O_2 (Lichtatmung) und CO_2 (Photosynthese) an Ribulose-1,5-bisphosphat.

Literatur zu 6:
- Kindl H, Wöber G (1975) Biochemie der Pflanzen. Springer, Berlin
- Lorimer GH, Adrews TJ (1981) The C_4-chemo- and photorespiratory carbon oxidation cycle. In: Hatch MD, Boardman NK (eds) The biochemistry of plants, Academic Press, New York (Photosynthesis, Vol 8), pp 330-374
- Ogren WL (1984) Photorespiration: Pathways, regulation and modification. Ann Rev Plant Physiol 35: 415-442
- Tolbert NE (1979) Glycolate metabolism by higher plants and algae. In: Gibbs M, Latzko E (eds) Encyclopedia of plant physiology. Springer, Berlin (Photosynthesis II, Photosynthetic carbon assimilation and related processes, Vol 6) pp 338-352

E 24 Messung der Lichtatmung bei höheren Pflanzen

Es gibt zur Zeit noch keine genaue Methode zur Bestimmung der Lichtatmung. Folgende Methoden werden bisher verwendet:

a) Messung des CO_2-Ausstoßes oder des O_2-Verbrauchs direkt nach Belichtung: Die Lichtatmung läuft noch kurze Zeit nach der Belichtung. Die Menge des nach der Belichtung kurzfristig zusätzlich zur Dunkelatmung abgegebenen CO_2 bzw. aufgenommenen O_2 ist ein Maß für die Aktivität der Lichtatmung.

b) Messung des $^{14}CO_2$-Ausstoßes nach kurzzeitiger $^{14}CO_2$-Fixierung: $^{14}CO_2$ wird einer Pflanze bei Belichtung kurzfristig angeboten und im Licht gegen nicht radioaktives $^{12}CO_2$ ausgetauscht. Man mißt die Abgabe von $^{14}CO_2$ (Atmung im Licht) bei andauernder Belichtung über einen Zeitraum von wenigen Minuten.

c) Messung der CO_2-Entwicklung in CO_2-freiem Medium oder bei hohen Sauerstoff-Konzentrationen: In CO_2-freiem Medium und bei hohen Sauerstoff-Konzentrationen ist die Photosynthese gehemmt.

d) Messung der Aufnahme von $^{18}O_2$ im Licht: Atmung im Licht

e) Messung der Brutto-Photosynthese: Der kurzfristige Einbau von $^{14}CO_2$ wird bestimmt (reelle oder reine Photosynthese = Brutto-Photosynthese). Dann mißt man die Sauerstoff-Bildung bzw. die CO_2-Fixierung im Licht (apparante Photosynthese = Netto-Photosynthese). Die Differenz zwischen Brutto- und Netto-Photosynthese ist ein Maß für die Atmung im Licht.

Die Methoden b) bis e) können nur zur Bestimmung des Sauerstoffverbrauchs bzw. des CO_2-Ausstoßes im Licht (Atmung im Licht = Licht- und Dunkelatmung) dienen. Die Lichtatmungsrate kann berechnet werden, wenn man vereinfacht annimmt, daß die Rate der Dunkelatmung im Licht und im Dunkeln identisch ist. Bei Methoden b) und c) wird die Refixierung des CO_2 durch die Photosynthese vernachlässigt. Hier wird Meßmethode a) beschrieben.

Literatur zu E 24:
- Cornic G, Gaudillere JP (1981) Methodes de mesures du degagement de gaz carbonique photorespiratoire. Physiologie vegetale 19: 301-313
- Zelitch I (1980) Measurement of photorespiratory activity and the effect of inhibitors. In: San Pietro A (ed) Methods in enzymology. Academic Press, New York (Photosynthesis and nitrogen fixation, part C, Vol 69) pp 453-464

Material

- Blatt einer C_3-Pflanze
- Sauerstoff-Elektrode für Messungen in gasförmigen Medium (E 14)
- yt-Schreiber

Durchführung

Zuerst wird die Sauerstoff-Elektrode gemäß der Gerätevorschrift geeicht (E 14). Dann mißt man die Veränderung der Sauerstoff-Konzentration eines Blattes bei Belichtung und bei Verdunkelung. Die Lichtatmungsrate errechnet sich wie folgt (Abb. 66):

$\Delta(1) - \Delta(2)$ = Lichtatmungsrate ($\mu mol\ O_2$ / min)

$\Delta(1)$ = O_2-Verbrauch direkt nach Ende der Belichtung ($\mu mol\ O_2$ / min)
$\Delta(2)$ = O_2-Verbrauch bei längerer Verdunkelung ($\mu mol\ O_2$ / min)

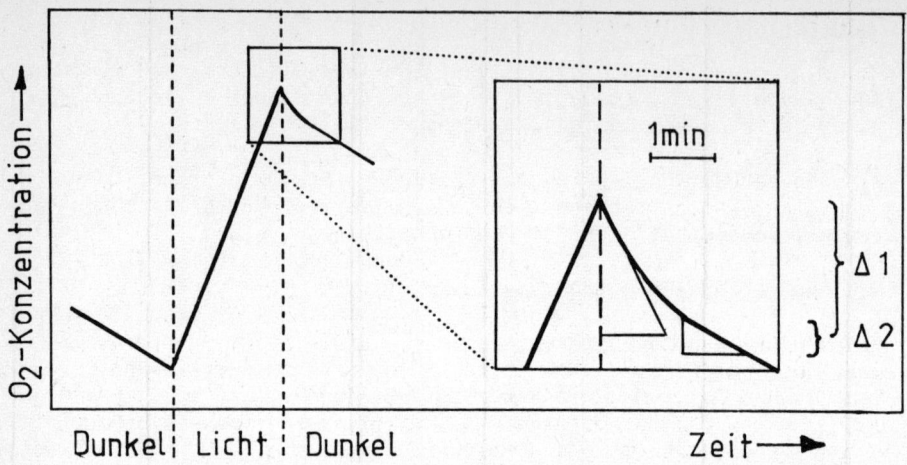

Abb. 66: Schreiberaufzeichnung bei der Messung des O_2-Gaswechsels eines Blattes im Licht und im Dunkeln. Der steile Abfalle nach Ende der Belichtung ist auf die Lichtatmung zurückzuführen.

7. Bakterien-Photosynthese

Die photosynthetisch aktiven Bakterien (= photoautotrophe Bakterien) sind als einzige Bakterien in der Lage, Licht als Energiequelle zu nutzen. Gegenüber allen anderen Photosynthese-Organismen zeichnen sie sich dadurch aus, daß sie photolitotroph leben, d.h. für die Photosynthese nicht Wasser, sondern Schwefelwasserstoff, $S_2O_3^{2-}$ oder Wasserstoff als Elektronendonator verwenden. Einige photoautotrophe Bakterien können auch von organischen Verbindungen Elektronen aufnehmen (photoorganotrophe Lebensweise) oder organische Verbindungen anstelle von CO_2 assimilieren (photoheterotrophe Lebensweise). Die meisten photosynthetisch aktiven Bakterien können nur unter streng anaeroben Bedingungen Photosynthese betreiben. Im Gegensatz zu den Algen und höheren Pflanzen zeigen sie eine große Vielfalt hinsichtlich ihrer Morphologie, ihrer Pigmentzusammensetzung, des Photosynthese-Stoffwechsels und ihrer Wachstumsbedingungen. Photoautotrophe Bakterien werden z.Z. noch nach ihrer Pigmentausstattung in die Grünen Bakterien (Chlorobiineae) und die Purpurbakterien (Rhodospirillineae) eingeteilt (Tab. 22).

Tab. 22: Merkmale photosynthetisch aktiver Bakterien

	Rhodospirillineae		Chlorobiineae
	Schwefel-Bakterien	Nicht-Schwefel-Bakterien	Grüne Bakterien
alte Einteilung	Thiorhodaceae	Athiorhodaceae	Chlorobacteriaceae
neue Einteilung	Chromatiaceae	Rhodospirillaceae	Chlorobiaceae
Vertreter	Thiospirillum, Chromatium	Rhodospirillum, Rhodopseudomonas,	Chlorobium, Chloropseudomonas
Wachstums-Bedingungen	Licht, obligat anaerob	Licht oder Dunkel, fakultativ aerob	Licht, obligat anaerob
Lebensweise	photolitotroph photoorganotroph photoheterotroph	photolitotroph photoorganotroph	photolitotroph
Chlorophylle Carotinoide	Bakteriochlorophyll a oder b azyklische, Spirilloxanthin	Bakteriochlorophyll a oder b azyklische, Spirilloxanthin	Bakteriochlorophyll b oder c monozyklische, Isorenieratin
Elektronendonator	$S_2O_3^{2-}$, H_2S, H_2 organische Verbindungen	organische Verbindungen, H_2	H_2S, S, $S_2O_3^{2-}$

Trotz intensiver Forschung besteht über den genauen Ablauf der Photosynthese bei vielen Bakterien noch keine vollständige Klarheit. Am besten untersucht ist die Photosynthese bei Rhodospirillum und bei Chlorobium.

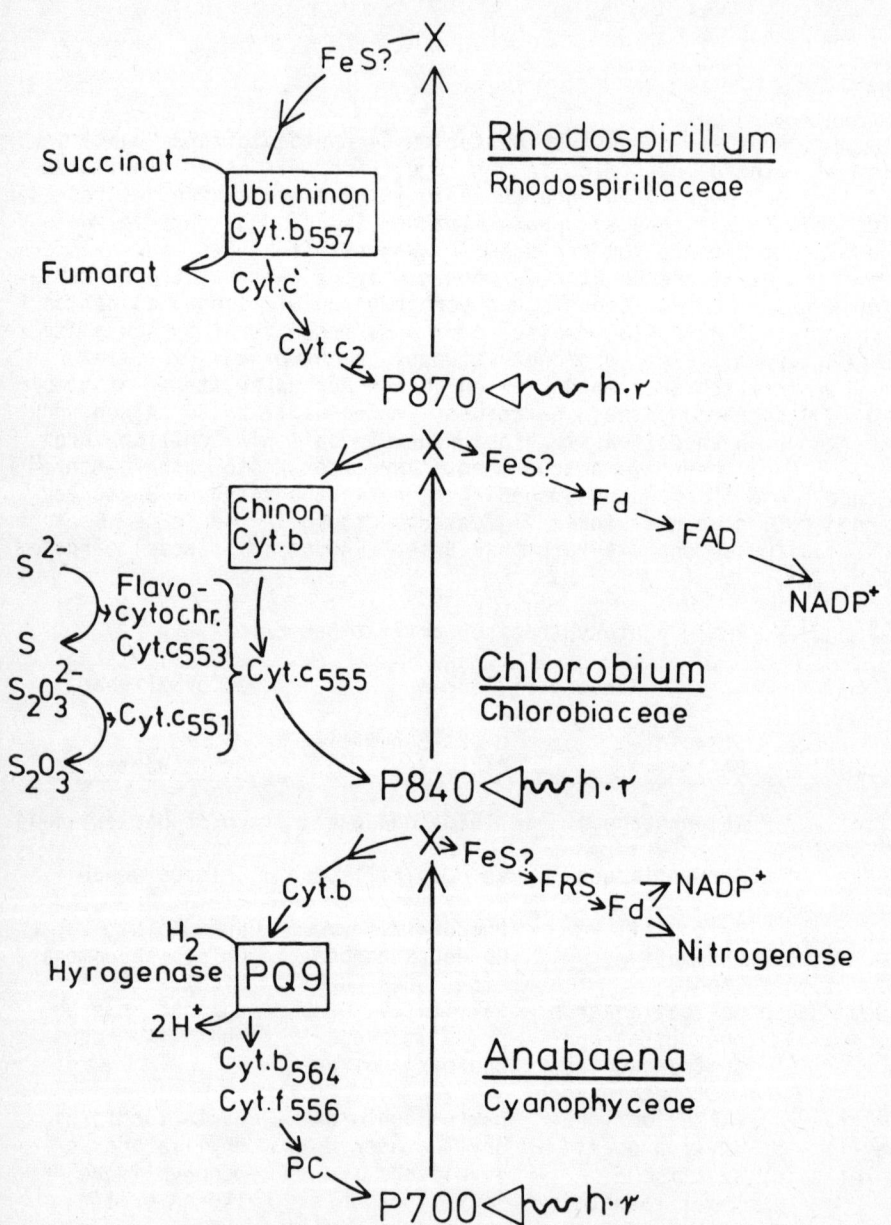

Abb. 67: Elektronentransportschema bei Rhodospirillum, Chlorobium und in den Heterocysten von Anabaena

7.1. Lichtreaktion

Die von den Bakteriochlorophyll- und Carotinoid-Protein-Komplexen als Antennenpigmente absorbierte Lichtenergie wird nur auf ein Photosystem übertragen. Das Reaktionszentrumschlorophyll der Bakterien enthält ein Dimer des Bakteriochlorophyll a (P 870 bei Rhodospirillum, P 840 bei Chlorobium). Das angeregte Dimer gibt ein Elektron an seinen primären Akzeptor, wahrscheinlich ein Eisen-Schwefel-Protein, ab. Es kommt zur Ladungstrennung. Anschließend wird das Reaktionszentrum durch ein Cytochrom (Cyt c-2, Cyt c-555) wieder reduziert.

Bei Rhodospirillum überträgt der primäre Elektronenakzeptor des P 870 seine Elektronen auf Ubichinon. Ubichinon ist in der Lage, sowohl Elektronen aufzunehmen und abzugeben als auch Protonen durch die intracytoplasmatische Membran zu transportieren. Über einen zyklischen Elektronentransport um das Reaktionszentrum P 870 wir ATP gebildet (Abb. 67).

Purpurbakterien bilden als Reduktionsäquivalent nur $NADH/H^+$ unabhängig von der Photosynthese durch Dehydrogenierung organischer Moleküle wie z.B. Succinat. Weil an der Photosynthese der Purpurbakterien (mit Ausnahme des Bakteriochlorophylls und einiger, weniger Redoxsubstanzen) mit den Cytochromen und Ubichinon fast dieselben Redoxsubstanzen an der Bildung von $NADH/H^+$ beteiligt sind, die auch in der Atmungskette der Mitochondrien vorkommen, spricht man auch von einem im Vergleich zur Atmungskette umgekehrten Elektronentransport.

Chlorobium kann über die Lichtreaktion $NADPH/H^+$ bilden. Dazu werden die Elektronen vom primären Elektronenakzeptor des P 840 auf Ferredoxin und über ein Flavoprotein auf $NADP^+$ übertragen. Wie bei Rhodospirillum soll aber auch bei Chlorobium ein zyklischer Elektronentransport um das Reaktionszentrum P 840 mit einem Chinon (Menachinon ?) und mit Cytochromen als Komponenten vorhanden sein (Abb. 67).

Der Elektronentransport der photosynthetischen Bakterien ähnelt dem zyklischen Elektronentransport der Algen und höheren Pflanzen und dem Elektronentransport, der in den Stickstoff-fixierenden Heterocysten der Blaualgen vorhanden ist (Abb. 67).

7.2. Dunkelreaktion

Die Fixierung von CO_2 erfolgt bei den meisten photosynthetisch aktiven Bakterien über den Calvin-Zyklus wie bei den Algen und höheren Pflanzen. Die photoorganotrophen Bakterien sind in der Lage, CO_2 auch über den sog. Reduktiven Carbonsäure-Zyklus zu fixieren. In diesem Prozeß werden mit Hilfe von reduziertem Ferredoxin (Fd(red)) Acetyl-Coenzym A mit CO_2 zu Pyruvat oder Succinyl-Coenzym A mit CO_2 zu α-Ketoglutarat umgesetzt. Aus Pyruvat entsteht über Phosphoenolpyruvat Oxalacetat, das in einem Citrat-Zyklus, der in Umkehrung des glykolytischen Abbaus abläuft, verwendet wird. Dabei wird unter Verbrauch von $NADH/H^+$ bei der Bildung von Isocitrat ein weiteres Molekül CO_2 fixiert:

CO_2-Fixierungsreaktionen bei photosynthetisch aktiven Bakterien:

A) Calvin-Zyklus:
- CO_2 + Ribulose-1,5-bisphosphat $\longrightarrow$ 2 Phosphoglycerat

B) Reduktiver Carbonsäure-Zyklus
- CO_2 + Succinyl-CoA + Fd(red) $\longrightarrow$ α-Ketoglutarat + Fd(ox)
- CO_2 + Acetyl-CoA + Fd(red) $\longrightarrow$ Pyruvat + Fd(ox)
- CO_2 + α-Ketoglutarat + $NADH/H^+$ $\longrightarrow$ Isocitrat + NAD^+

Literatur zu 7.:
- Metzner H (1981) Die Zelle. Wissenschaftliche Verlagsgesellschaft, Stuttgart
- Oelze J (1974) Phototrophe Bakterien in der biologischen Grundlagenforschung. Biologie in unserer Zeit 6: 179-188
- Thauer R (1982) Ein neuer Mechanismus der autotrophen CO_2-Fixierung in Chlorobium limicola. Biologie in unserer Zeit 12: 30

8. Chemosynthese

Neben den photoautotrophen Bakterien, die Photosynthese betreiben, gibt es farblose Formen, die ohne Lichtenergie aus CO_2 organische Substanzen synthetisieren. Diese chemoautotrophen Bakterien beziehen ihre Energie aus der Oxidation anorganischer Substanzen wie z.B. H_2S. Durch den Ablauf einer Elektronentransportkette wird, ähnlich wie bei der Atmungskette, ATP gebildet. Dabei ist der Elektronendonator das anorganische Substrat. Elektronenakzeptor ist bei aerober Chemosynthese Sauerstoff ($O_2 \rightarrow H_2O$), bei der anaeroben Chemosynthese Sulfat ($SO_4^{2-} \rightarrow S^{2-}$: Desulfovibrio), Nitrat ($NO_3^- \rightarrow N_2$: Thiobacillus denitrificans) oder CO_2 ($CO_2 \rightarrow CH_4$: Methanobacterium). Bei der Oxidation des Substrates wird gleichzeitig NAD^+ zu $NADH/H^+$ reduziert (Abb. 68, Tab. 23). Auch bei der Chemosynthese der Bakterien verläuft die Bildung von Zucker aus CO_2 über den Reduktiven Pentosephosphat-Zyklus (Calvin-Zyklus).

Tab. 23: Elektronenakzeptoren und Elektronendonatoren (Substrat) bei chemoautotrophen Bakterien

Organismus	Elektronenakzeptor		Elektronendonator	
	A(ox)	A(red)	S(red)	S(ox)
A) aerob				
- nitrifizierende Bakt.	O_2	H_2O	NH_4^+	NO_2^-
	O_2	H_2O	NO_2^-	NO_3^-
- Schwefelbakterien	O_2	H_2O	S^{2-} od. S	SO_4^{2-}
	O_2	H_2O	$S_2O_3^{2-}$	SO_4^{2-}
	O_2	H_2O	S^{2-}	S
- Eisenbakterien	O_2	H_2O	Fe^{2+}	Fe^{3+}
- Manganbakterien	O_2	H_2O	Mn^{2+}	Mn^{4+}
- Knallgasbakterien	O_2	H_2O	H_2	H_2O
B) anaerob				
- desulfurierende Bakt.	SO_4^{2-}	S^{2-}	H_2	H_2O
- denitrifizierende Bakt.	NO_3^-	N_2	S	SO_4^{2-}
- methanbildende Bakt.	CO_2	CH_4	H_2	H_2O

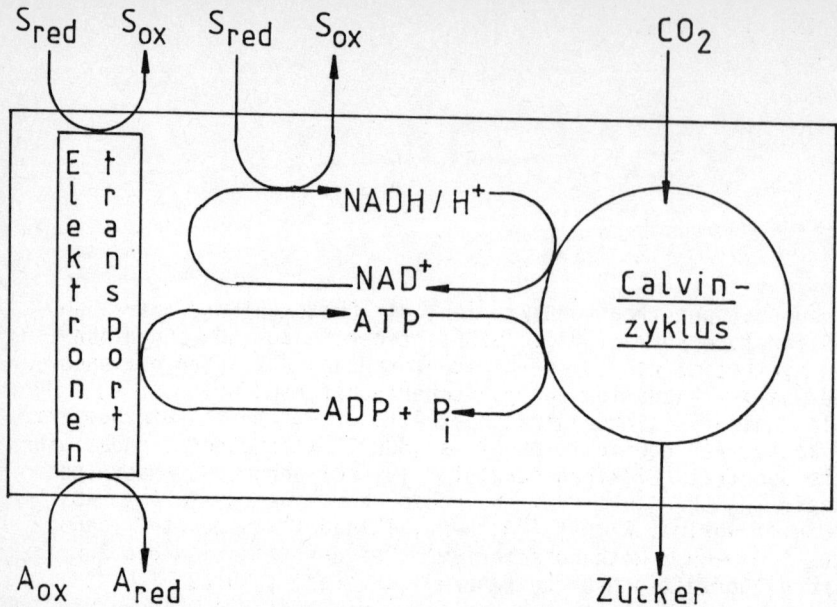

Abb. 68: Schema der Chemosynthese der Bakterien.

8.1. Aerobe Chemosynthese

Unter aeroben Bedingungen verwenden chemoautotrophe Bakterien den Sauerstoff als Akzeptor ihrer Elektronentransportkette.

Nitrifizierende Bakterien oxidieren Ammonium zu Nitrit (Nitrosomonas) oder Nitrit zu Nitrat (Nitrobacter). Beide Gattungen kommen oft gemeinsam vor und sind mit Fäulnisbakterien vergesellschaftet, die Ammoniak bilden. Nitrosomonas und Nitrobacter sind obligat chemolitotroph, d.h. sie können nur autotroph leben.

Nitrosomonas: $NH_4^+ + 3/2\ O_2 \rightarrow NO_2^- + 2\ H^+ + H_2O$
Nitrobacter : $NO_2^- + 1/2\ O_2 \rightarrow NO_3^-$

Schwefelbakterien oxidieren Sulfid, Schwefel oder Thiosulfat zu Sulfat. Man unterscheidet zwischen den einzelligen Thiobacillus-Arten, die obligat chemolitoautotroph sind und das gebildete Sulfat ausscheiden und den fädigen Schwefelbakterien (Beggiatoa, Thiotrix), die Sulfid zu Schwefel oxidieren und diesen als Tröpfchen in der Zelle ablagern. Bei ausreichendem Angebot an organischer Substanz können die Schwefelbakterien auch heterotroph leben. Schwefelbakterien befinden sich in Gewässern mit hohem Anteil an gebundenem oder ungebundenem Schwefel. Schwefelbakterien zeichnen sich durch eine hohe Säureresistenz aus. Eine technische Bedeutung kommt den Schwefelbakterien beim "leaching", dem Auslaugen von Metallen aus Erzvorkommen, zu.

Thiobacillus: $S^{2-} + 2\,O_2 \longrightarrow SO_4^{2-}$
$S + H_2O + 3/2\,O_2 \longrightarrow SO_4^{2-} + 2\,H^+$
$S_2O_3^{2-} + H_2O + 2\,O_2 \longrightarrow 2\,SO_4^{2-} + 2\,H^+$
Beggiatoa : $S^{2-} + 2\,H^+ + 1/2\,O_2 \longrightarrow S + H_2O$

Eisenbakterien oxidieren zweiwertiges Eisen zu dreiwertigem Eisen, das als rotbraunes $Fe(OH)_3$ abgeschieden wird. Sie können autotroph aber auch heterotroph leben. Eisenbakterien finden sich vermehrt in Erzbergwerken aber auch in Waldbächen und Sümpfen. Sie sind wie die Schwefelbakterien säureresistent (bis pH 2,5) und zeichnen sich durch einen hohen Stoffumsatz, z.B. bei der Bildung von Erzlagern in Mooren, aus.

Ferrobacillus: $4\,Fe^{2+} + 4\,H^+ + O_2 \rightarrow 4\,Fe^{3+} + 2\,H_2O$

Manganbakterien oxidieren zweiwertiges zu vierwertigem Mangan. Bei starkem Stoffumsatz können sich wie bei den Eisenbakterien ebenfalls Erzlager ausbilden.

Leptothrix: $Mn^{2+} + 2\,H^+ + 1/2\,O_2 \rightarrow Mn^{4+} + H_2O$

Knallgasbakterien enthalten das Enzym Hydrogenase, das die Knallgasreaktion, die Umsetzung von Wasserstoff und Sauerstoff zu Wasser, katalysiert. Wie Eisen- und Schwefelbakterien sind Knallgasbakterien fakultativ chemolitoautotroph. Sie kommen in Gewässern (Sümpfen) vor, in denen Wasserstoff bei anaeroben Prozessen freigesetzt wird.

Hydrogenomonas : $2\,H_2 + O_2 \longrightarrow 2\,H_2O$

8.2. Anaerobe Chemosynthese

Chemoautotrophe Bakterien, die unter anaeroben Bedingungen leben, verwenden Sulfat, Nitrat oder CO_2 als Elektronenakzeptor. Sie kommen in schlecht durchlüfteten Böden und Sümpfen vor.

Methanbildende Bakterien gewinnen Energie aus der Reduktion von CO_2 zu Methan. Sie kommen im Boden und am Meeresgrund vor, aber auch im Verdauungstrakt vieler Tiere und des Menschen. Da das Gas Methan einen hohen Energiewert besitzt, versucht man mit Hilfe der methanbildenden Bakterien aus organischen Abfällen Methan als Biogas zu produzieren.

Methanobacterium: $CO_2 + 4\,H_2 \rightarrow CH_4 + 2\,H_2O$

Denitrifizierende Bakterien bilden aus Nitrat Stickstoff und oxidieren dabei Schwefel zu Sulfat. Da sie dem Boden das für die Pflanze wichtige Nitrat entziehen, sind sie für die Landwirtschaft schädlich. Thiobacillus denitrificans reduziert Nitrat nur unter anaeroben Bedingungen. Bei Gegenwart von Sauerstoff oxidiert er Schwefel zu Sulfat wie die aeroben Schwefelbakterien. Denitrifizierende Bakterien werden heute zur biologischen Abwasserreinigung eingesetzt.

Thiobacillus denitrificans:
$$5\ S + 6\ NO_3^- + 2\ H_2O \longrightarrow 5\ SO_4^{2-} + 3\ N_2 + 4\ H^+$$

Desulfurierende Bakterien bilden aus Sulfat Sulfid; dabei wird Wasserstoff verbraucht.

Desulfovibrio: $4\ H_2 + SO_4^{2-} + 2\ H^+ \rightarrow 4\ H_2O + H_2S$

Literatur zu 8.:
- Dawes IW, Sutherland IW (1978) Physiologie der Mikroorganismen. Verlag Chemie, Weinheim
- Schlegel HG (1981) Allgemeine Mikrobiologie. Thieme, Stuttgart

9. Entstehung der Photosynthese-Aktivität im Licht

Eine Pflanze, die im Dunkeln angezogen wurde, kann bei Belichtung nicht sofort Photosynthese betreiben. Die Photosynthese setzt erst nach 1-2 h Belichtung ein, da die Pflanze erst die für die Photosynthese erforderlichen Einzelkomponenten synthetisieren und diese dann in die Thylakoide einbauen muß. Eine wichtige Voraussetzung für die Entstehung der Photosynthese-Aktivität im Licht ist die Biosynthese der Chlorophylle, die man schon als Ergrünung der Pflanze mit bloßem Auge verfolgen kann. Nicht nur im Dunkeln angezogene Pflanzen sondern auch wachsende grüne Gewebe bilden ständig neue Chloroplasten und damit neue Photosynthese-Einheiten.

9.1. Ablauf

9.1.1. Entwicklungsstadien der Plastiden

Die Photosynthese läuft ausschließlich in den Chloroplasten ab (4.), die unter dem Einfluß von Licht aus Proplastiden entstehen (Abb. 69).

Die Proplastiden sind die Vorstufen sämtlicher Plastiden. Sie sind 1-1,5 µm groß und haben meist eine Kugelform. Proplastiden werden durch Abschnürung oder Sprossung aus anderen Plastiden gebildet. Sie sind von einer Doppelmembran umgeben. Charakteristische Innenstrukturen fehlen. Auch zeigen sie keine Photosynthese-Aktivität. In den Zellen junger Gewebe kommen etwa 7 bis 20 Proplastiden vor. Bei Belichtung der Pflanze nimmt der Proplastid an Größe zu und es bilden sich zunächst ungestapelte Thylakoide. Es entsteht ein Chloroplast.

Wird die Pflanze im Dunkeln angezogen, so entstehen aus den Proplastiden Etioplasten. Etioplasten haben meist eine ellipsoide Form und sind etwas kleiner als Chloroplasten (1,5 auf 4 µm). Ihr typisches Merkmal ist der Prolamellarkörper, der einen großen Teil des Innenraumes einnimmt. Der Prolamellarkörper hat eine Gitterstruktur (Tubulidurchmesser 180-200 Å) und besteht aus Galaktolipiden, Protochlorophyllid, Carotinoiden und Chinonen. Vom Prolamellarkörper gehen Membranstücke, die Prothylakoide, aus. Diese Membranen und im Stroma verteilte Prothylakoid-Vesikel enthalten ebenfalls Galaktolipide, Chlorophyllvorstufen, Carotinoide und Chinone. Bei Belichtung zerfällt der Prolamellarkörper innerhalb weniger Stunden. Aus den Prothylakoiden und den Zerfallsprodukten des Prolamellarkörpers bilden sich zunächst ungestapelte Thylakoide. Es entsteht ein Chloroplast.

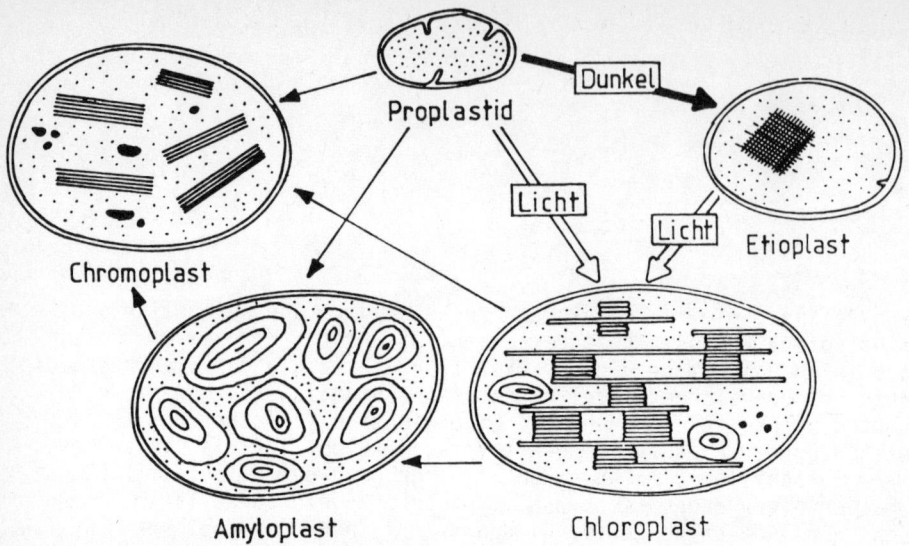

Abb. 69: Die einzelnen Plastidentypen in höheren Pflanzen und ihre Entstehung.

Die Chloroplasten sind Ellipsoide, die ca. 2 auf 5 μm groß sind. Sie entstehen in jüngerem Gewebe bei der Ergrünung aus Proplastiden, in älteren, im Dunkeln angezogenen Pflanzen aus Etioplasten. Die Chloroplastenbildung erfolgt normalerweise im Licht. Bei Gymnospermen und vielen niederen Pflanzen können Chloroplasten jedoch auch im Dunkeln entstehen. Diese im Dunkeln gebildeten Chloroplasten können, wie die Etioplasten, einen Prolamellarkörper enthalten. Im Verlauf der Bildung von Chloroplasten aus Etioplasten treten zunächst ungestapelte Thylakoide auf (Tab. 24). Erst nach ca. 12 h Belichtung werden Granastapel gebildet. In photosynthetisch voll aktiven Chloroplasten enthält das Stroma Stärke-Einschlüsse. In alternden Chloroplasten (Gerontoplasten) zerfallen die Thylakoide und es kommt zur Anhäufung von Plastoglobuli.

Die farblosen Amyloplasten sind in Form und Größe den Chloroplasten ähnlich. Sie enthalten kein Chlorophyll und keine Thylakoide und zeigen daher auch keine Photosynthese-Aktivität. Ihr Innenraum ist mit Stärkekörnern angefüllt. Amyloplasten sind die Orte der Stärke-Speicherung. Sie befinden sich in den Zellen der Speicherorgane (z.B. Kartoffel), in der Wurzelkappe und in verschiedenen Meristemen. In den meisten Fällen enstehen Amyloplasten aus Chloroplasten oder direkt aus Proplastiden.

Die gelb-rot gefärbten Chromoplasten haben einen hohen Carotinoidgehalt und enthalten kein Chlorophyll. Photosynthese-Aktivität ist nicht meßbar. Neben ellipsoiden treten auch nadelförmige und amöboide Chromoplasten auf. Sie kommen in Blütenblättern, alternden Laubblättern und Früchten vor. Chromoplasten enthalten im allgemeinen keine Thylakoide aber in manchen Fällen Membrantubuli oder kristalline Einschlüsse, wie z.B. ß-Carotin. Chromoplasten können aus jungen Chloroplasten, Proplastiden oder Amyloplasten entstehen. Die Plastoglobuli der Chromoplasten sind im Gegensatz zu denen anderer Plastidenformen mit Carotinoiden angereichert.

9.1.2. Biosynthese von Einzelkomponenten

Bis auf wenige Ausnahmen, wie z.B. die Chlorophylle und Cytochrom b-559HP, enthält der Etioplast die gleichen Verbindungen wie der Chloroplast. Im Verlauf der Ergrünung im Licht, bei der Umwandlung des Etioplasten in den Chloroplasten, werden die strukturellen und funktionellen Membranproteine, die Enzyme des Calvin-Zyklus, die Pigmente und Chinone und die Membranlipide wie die Galaktolipide, die Phospholipide und das Sulfolipid verstärkt neu synthetisiert.

Über die Biosynthese der Enzyme des Calvin-Zyklus, der ATPase, des Wasser-spaltenden Enzyms, der Cytochrome, des Plastocyanins, des Ferredoxins und der anderen Eisen-Schwefel-Proteine ist noch wenig bekannt.

9.1.2.1. Biosynthese der Chlorophylle

Die Chlorophyll-Biosynthese läßt sich in drei große Schritte einteilen (Abb. 70):
        1) die Biosynthese des Porphyrins,
        2) die Biosynthese der Metalloporphyrine und
        3) die Biosynthese des Chlorophyllides und seine Veresterung mit Phytol

Grünalgen und höhere Pflanzen synthetisieren in ihren Chloroplasten δ-Aminolävulinsäure (ALA) aus Glutamat über Glutamat-1-phosphat und Glutamat-1-semialdehyd als Zwischenstufen. ALA kann aber auch durch die ALA-Synthetase aus Succinyl-CoA und Glycin synthetisiert werden. Welche Bedeutung die ALA-Synthetase-Reaktion, die bisher nur bei der Häm-Biosynthese nachgewiesen wurde, für die Chlorophyll-Biosynthese hat, ist noch unklar.

Bei der Kondensation von zwei Molekülen ALA durch das Enzym ALA-Dehydratase (= Porphobilinogen-Synthetase) entsteht Porphobilinogen. Aus vier Molekülen Porphobilinogen wird mit Hilfe der Enzyme Uroporphyrinogen I-Synthetase und Uroporphyrinogen III-Cosynthetase das Uroporphyrinogen, die erste Vorstufe der Chlorophylle gebildet, die einen Porphyrinring besitzt. Die schrittweise Decarboxylierung der Acetat-Reste in C-8, C-1, C-3 und C-5 des Uroporphyrinogens durch die Uroporphyrinogen-Decarboxylase ergibt Coproporphyrinogen III. Durch Decarboxylierung des Porphyrinrestes am C-2 und C-4 durch die Coproporphyrinogen-Decarboxylase entsteht aus dem Coproporphyrinogen III das Protoporphyrinogen IX, das durch Oxydation (Protoporphyrinogen-Oxidase) in Protoporphyrin IX übergeht.

Ausgehend von Protoporphyrin werden neben den Chlorophyllen auch Hämine und die prosthetischen Gruppen der Katalasen, Peroxidasen und Cytochrome gebildet. Durch die Ferrochelatase, die in Plastiden und Mitochondrien vorkommt, werden aus Protoporphyrin IX das Protohäm, die

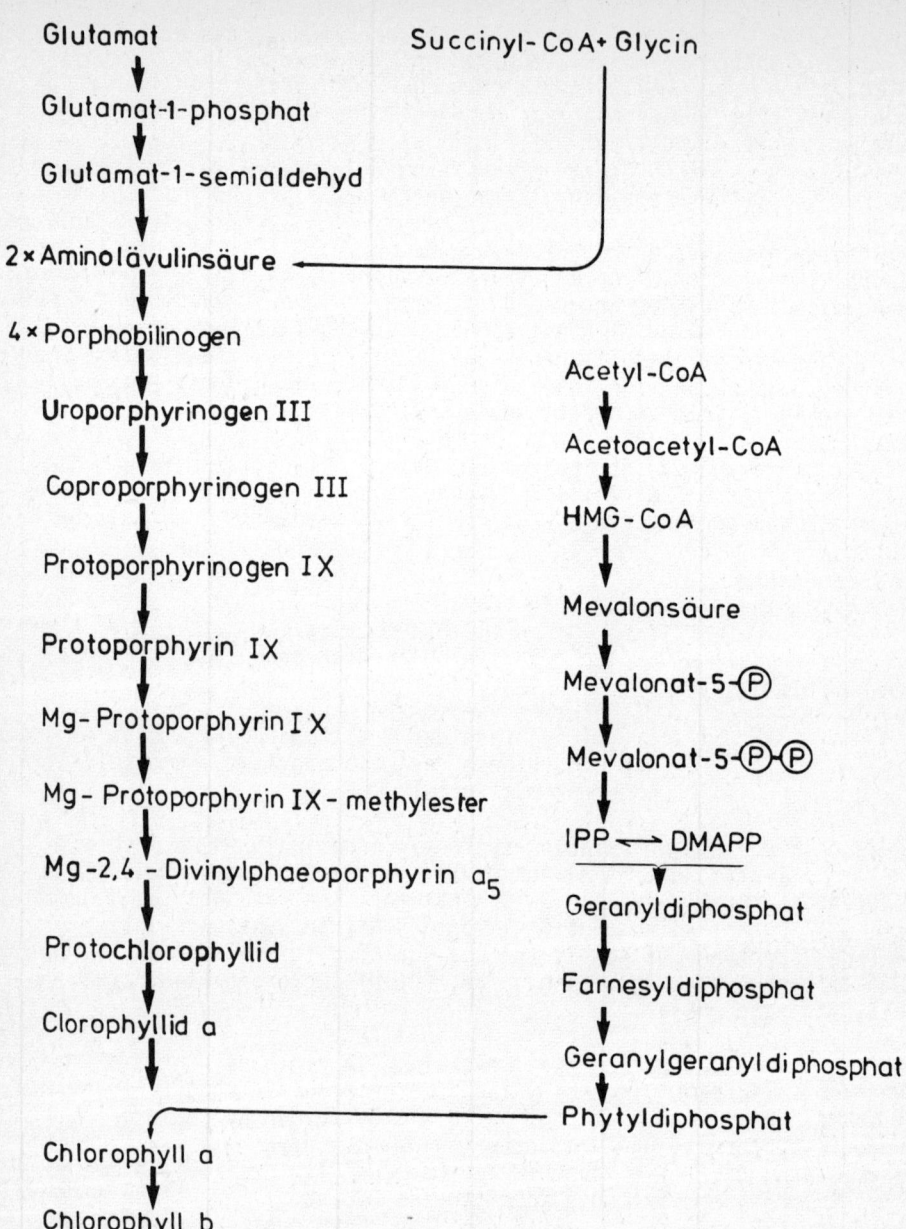

Abb. 70: Die Biosynthese der Chlorophylle bei höheren Pflanzen.

prosthetische Gruppe der b-Typ Cytochrome, Häm (a-Cytochrome) und Spirohäm (Nitrit-Reduktase) gebildet. In der Chlorophyll-Biosynthese wird Protoporphyrin IX durch eine Magnesiumchelatase in Mg-Protoporphyrin IX überführt, das in Gegenwart einer Methyltransferase mit S-Adenosylmethionin am Propionsäurerest am C-6 verestert wird. Durch Ausbildung eines Cyclopentanonringes entsteht aus dem Mg-Protoporphyrin-

IX-methylester das Mg-2,4-Divinylphäoporphyrin a_5, das anschließend zu Mg-2-Vinylphäoporphyrin a_5, dem sog. Protochlorophyllid, reduziert wird.

Bei den meisten höheren Pflanzen ist die Reduktion des Protochlorophyllids zu Chlorophyllid vom Licht abhängig (Ausnahme: Gymnospermen und einige niedere Pflanzen) und erfolgt erst, wenn das Protochlorophyllid an ein Protein gebunden und als Protochlorophyllid-Holochrom vorliegt. Das an dieser Photoreduktion beteiligte Enzym, die NADPH-Protochlorophyllid-Oxidoreduktase überträgt dabei stereospezifisch zwei H-Atome auf C-7 und C-8 des Porphyringerüstes.

Der letzte Schritt in der Chlorophyll-Biosynthese besteht darin, daß das Chlorophyllid durch die Chlorophyll-Synthetase am Propionsäurerest mit Phytol, einem C_{20}-Terpenol verestert wird. Als bevorzugtes Substrat wird von der Chlorophyll-Synthetase Phytyldiphosphat, das durch Reduktion aus Geranylgeranyldiphosphat entsteht, verwendet. Durch Oxidation der Methyl- zu einer Aldehydgruppe am Pyrrolring B des Porphyringerüstes wird aus dem Chlorophyll a das Chlorophyll b gebildet. Chlorophyll a und b sind bei den meisten höheren Pflanzen im Verhältnis von 3:1 vorhanden.

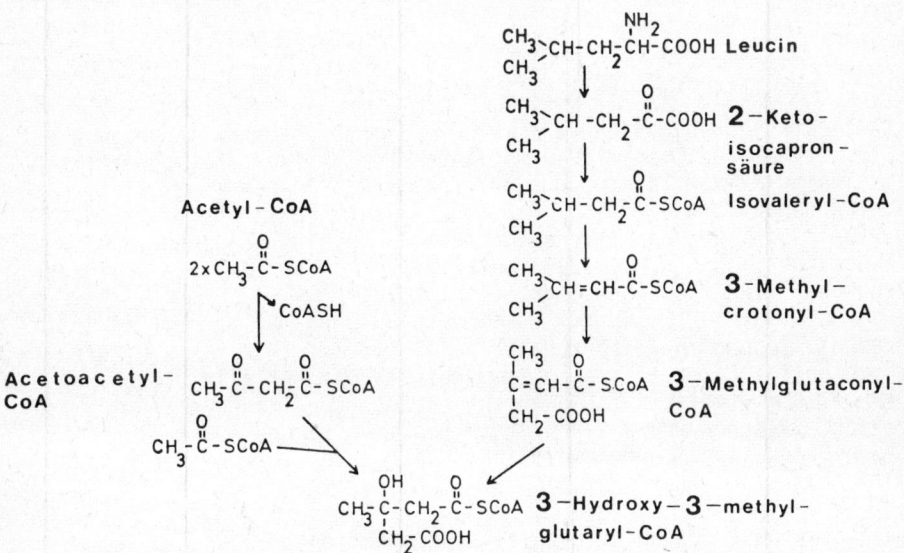

Abb. 71: Die Bildung von 3-Hydroxy-3-methylglutaryl-Coenzym-A (HMG-CoA) aus Acetyl-CoA oder Leucin.

9.1.2.2. Biosynthese der Terpenoide

Alle pflanzlichen Terpenoide werden über den Acetat-Mevalonat-Weg synthetisiert. Die zentrale Vorstufe dafür ist Acetyl-Coenzym-A. Aus 3 Molekülen Acetyl-CoA entsteht 3-Hydroxy-3-methylglutaryl-Coenzym-A (HMG-CoA). Höhere Pflanzen sind aber auch in der Lage, HMG-CoA ausgehend von der Aminosäure Leucin im Cytoplasma zu synthetisieren (Abb. 71).

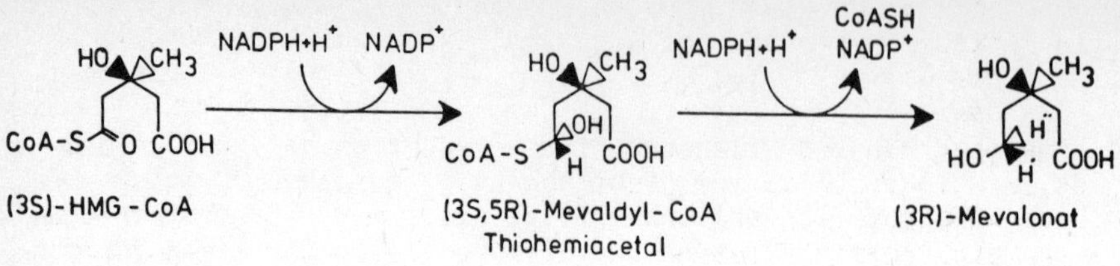

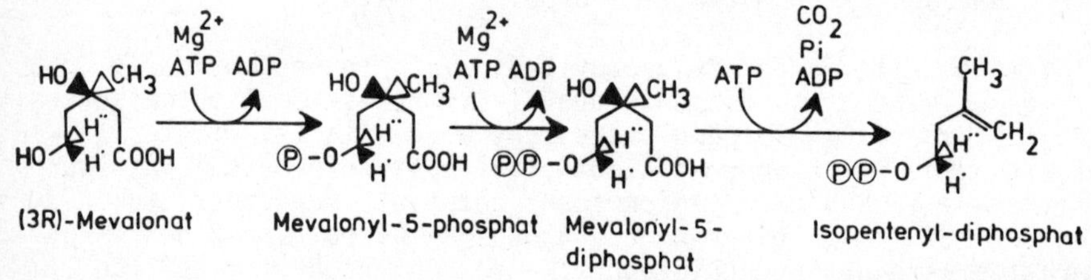

Abb. 72: Stereochemie der Biosynthese von Mevalonat und Isopentenyldiphosphat aus 3-Hydroxy-3-methylglutaryl-Coenzym A (HMG-CoA).

HMG-CoA wird durch das Enzym 3-Hydroxy-3-methylglutaryl-Coenzym-A-Reduktase (NADPH; E.C.1.1.1.34) und NADPH/H$^+$ in einer stereospezifischen Reaktion zu 3R-Mevalonat reduziert (Abb. 72). 3R-Mevalonat wird durch eine Phosphokinase am C-5 zu Mevalonat-5-diphosphat phosphoryliert. Mevalonat-5-diphosphat wird anschließend durch die 5-Diphosphomevalonat-Decarboxylase (E.C.1.1.33) unter Verbrauch von ATP zu Isopentenyldiphosphat (IPP) decarboxyliert (Abb. 72).

Durch die Isopentenyldiphosphat-Δ^3-Δ^2-isomerase (E.C.5.3.3.2) wird Isopentenyldiphosphat in sein Isomeres das Dimethylallyldiphosphat (DMAPP), dem Starter für die anschließende Prenyltransferase-Reaktion, überführt. In der Prenyltransferase Reaktion werden durch "Kopf-Schwanz"-Addition Isopentenoiddiphosphate unterschiedlicher Kettenlänge synthetisiert (Abb. 73).

Aus Isopentenyl- und Dimethylallyldiphosphat entsteht Geranyldiphosphat (GPP), ein C_{10}-Körper, der zur Biosynthese von Monoterpenen oder durch erneute Reaktion mit Isopentenyldiphosphat zur Bildung von Farnesyldiphosphat (FPP) verwendet wird. Aus Farnesyldiphosphat können Sesquiterpene synthetisiert werden. Farnesyldiphosphat kann aber auch mit Isopentenyldiphosphat zu Geranylgeranyldiphosphat (GGPP) umgesetzt werden. GGPP kann zu Phytyldiphosphat reduziert und dann als isoprenoide Seitenkette zur Biosynthese von Chlorophyll, Plastochinon, Phyllochinon und den Tocopherolen verwendet werden. Durch Dimerisierung zweier Moleküle GGPP entsteht Präphytoendiphosphat (PPPP), die unmittelbare Vorstufe der Carotinoide. In der Prenyltransferase-Reaktion wird GGPP weiter zu Nonaprenyldiphosphat umgesetzt, das in der Plastochinon-Biosynthese verwendet wird.

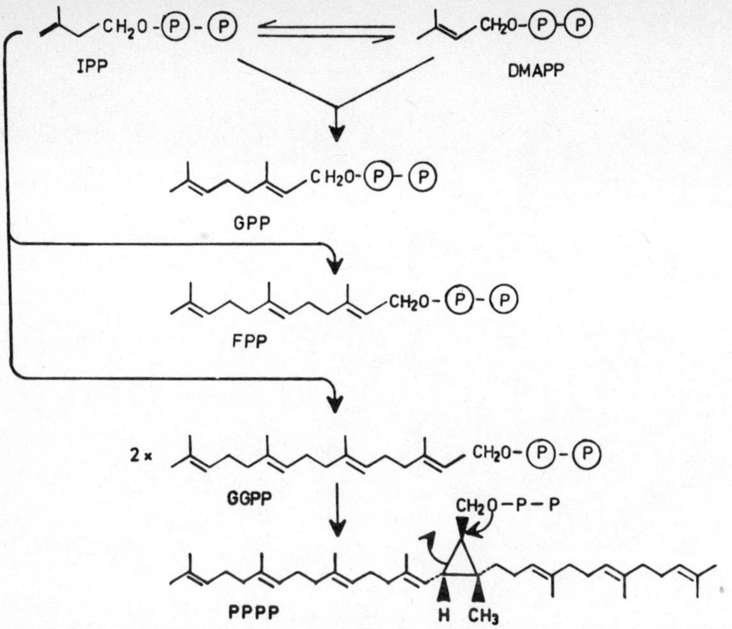

Abb. 73: Die Prenyltransferase-Reaktion (IPP = Isopentenyldiphosphat,
DMAPP = Dimethylallyldiphosphat, GPP = Geranyldiphosphat,
FPP = Farnesyldiphosphat, GGPP = Geranylgeranyldiphosphat,
PPPP = Präphytoendiphsophat).

Biosynthese der Carotinoide

Carotinoide sind reine oder hydroxylierte bzw. epoxidierte Terpenoide, die aus Isopentenyleinheiten aufgebaut sind. Sie werden wie die Seitenketten der Chlorophylle und Chinone über den Acetat-Mevalonat-Weg synthetisiert.

Bei Grünalgen und höheren Pflanzen ist das erste C_{40}-Terpenoid, von dem sich alle anderen Carotinoide ableiten, das 15-cis-Phytoen, das durch "Schwanz-Schwanz"-Addition aus 2 Molekülen GGPP über PPPP als Zwischenstufe gebildet wird. 15-cis-Phytoen wird schrittweise über Phytofluen, Zeta-Carotin und Neurosporin zu all-trans Lycopin dehydrogeniert (Abb. 74).

Aus Lycopin werden durch Zyklisierung die mono- und bizyklischen Carotine mit endständigen ß- oder ε-Ringen gebildet. Das monozyklische γ-Carotin ist die Vorstufe für ß-Carotin, während das ebenfalls monozyklische δ-Carotin zu α-Carotin zyklisieren kann. Von α- oder ß-Carotin leiten sich die Xanthophylle ab. Durch Hydroxylierung in C-3 und C-3´ entsteht aus α-Carotin das Lutein und aus Lutein durch Epoxidierung in C-5,6-Stellung das Lutein-5,6-epoxid. Durch Hydroxylierung von ß-Carotin entsteht Zeaxanthin, das über Antheraxanthin zu Violaxanthin epoxidiert wird. Aus Violaxanthin wird unter Ausbildung einer Allenstruktur das Neoxanthin synthetisiert.

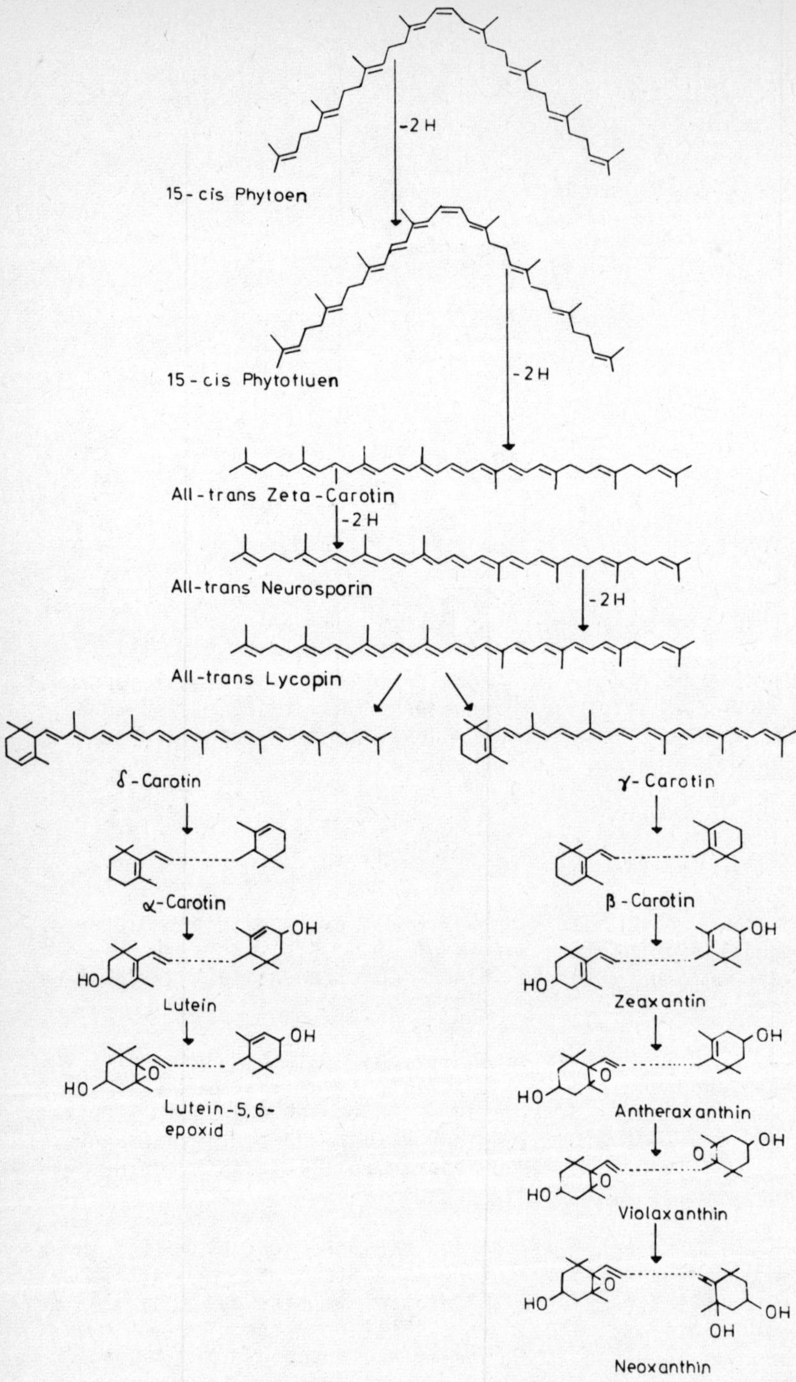

Abb. 74: Biosynthese der Carotinoide bei höheren Pflanzen.

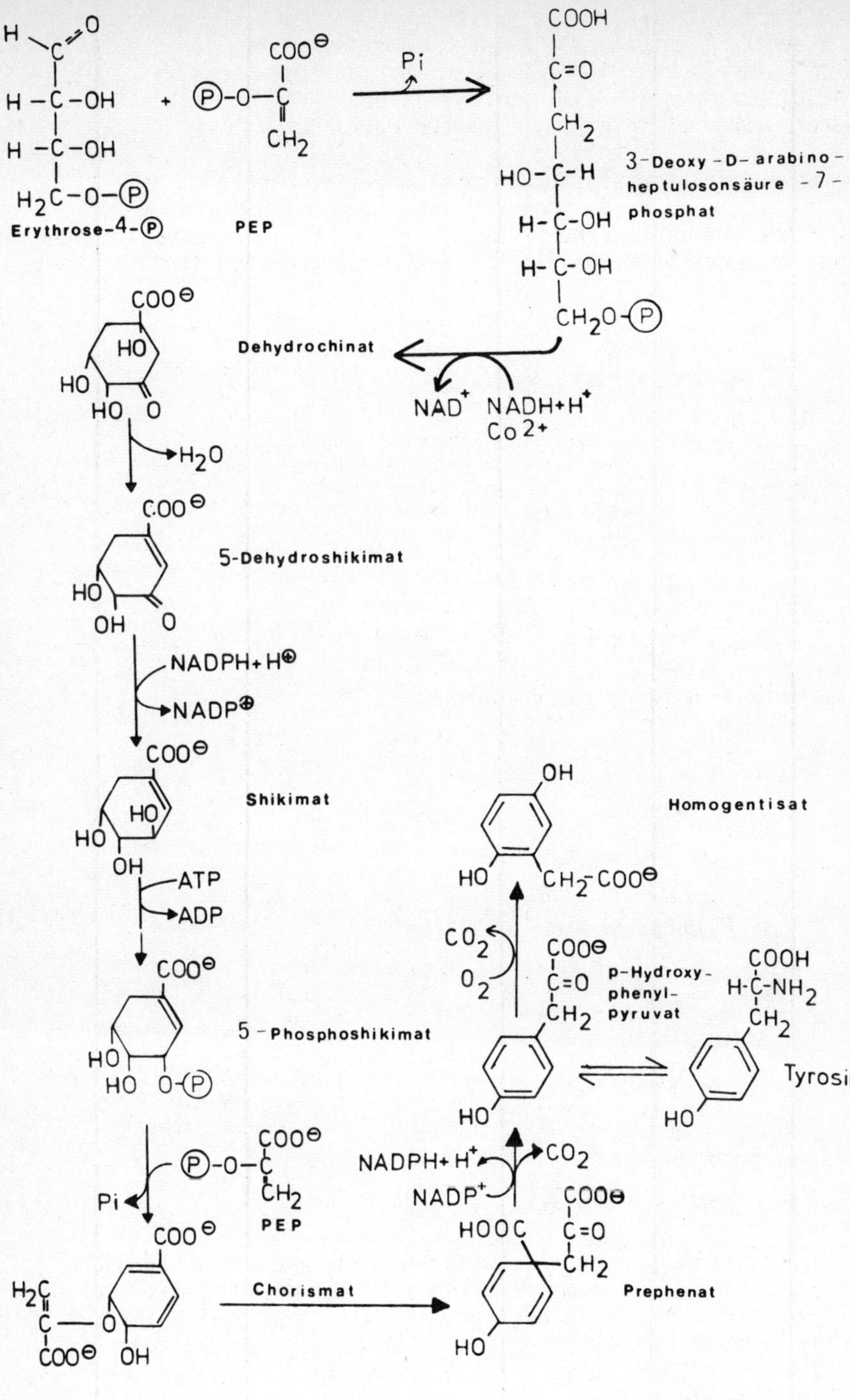

Abb. 75: Der Shikimisäureweg.

Die Carotinoidzusammensetzung der höheren Pflanzen ist sehr einheitlich. ß-Carotin, Lutein, Violaxanthin und Neoxanthin sind quantitativ die wichtigsten Carotinoide. Antheraxanthin, Zeaxanthin, α-Carotin und Lutein-5,6-epoxid sowie alle monozyklischen und azyklischen Carotinvorstufen, sind nur in geringen Mengen vorhanden.

Biosynthese der Chloroplasten-Chinone und -Chromanole

Plastochinon und α-Tocopherol werden durch Alkylierung von Homogentisat, das über den Shikimisäure-Weg (Abb. 75) gebildet wird, synthetisiert.

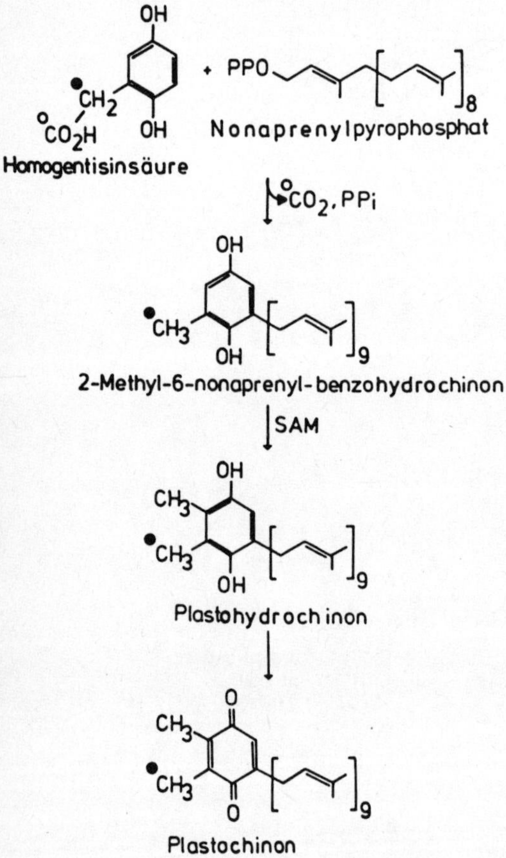

Abb. 76: Biosynthese des Plastochinons.

In der Plastochinon-Biosynthese wird Homogentisat mit Nonaprenyldiphosphat zu 2-Methyl-6-nonaprenylbenzohydrochinon umgesetzt. Bei dieser Alkylierung wird die Carboxylgruppe am Homogentisat unter Erhalt der Methylengruppe abgespalten. Die anschließende Methylierung am C-3 mit S-Adenosylmethionin ergibt Plastohydrochinon, das sehr schnell zu Plastochinon oxydiert (Abb. 76).

In der Biosynthese von α-Tocopherol wird Homogentisinsäure mit einem Phytylrest alkyliert (Abb. 77). Durch gleichzeitige Decarboxylierung

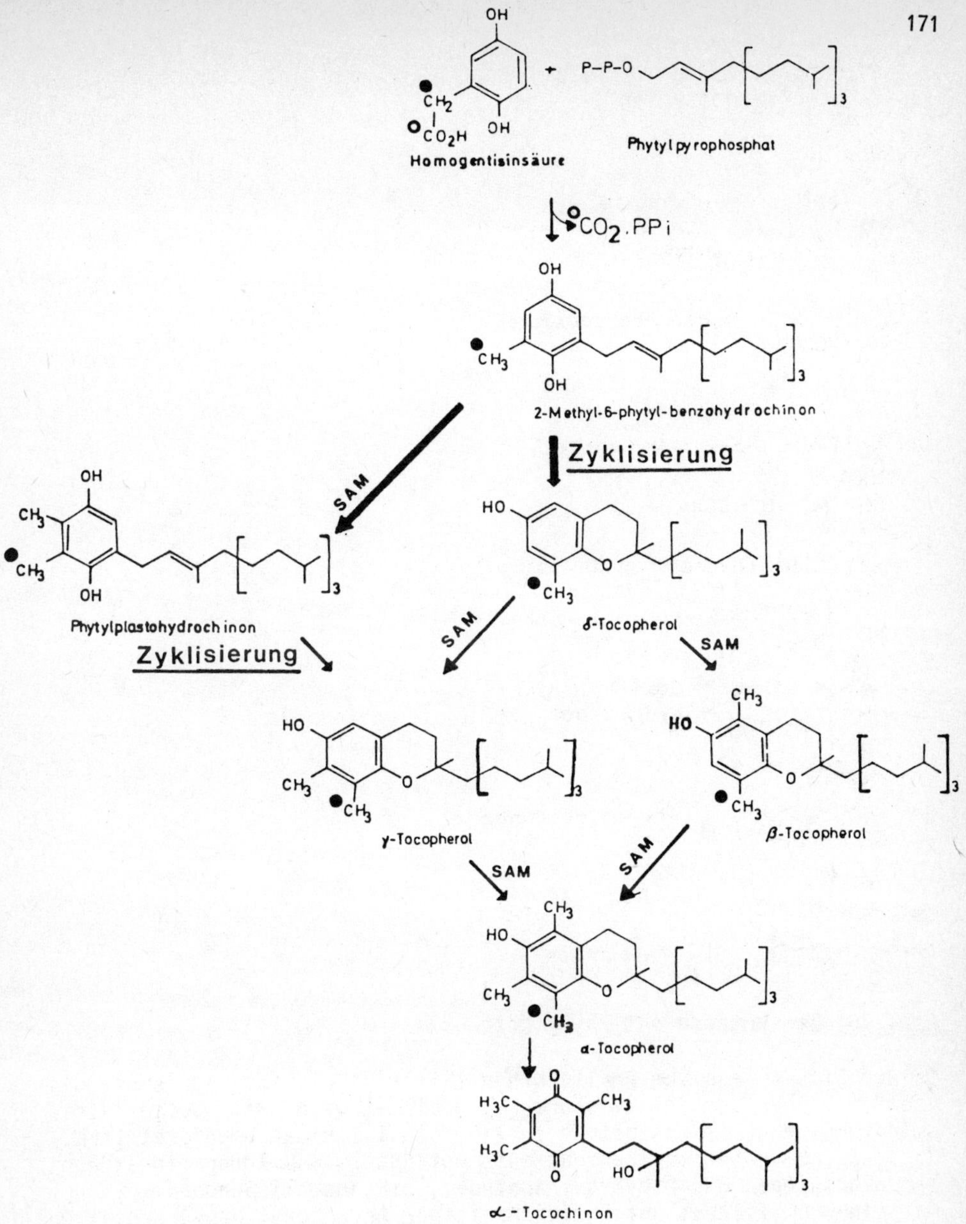

Abb. 77: Biosynthese der Tocopherole (SAM = S-Adenosylmethionin).

unter Erhalt der Methylengruppe entsteht als Produkt 2-Methyl-6-phytyl-benzohydrochinon. Aus 2-Methyl-6-phytyl-benzohydrochinon werden durch Zyklisierung und C-Methylierung die verschiedenen Tocopherole gebildet. Durch C-Methylierung in C-3-Position entsteht Phytylplastohydrochinon, das anschließend zu γ-Tocopherol zyklisiert.

Durch Methylierung von γ-Tocopherol entsteht α-Tocopherol. 2-Methyl-6-phytyl-benzohydrochinon kann aber auch zunächst zu δ-Tocopherol zyklisieren, aus dem durch C-Methylierung ß-Tocopherol entsteht. Durch weitere Methylierung wird dann ebenfalls α-Tocopherol gebildet.

α-Tocopherol ist die Vorstufe für α-Tocohydrochinon, das sehr schnell zu α-Tocochinon oxydiert.

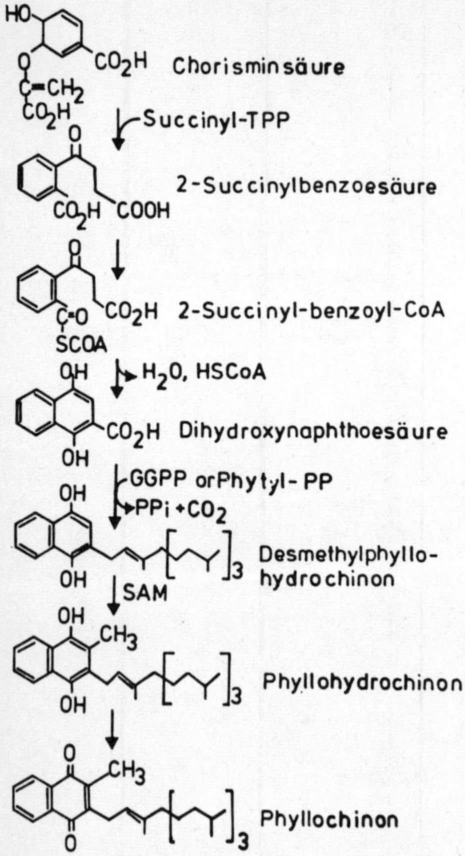

Abb. 78: Biosynthese des Phyllochinons.

In der Biosynthese von Phyllochinon (Vitamin K_1) wird Chorismat, das ebenfalls über den Shikimisäure-Weg gebildet wird, mit Succinyl-thiamindiphosphat als Cosubstrat zu 2-Succinyl-benzoat umgesetzt (Abb. 78). Aus dem 2-Succinylbenzoat entsteht unter Ausbildung eines Naphthochinonringes das Dihydroxynaphthoat. Die anschließende Alkylierung mit einem Phytylrest unter gleichzeitiger Decarboxylierung ergibt Desmethylphyllohydrochinon. Durch C-Methylierung in C-2-Position entsteht daraus Phyllohydrochinon, das sofort zum Phyllochinon oxydiert wird.

9.1.2.3. Biosynthese der Galaktolipide und des Sulfolipides

Die wichtigsten Strukturlipide der Thylakoidmembran sind das Mono- und Digalaktosyldiglycerid (MGD und DGD) und das Sulfochinovosyldiglycerid (SQD = Sulfolipid). Ihre Biosynthese erfolgt durch schrittweise Derivatisierung des Glycerin-3-phosphates, das aus dem Cytoplasma über den Phosphat-Translokator in den Chloroplasten transportiert wird. Die Enzyme, die die Biosynthese der Galaktolipide ausgehend von Glycerin-3-phosphat und UDP-Galaktose, die ebenfalls aus dem Cytoplasma stammt,

katalysieren, wurden alle im Chloroplasten nachgewiesen. Das für die
Fettsäuresynthese benötigte Acetyl-CoA wird durch die im Stroma des
Chloroplasten vorhandene Acetyl-CoA-Synthetase gebildet. Acetat, das
wahrscheinlich ausschließlich in den Mitochondrien gebildet wird, gelangt von dort in den Chloroplasten. Die Fettsäurebiosynthese läuft
bei den höheren Pflanzen ausschließlich in den Chloroplasten ab. Für
die Galaktolipid-Biosynthese wird an ein Protein gebundene Palmitinsäure verwendet. Dieses Palmitoyl-ACP ($C_{16:0}$-ACP; ACP = acyl-carrier-protein) wird durch eine Elongase zu Stearoyl-ACP ($C_{18:0}$-ACP) und dann
durch eine Desaturase zu Oleoyl-ACP ($C_{18:1}$-ACP) umgesetzt.

Der erste Schritt in der Biosynthese der Galaktolipide ist die Acylierung von Glycerin-3-phosphat mit 1-Acylglycerin-3-phosphat (Lysophosphatidsäure) durch die Glycerin-3-phosphat-Acyl-transferase im Stroma.

Glycerin-3-phosphat + Acyl-ACP ⟶ 1-Acylglycerin-3-phosphat + ACP

Diese Acyl-transferase überträgt bevorzugt Oleoylgruppen und zwar spezifisch auf die C-1-Position des Glycerophosphates. Im zweiten Schritt
der Galaktolipid-Biosynthese überträgt die Monoacylglycerin-3-phosphat-acyltransferase eine Acylgruppe und zwar spezifisch Palmitoylgruppen auf die C-2-Position des 1-Acylglycerin-3-phosphates, so daß
1,2-Diacylglycerin-3-phosphat, die sog. Phosphatidsäure, entsteht.

1-Acylglycerin-3-phosphat + Acyl-ACP ⟶ 1,2-Diacylglycerin-3-phosphat
                                         + ACP

Diese Phosphatidsäure wird als Vorstufe für die Biosynthese der Galaktolipide und wahrscheinlich auch für die Phosphatidylglycerin- und
Sulfochinovosyldiglycerid-Biosynthese in den Plastiden verwendet.

Zunächst wird durch eine spezifische Phosphatase der Phosphatrest von
der Phosphatidsäure abgespalten.

1,2-Diacylglycerin-3-phosphat ⟶ 1,2-Diacylglycerin + Phosphat

1,2-Diacylglycerin wird dann mit UDP-Galaktose aus dem Cytoplasma
durch die UDP-Galaktose:Diacylglycerin-Galaktosyltransferase in das
Monogalaktosyldiacylglycerin überführt.

1,2-Diacylglycerin + UDP-Galaktose ⟶ Monogalaktosyldiacylglycerin
                                       + UDP

Monogalaktosyldiacylglycerin kann einmal als Strukturlipid in die Thylakoidmembran eingebaut, oder auch als Vorstufe zur Biosynthese von
Digalaktosyldiacylglycerin verwendet werden. Dabei wird von der Galaktolipid:Galaktolipid-Galaktosyltransferase ein Galaktoserest von einem
Monogalaktosyldiacylglycerin auf ein zweites übertragen.

2 Monogalaktosyldiacylglycerin ⟶ Digalaktosyldiacylglycerin
                                   + 1,2-Diacylglycerin

Ähnlich wie die Galaktolipide soll auch das Sulfolipid, Sulfochinovosyldiacylglycerin, aus 1,2-Diacylglycerin und aktivierter 6-Sulfo-6-

desoxy-D-Glucose durch das Enzym UDP-6-Sulfo-6-desoxyglucose-1,2-diacylglyceryl-glucosyltransferase gebildet werden.

1,2-Diacylglycerin + UDP-6-Sulfo-6-desoxy-D-Glucose ⟶ Sulfochinovosyldiacylglycerin + UDP

Die Einzelschritte der Biosynthese des Sulfochinovosyldiacylglycerins sind noch nicht eindeutig geklärt.

9.1.2.4. Biosynthese der Phospholipide

Chloroplasten enthalten die Phospholipide Phosphatidylglycerin, Phosphatidylinositol und Phosphatidylcholin. Diese Phospholipide werden sehr wahrscheinlich nicht im Chloroplasten, sondern von den Mikrosomen im Cytoplasma synthetisiert und mit Hilfe von sogenannten Phospholipid-Transport-Proteinen in den Chloroplasten transportiert. Ihre Synthese wird am Beispiel des Phosphatidylcholins beschrieben.

Dihydroxyacetonphosphat wird über den Phosphat-Translokator aus dem Chloroplasten in das Cytoplasma transportiert und dort durch die Glycerin-3-phosphat-Dehydrogenase in Glycerin-3-phosphat überführt. Auch die zur Biosynthese des Diacylglycerin-3-phosphates (Phosphatidsäure) benötigten Fettsäuren werden durch die Chloroplastenhüllmembran transportiert und durch die Acyl-CoA-Synthetase in Acyl-CoA überführt, bevor sie in das Cytoplasma entlassen werden.

In der Phosphatidylcholin-Biosynthese wird aus Phosphatidsäure und Cytosintriphosphat (CTP) durch die Phosphatidatcytidyltransferase das Cytosindiphosphat-Diglycerid (CDP-Diglycerid) gebildet. Dabei wird Pyrophosphat (PPi) frei.

1,2-Diacylglycerin-3-phosphat + CTP ⟶ CDP-Diglycerid + PPi

Ausgehend vom CDP-Diglycerid werden die Phospholipide Phosphatidylglycerin und Phosphatidylinosit gebildet. Es entsteht dabei Cytosinmonophosphat (CMP).

CDP-Diglycerid + Glycerin-3-phosphat ⟶ Phosphatidylglycerin + CMP

CDP-Diglycerid + Inosit ⟶ Phosphatidylinosit + CMP

Phosphatidylcholin wird aus CDP-Cholin und 1,2-Diacylglycerin gebildet.

CDP-Cholin + 1,2-Diacylglycerin ⟶ Phosphatidylcholin + CMP

CDP-Cholin wird in zwei Schritten synthetisiert. Im ersten Schritt wird Cholin durch die Cholinkinase phosphoryliert. Phosphocholin wird dann mit Cytidintriphosphat in CDP-Cholin umgesetzt.

9.1.3. Funktionelle Veränderung

Bei der Umwandlung des Etioplasten in den Chloroplasten laufen erst nach 3 bis 6 Stunden Belichtung alle Einzelprozesse der Photosynthese ab (Tab. 24).

Als erstes lassen sich nach ca. 1-3 h Belichtung die Reaktionen um das Photosystem I, wie z.B. die P 700-Redoxreaktion, der zyklische Elektronentransport und die zyklische Photophosphorylierung nachweisen. Nach 3 Stunden Belichtung setzen auch die Reaktionen des Photosystems II ein, wie z.B. die P 680-Redoxreaktion. Kurz darauf werden Photosystem I und II gekoppelt und der nicht-zyklische Elektronentransport und die nicht-zyklische Photophosphorylierung können ablaufen. Auch die Enzyme des Calvin-Zyklus werden im Licht verstärkt synthetisiert und erlangen danach - zeitlich etwas verzögert - ihre Aktivität. Nachdem Licht- und Dunkelreaktion angelaufen sind, wird die Photosynthesereaktion insgesamt verstärkt, in dem die Einzelkomponenten der Photosynthese vermehrt gebildet werden. Um das einfallende Licht in größerem Umfang zu absorbieren, werden die Antennensysteme weiter ausgebaut. Gleichzeitig wird der Chloroplast in die Lage versetzt, die Übertragung von Lichtenergie vom LHCP-Komplex auf die Photosysteme I und II und von Photosystem II auf Photosystem I ("spill over") zu regulieren.

Tab. 24: Zeitlicher Ablauf der Entstehung der Photosynthese-Aktivität im Licht während der Umwandlung des Etioplasten in den Chloroplasten

Zeit nach Beginn der Belichtung	Prozeß
Mikrosekunden	- Phototransformation des Protochlorophyllides
Minuten	- Veresterung des Chlorophyllides zu Chlorophyll
1 - 3 Stunden	- Verstärkte Synthese von Chloroplastenkomponenten und der zugehörigen Biosyntheseenzyme (die Chlorophyll-Synthese beginnt mit einer lag-Phase von ca. 2 h)
	- Bildung der Reaktionszentren von Photosystem I und II
	- Zerfall des Prolamellarkörpers
	- Bildung ungestapelter Thylakoide
	- Beginn von Photosystem I-Aktivität: . Zyklischer Elektronentransport und zyklische Photophosphorylierung
3 - 6 Stunden	- Beginn der Photosystem II-Aktivität
	- Kopplung von Photosystem I und II: . linearer Elektronentransport und nicht-zyklische Photophosphorylierung
	- Calvin-Zyklus
	- Vergrößerung der Antennen von Photosystem I und II
6 - 24 Stunden	- Energieübertragung von Photosystem II auf I ("spill over")
	- vermehrte Bildung des LHCP-Komplexes
	- Beginn der Granabildung
24 - 48 Stunden	- Chloroplasten vollständig ausgebildet

Literatur zu 9.1.:
- Boschetti A (1978) Biogenese der Chloroplasten und Mitochondrien. G Fischer, Stuttgart
- Bradbeer JW (1981) Development of photosynthetic function during chloroplast biogenesis. In: Hatch MD, Boardman NK (eds) The biochemistry of plants. Academic Press, New York (Photosynthesis, Vol 8) pp. 423-472
- Britton G (1982) Carotenoid biosynthesis in higher plants. Physiologie vegetale 20: 735-755
- Frentzen M, Heinz E (1983) Membranlipid-Biosynthese im Chloroplasten. Biologie in unserer Zeit 6: 178-187
- Goodwin TW (1976) Chemistry and biochemistry of plant pigments. Academic Press, London
- Goodwin TW (1983) Developments in carotenoid biochemistry over 40 years. Biochem Soc Trans 11: 473-483
- Heinz E (1977) Enzymatic reactions in galactolipid biosynthesis. In: Tevini M, Lichtenthaler HK (Hrsg) Lipids and lipid polymers in higher plants. Springer, Berlin, pp 102-120
- Mazliak P (1973) Lipid metabolism in plants. Ann Rev Plant Physiol 24: 287-310
- Moore TS jr (1982) Phospholipid biosynthesis. Ann Rev Plant Physiol 33: 235-259
- Pennock JF (1983) The biosynthesis of chloroplastidic quinones and chromanols. Biochm Soc Trans 11: 504-510
- Reinert J (1980) Chloroplasts. Springer, Berlin
- Ridley SM (1982) Carotenoids and herbicide action. In: Britton G, Goodwin TW (eds) Carotenoid chemistry and biochemistry. Pergamon Press, Oxford, pp 353-369
- Rüdiger W, Benz J (1979) Influence of aminotriazol on the biosynthesis of chlorophyll and phytol. Zeitschrift für Naturforschung 34c: 1055-1057
- Schneider HAW (1975) Chlorophylle: Enzymologie und Regulation der Biosynthese. In: Czygan FC (Hrsg) Farbstoffe der Pflanzen. G Fischer, Stuttgart, 83-123
- Sironval C, Brouers M (1984) Protochlorophyllide reduction and greening. Dr W Junk Publ, Den Haag
- Threlfall DR (1980) Polyprenols and terpenoid quinones and chromanols. In: Bell EA, Charlwood BV (eds) Encyclopedia of plant physiology. Springer, Berlin (Secondary plant products, Vol 8) pp 288-308
- Vernon LP, Seely GR (1966) The chlorophylls. Academic Press, London

9.2. Regulation

9.2.1. Genetische Kontrolle

Als teilweise autonomes Zellorganell enthält der Chloroplast im Stroma eine ringförmige DNA, RNA und Ribosomen, die zur Proteinsynthese benötigt werden. Im Gegensatz zu den 80 S-Ribosomen im Cytoplasma der Zelle sind im Stroma der Chloroplasten 70 S-Ribosomen enthalten, wie sie auch in Mitochondrien, Bakterien und Blaualgen vorkommen. Diese Beobachtung wird zur Stützung der Endosymbionten-Hypothese herangezogen, derzufolge Chloroplasten sich von Prokaryonten ableiten, die in die

Zelle eingewandert sind. Im Verlauf der Evolution sollen dann die Prokaryonten ihre Autonomie weitgehend verloren und sich zu Chloroplasten entwickelt haben. So sind z.B. isolierte Etioplasten nicht mehr in der Lage, sich in Chloroplasten umzuwandeln. Auch bei spezifischer Hemmung der Transkription im Zellkern und der Translation im Cytoplasma ist der Chloroplast nicht mehr lebensfähig, obwohl seine Proteinsynthese noch funktioniert.

Im Cytoplasma gebildete Kern-kodierte Proteine können in den Chloroplasten transportiert werden. Für die Biosynthese von Chloroplastenproteinen ist eine Koordination der Kern-kodierten und der Chloroplasten-kodierten Proteinsynthese notwendig (Tab. 25). So wird z.B. die große Untereinheit der RubP-Carboxylase von den Chloroplasten kodiert,

Tab. 25: Komponenten des Chloroplasten und der Ort ihrer genetischen Kodierung

---

A) vom Zellkern kodierte Komponenten:

- kleine Untereinheit der RubP-Carboxylase
- Untereinheiten der ATPase: CF_1-γ, CF_1-δ, CF_0-II
- Phosphoglycerat-Kinase
- Glycerinaldehydphosphat-Dehydrogenase
- Triosephosphat-Isomerase
- Fructose-1,6-bisphosphatase
- Fructose-1,6-bisphosphat-Aldolase
- Transketolase
- Ribosephosphat-Isomerase
- Phosphoribulo-Kinase
- NADP-Malat-Dehydrogenase
- Shikimat-Dehydrogenase
- Phosphoglycolat-Phosphatase
- NADP-Glyoxylat-Reduktase
- Apoprotein des "light harvesting"-Chlorophyll a/b-Komplexes
- Plastocyanin
- Ferredoxin
- Ferredoxin-NADP-Reduktase
- RNA-Polymerase
- ribosomale Polypeptide
- Aminoacyl-tRNA-Synthetase
- Enzyme der Biosynthese von Chlorophyllen, Carotinoiden, Chinonen, Stärke und Galaktolipiden

B) von der Chloroplasten-DNA kodierte Komponenten:

- große Untereinheit der RubP-Carboxylase
- Herbizid-Binde-Protein
- Proteine der Photosysteme I und II
- Untereinheiten der ATPase: CF_1-α, CF_1-β, CF_1-ε, CF_0-I, CF_0-III
- Ribosomale Polypeptide
- Phosphat-Translokator
- Polypeptide der Chloroplastenhüllmembran
- Cytochrom f
- Cytochrom b-559
- Cytochrom b-563

die kleine Untereinheit jedoch vom Kern. Wie diese Zusammenarbeit zwischen der Proteinsynthese im Cytoplasma und der im Chloroplast gesteuert wird ist noch unklar. Phytochrom, Phytohormone, Ionenströme und Endproduktthemmung werden als Effektoren diskutiert. In Tab. 25 sind einige Komponenten des Chloroplasten und ihr jeweiliger Kodierungsort zusammengestellt.

9.2.2. Einfluß von Phytohormonen

Eine wichtige Rolle bei der Regulation von Entwicklungsprozessen spielen die in der Pflanze vorhandenen Wachstumsregulatoren oder Phytohormone: ß-Indolessigsäure (IES), Cytokinine, Gibberelline, Abscisinsäure und Ethylen. Besonders Cytokinine, aber auch IES wirken sich fördernd auf die Ausbildung der Photosynthese aus. Applikation dieser Hormone von außen kann zur Erhöhung der Photosynthese-Aktivität führen. Abscisinsäure und Ethylen wirken sich hemmend aus. Inwieweit Phytohormone indirekt die Photosynthese beeinflussen und wie sie wirken ist weitgehend ungeklärt. So sollen z.B. Phytohormone die source/sink-Wechselwirkung in der Pflanze steuern (5.8.3.). Das sink (Attraktionsort für Assimilate) kann offenbar über Phytohormone die Photosynthese-Aktivität der source (Assimilatquelle) erhöhen.

Man nimmt an, daß im Verlauf der Keimung die einzelnen Phytohormone in unterschiedlichen Relationen auftreten und somit die einzelnen Entwicklungsphasen steuern. Auf- und Abbau, sowie Transport der Phytohormone werden entscheidend vom Nährstoffangebot und von äußeren Faktoren, wie z.B. Licht, Wasserangebot und Temperatur, beeinflußt. So führt Wassermangel zur gesteigerten Synthese von Abscisinsäure. Stickstoffdüngung induziert die Synthese von Cytokininen.

9.2.3. Einfluß von Umweltfaktoren

Umweltfaktoren beeinflussen die Entwicklung der gesamten Pflanze. Oft sind Pflanzen an ihren üblichen Standort und dessen äußere Bedingungen genetisch angepaßt (z.B. Sukkulenten, Halophyten). Bis zu einem gewissen Grade können sich Pflanzen aber auch an für sie sonst fremde Umweltbedingungen anpassen (z.B. Sonnenpflanzen an Schattenstandorte).

Die Ausbildung der Photosynthese-Aktivität kann durch Erhöhung der Lichtintensität beschleunigt werden. Bei unterschiedlicher Lichtintensität gewachsene Pflanzen oder Blätter unterscheiden sich in Struktur, chemischer Zusammensetzung und physiologischer Aktivität (Tab. 26).

Eine wesentliche Bedeutung für die Entwicklung der Pflanze hat auch die spektrale Zusammensetzung des Lichtes. So kann ein hoher Hellrot- oder Blaulicht-Anteil die Keimungsprozesse der Pflanze und auch die Entwicklung der Photosynthese-Aktivität beschleunigen. Hellrot und Blaulicht wirken über Phytochrom bzw. Cryptochrom. Die physiologisch aktive Form des Phytochroms (P 730) wird durch Licht der Wellenlänge 300 bis 730 nm in unterschiedlichen Mengen aus der inaktiven Form (P 660) gebildet. Je nach den Lichtverhältnissen an den verschiedenen Standorten stellen sich unterschiedliche Gleichgewichte zwischen der aktiven und der inaktiven Form des Phytochroms ein (Abb. 79). Cryptochrom ist ein Photorezeptor, der nur durch Blaulicht aktiviert wird.

Tab. 26: Morphologische und physiologische Merkmale von Sonnenpflanzen und Sonnenblättern im Vergleich zu Schattenpflanzen und Schattenblättern

- kleinere, dickere Blätter
- mehr Spaltöffnungen pro Blatt
- mehr Chloroplasten pro Blattfläche
- weniger Granastapel in den Chloroplasten
- höhere maximale Atmungs- und Photosynteserate
- höhere Lichtintensität zur Sättigung der Photosynthese
- höhere Lichtintensität zum Erreichen des Lichtkompensationspunktes
- höhere Transpirationsrate
- höhere RubP-Carboxylase-Aktivität
- mehr Cytochrom f, Ferredoxin und Plastochinon pro Chlorophyll
- allgemein weniger Reaktionszentren pro Elektronentransportkette (weniger Cytochrom f, Ferredoxin und Plastochinon)
- relativ mehr Chlorophyll a
- mehr Carotinoide und Anthocyane
- weniger "light harvesting"-Chlorphyll a/b-Protein

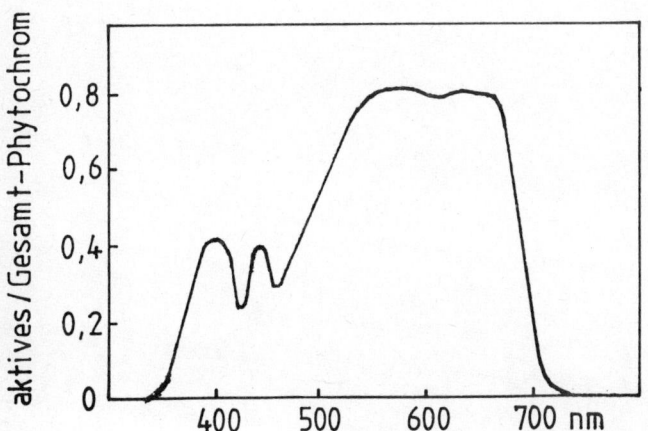

Abb. 79: Anteil an aktivem Phytochrom in Abhängigkeit von der Wellenlänge des eingestrahlten Lichtes (Hartmann und Spruit 1969).

Die Temperatur ist ein weiterer wichtiger Faktor, der die Ausbildung der Photosynthese-Aktivität beeinflußt. Hohe Temperaturen sollen die Proteinsynthese zuerst im Chloroplasten und erst später im Cytoplasma hemmen. Mangel oder Überfluß von Wasser und Nährsalzen im Boden bzw. Gasen in der Luft können zusätzlich die Ausbildung der Photosynthese-Aktivität negativ beeinflussen.

Literatur zu 9.2.:
- Herrmann RG, Possingham JV (1980) Plastid DNA - The plastome. In: Reinert J (ed) Chloroplasts. Springer, Berlin, pp 45-96
- Lange OL, Nobel PS, Osmond CB, Ziegler H (1981) Encyclopedia of plant physiology. Springer, Berlin (Physiological plant ecology I, Responses to the physical environment, Vol 12 A)
- Osmond CB, Björkman, Anderson DJ (1980) Physiological processes in

plant ecology. Springer, Berlin
- Parthier B (1982) The cooperation of nuclear and plastid biogenesis and differentiation. Biochemie und Physiologie der Pflanzen 177: 283-317
- Shropshire W, Mohr H (1983) Encyclopedia of plant physiology. Springer, Berlin (Photomorphogenesis, Vol 12 A, 12 B).
- von Wettstein D (1981) Chloroplast and nucleus: Concerted interplay between genomes of different cell organelles. The Emil Heitz lecture. In: Schweiger HG (ed) International cell biology 1980-1981. Springer, Berlin, pp 250-272
- von Wettstein D, Møller BL, Hoyer-Hansen G, Simpson D (1982) Mutants in the analysis of the photosynthetic membrane polypeptides. In: Schiff JA (ed) On the origins of chloroplasts. Elsevier, Amsterdam, pp 243-255

10. Photosynthese und natürliche Umweltfaktoren

Die Photosynthese einer Pflanze ist abhängig vom Licht und von der Temperatur. Auch das Angebot an Wasser und Mineralstoffen und die Gaszusammensetzung der Luft wirken sich auf die Photosynthese aus. Pflanzen, die wie die Sonnen- und Schattenpflanzen, entwicklungsphysiologisch oder wie die C_3- und C_4-Pflanzen, genetisch an verschiedene Standorte angepaßt sind, reagieren unterschiedlich auf die natürlichen Umweltfaktoren.

10.1. Licht

Licht beeinflußt die Photosynthese über seine Intensität und über seine spektrale Zusammensetzung, die Lichtqualität. Die Lichtintensität und die Lichtqualität variieren je nach Standort der Pflanze und je nach Pflanzengesellschaft. Unterschiede ergeben sich auch durch den Sonnenstand, den Bewölkungsgrad und die Vegetationsperiode.

10.1.1. Lichtintensität

Am natürlichen Standort kann die Lichtintensität um den Faktor 10 schwanken (Tab. 27). Je nach Ökosystem gelangt das Sonnenlicht unterschiedlich intensiv zu den einzelnen Pflanzen oder Blättern.

Tab. 27: Lichtintensität unter natürlichen Bedingungen nach Morgan und Smith 1981 (10^{15} Quanten / m^2 / s)

800.000	Tageslicht, unbewölkt
130.000	Tageslicht, bewölkt
17.000	Tageslicht im Pflanzenschatten
600	Dämmerung, morgens und abends
0,21	Mondlicht
0,0009	Sternenlicht
0,0001	Nachthimmel, bewölkt

Bis zu einer bestimmten Lichtintensität nimmt die Photosyntheserate mit zunehmender Lichteinstrahlung zu (Abb. 80). Als Lichtsättigungspunkt bezeichnet man die kleinste Lichtintensität bei der maximale Photosynthese auftritt. Wird die Lichtintensität über den Lichtsättigungspunkt hinaus gesteigert, so erhöht sich die Photosyntheserate nicht weiter. Der Lichtsättigungspunkt ist eine für die Pflanze oder auch für ein Blatt charakteristische Größe. Sonnenexponierte Pflanzen und Blätter erreichen ihre maximale Photosyntheserate erst bei höheren

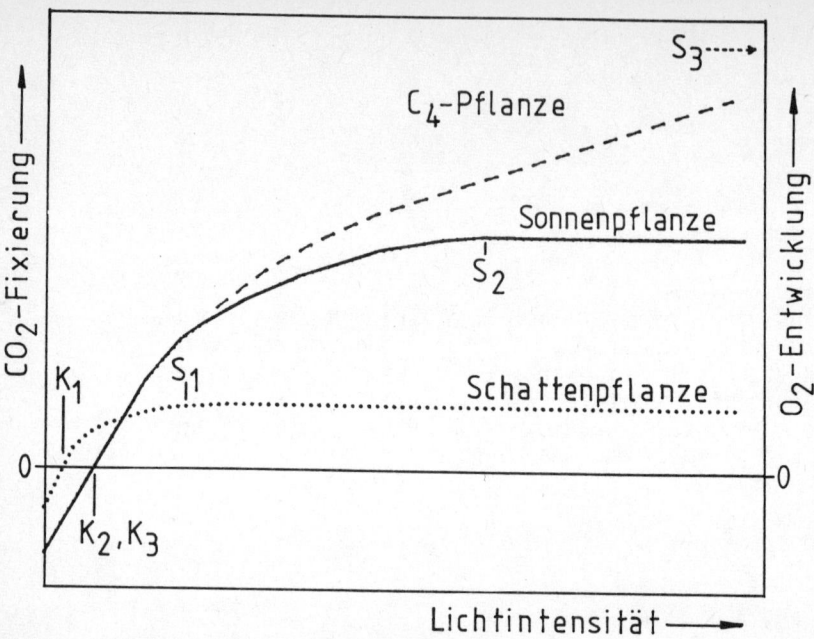

Abb. 80: Abhängigkeit der Photosynthese von der Lichtintensität
(K = Lichtkompensationspunkt, S = Lichtsättigungspunkt).

Lichtintensitäten als Pflanzen oder Blätter im Schatten. Im Vergleich zu den C_3-Pflanzen besitzen C_4-Pflanzen einen sehr hohen Lichtsättigungspunkt. Sie benötigen also viel Licht, um Photosynthese mit maximaler Rate zu betreiben.

Bei sehr niedrigen Lichtintensitäten (etwa unter 300 lx) ist die Atmungsrate im Licht höher als die Photosyntheserate, so daß die Pflanze Sauerstoff aufnimmt und CO_2 abgibt. Die Lichtintensität bei der sich Atmung und Photosynthese die Waage halten, nennt man den Lichtkompensationspunkt. Am Lichtkompensationspunkt ist außerhalb der Pflanze kein Gasaustausch meßbar. Die Netto-Photosynthese oder apparente Photosynthese ist gleich Null (Netto-Photosynthese = apparente Photosynthese = Brutto-Photosynthese minus Atmung im Licht). Sonnenpflanzen oder Sonnenblätter erreichen den Lichtkompensationspunkt erst bei wesentlich höheren Lichtintensitäten als Schattenpflanzen oder Schattenblätter. Für Schattenpflanzen ergibt sich daraus der Vorteil, daß sie auch bei geringen Lichtintensitäten noch Netto-Photosynthese betreiben können. Pflanzen des Waldbodens können ihren Lichtkompensationspunkt während der Vegetationsperiode an den Grad der Belaubung des Waldes anpassen. Mit zunehmender Belaubung wird der Lichtkompensationspunkt dabei ständig weiter abgesenkt. Auch während der Blattentwicklung werden der Lichtsättigungs- und der Lichtkompensationspunkt langfristig an die jeweiligen Lichtbedingungen angepaßt. Die Pflanze kann sich dadurch auf das Lichtangebot des jeweiligen Standorts einstellen.

Wird eine Pflanze mit einer ungewöhnlich hohen Lichtintensität bestrahlt, so führt dieser Starklichtstreß zur Hemmung der Photosynthese

("Photoinhibition"), wenn das Licht nicht mehr photosynthetisch genutzt werden kann. Photoinhibition kann z.B. bei Pflanzen auftreten, die an schattige Standorte angepaßt sind und plötzlich dem vollen Sonnenlicht ausgesetzt sind. Bei der Photoinhibition wird Chlorophyll entweder direkt durch Licht oder durch im Licht gebildete reaktive Komponenten, wie z.B. Singulett-Sauerstoff oder Sauerstoff-Radikale, zerstört (5.3.1.). Bei einer Photoinhibition soll auch das mit Q und B assoziierte Herbizid-Binde-Protein zerstört und dadurch der Elektronentransport zwischen PS II und dem Plastochinon-pool gehemmt werden. Die Photoinhibition kann zum Teil durch die Photorespiration vermindert werden, die überschüssigen Sauerstoff und ATP aus der Lichtreaktion verbraucht und gleichzeitig zusätzliches CO_2 für die Photosynthese liefert (6.2.).

10.1.2. Lichtqualität

Unsere natürliche Lichtquelle, die Sonne, zeigt außerhalb der Erdatmosphäre die spektrale Verteilung eines schwarzen Körpers von 5785 K. Im infraroten Bereich wird die Strahlung z.T. erheblich durch die Absorption von in der Atmosphäre vorhandenem Wasser und Gasen, wie z.B. CO_2, vermindert (Abb. 81). Licht mit Wellenlängen zwischen 400 und 700 nm bezeichnet man als photosynthetisch aktive Strahlung (PAR oder Phar = photosynthetic active radiation). Nur die Photosynthese-Bakterien können auch mit Licht der Wellenlängen 700-900 nm noch Photosynthese betreiben.

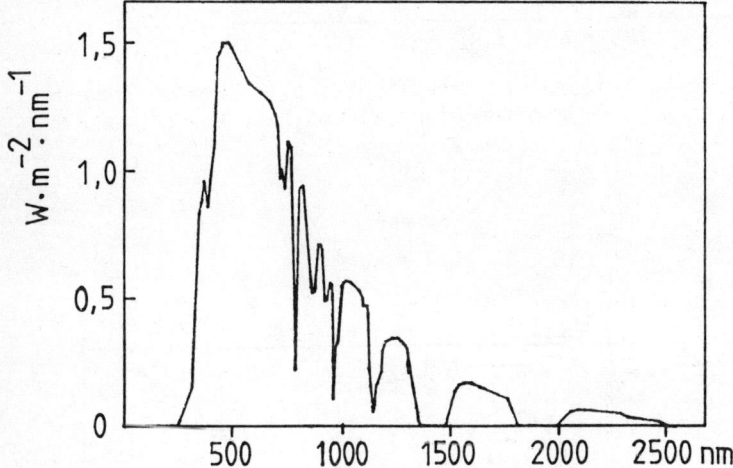

Abb. 81: Spektrale Verteilung des Sonnenlichtes.

Bei unbewölktem Himmel hat das Tageslicht (Sonnen- und Himmelsstrahlung) einen besonders hohen Anteil an Licht der Wellenlängen zwischen 450 und 500 nm. Das Licht im Pflanzenschatten besitzt dagegen einen hohen Dunkelrot- und Grünanteil (Abb. 82). Dies wird durch die Lichtabsorption und die Lichtstreuung der oberen Blätter verursacht (5.1.). In Gewässern dringt vor allem grünes Licht (Ostsee, Binnengewässer) aber auch blaues Licht (Saragossa-Meer) oder orangegelbes Licht (Griffin-See in Australien) in die Tiefe. Die spektrale Zusammensetzung des

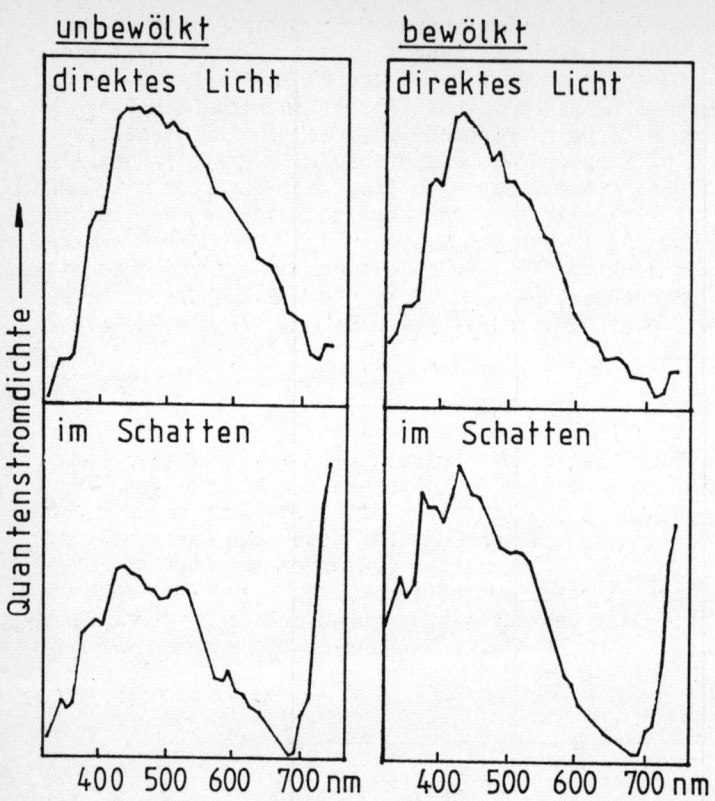

Abb. 82: Spektrale Verteilung des Tageslichtes bei direkter Sonneneinstrahlung und im Schatten eines Baumes bei sonnigem und bewölktem Wetter.

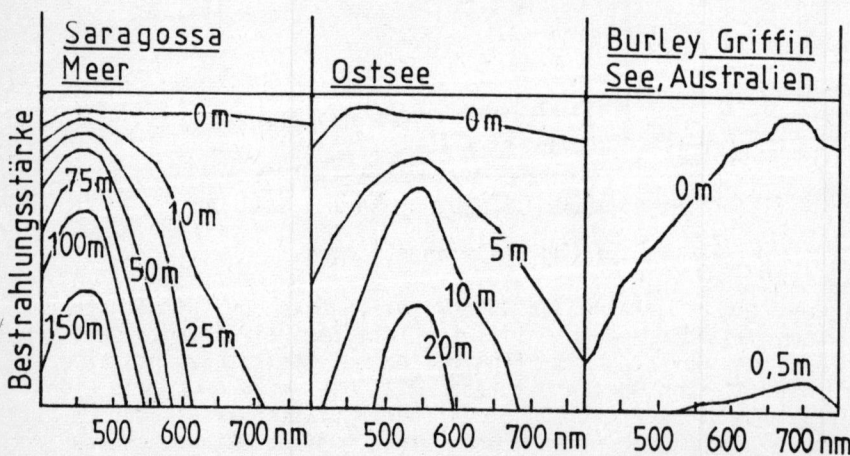

Abb. 83: Spektrale Verteilung des Lichtes in unterschiedlichen Wassertiefen für verschiedene Gewässertypen (Jeffrey 1981).

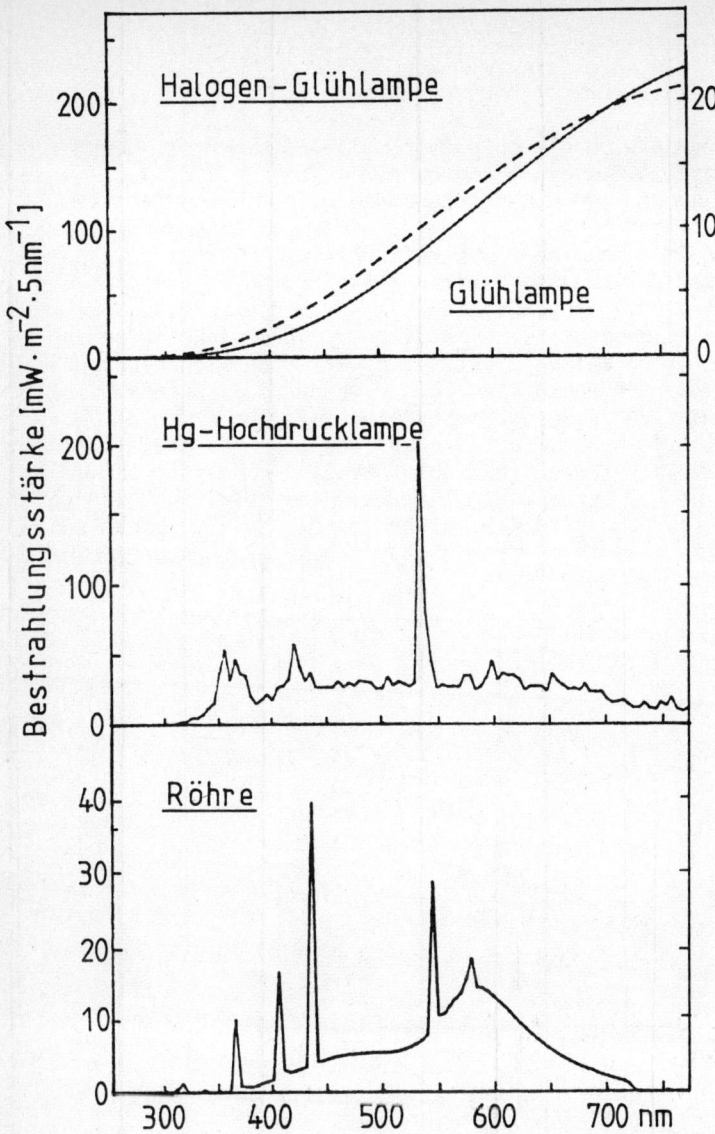

Abb. 84: Spektrale Verteilung des Lichtes künstlicher Lichtquellen (vergl. Sonnenspektrum, Abb. 81).

Lichtes in der jeweiligen Wassertiefe wird durch die Absorption des Wassers, die Lichtstreuung an Meeresorganismen und Schwebestoffen und der Absorption des Lichtes durch Meeresorganismen bestimmt (Abb. 83).

Bei bewölktem Himmel verschiebt sich das Wellenlängen-Maximum mehr zu kürzeren Wellenlängen. Der Dunkelrot-Anteil des Tageslichtes ist besonders groß bei Sonnenauf- oder -untergang. Künstliche Lichtquellen liefern Licht, das unserem Auge zwar farblich wie Sonnenlicht erscheint, das sich aber in der spektralen Zusammensetzung meist stark vom Sonnenlicht unterscheidet (Abb. 84).

10.1.2.1. Wirkungsspektrum der Photosynthese

Nicht jede Lichtfarbe wird gleich gut für die Photosynthese genutzt. O_2-Entwicklung und CO_2-Fixierung können nur dann stattfinden, wenn Licht von den Chlorophyllen und Carotinoiden oder bei Rot- und Blaualgen auch von den Phycobilinen, absorbiert worden ist. Die unterschiedliche Wirksamkeit der einzelnen Spektralfarben auf die Photosynthese ergibt sich aus dem Aktions- oder Wirkungsspektrum der Photosynthese (Abb. 85). Es zeigt die Quantenwirksamkeit, d.h. die Aktivität der Photosynthese pro eingestrahltem Lichtquant in Abhängigkeit von der Wellenlänge des eingestrahlten Lichtes. In weiten Bereichen entspricht das Wirkungsspektrum der Photosynthese dem Absorptionsspektrum des photosynthetisch aktiven Gewebes. Im Bereich zwischen 470 und 500 nm, in dem die Carotinoide wesentlich stärker absorbieren als die Chlorophylle, ist die Photosyntheserate jedoch deutlich niedriger als man vom Absorptionsspektrum her erwarten sollte. Dies zeigt an, daß das von den Carotinoiden absorbierte Licht nur zu ca. 30% (s. auch Fluoreszenzanregungsspektrum 5.2.3) zur Photosynthese genutzt werden kann.

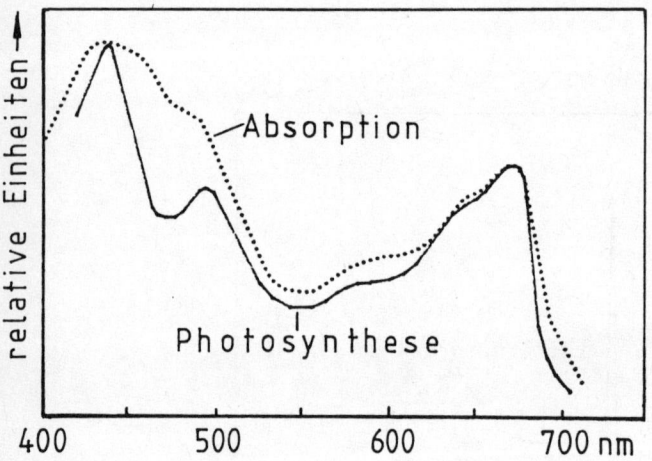

Abb. 85: Absorptionsspektrum- und Wirkungsspektrum der Photosynthese bei einem grünen Laubblatt.

Bei Rot- und Blaualgen führen die das grüne Licht absorbierenden Phycobiline zu einer relativ hohen Photosyntheserate im grünen Spektralbereich (Abb. 86). Entsprechend der klassischen Hypothese von Engelmann ermöglicht diese "chromatische Adaptation" Rot- und Blaualgen das Leben in größeren Wassertiefen, in die noch relativ viel Grünlicht gelangt. Von Grünalgen und höheren Pflanzen wird Grünlicht normalerweise nur schlecht für die Photosynthese genutzt, da es nur in geringem Maße absorbiert wird ("Grünlücke"). Nach neuesten Untersuchungen können jedoch auch Grünalgen in größeren Wassertiefen Photosynthese betreiben. Die verstärkte Nutzung des Grünlichtes wird erreicht durch (1) erhöhte Pigmentkonzentration, (2) erhöhte Lichtstreuung im Gewebe und (3) evtl. spezifische Carotinoide als akzessorische Pigmente.

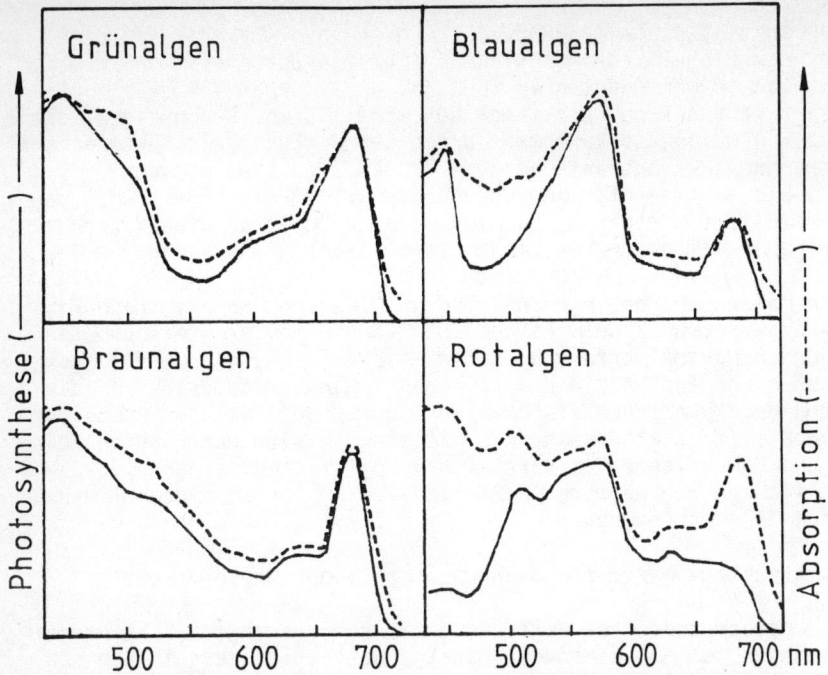

Abb. 86: Absorptionsspektrum und Wirkungsspektrum der Photosynthese bei Grün-, Rot-, Braun- und Blaualgen (Blinks 1964).

10.1.2.2. Quantenbedarf, Quantenausbeute und Wirkungsgrad der Photosynthese

Schon zu Beginn dieses Jahrhunderts wurde untersucht, wie viele Quanten absorbiert werden müssen, um eine Photosynthese-Reaktion auszulösen.

$$\text{Quantenbedarf} = \frac{\text{Zahl der absorbierten Quanten}}{\text{Moleküle entwickelter } O_2 \text{ oder fixiertes } CO_2}$$

$$\text{Quantenausbeute} = \frac{\text{Moleküle entwickelter } O_2 \text{ oder fixiertes } CO_2}{\text{Zahl der absorbierten Quanten}}$$

Während in den 40er Jahren 1-4 Quanten pro entwickeltes Sauerstoff-Molekül postuliert wurden (O.Warburg), gilt heute als gesichert, daß das Quantenbedarfsminimum bei 8 Quanten liegt. Photosystem I und II müssen jeweils 4 Quanten aufnehmen damit 4 Elektronen von Wasser nach $NADP^+$ überführt werden können, wobei 1 Molekül Sauerstoff freigesetzt wird. Gibt man auf eine Pflanze einen Lichtblitz, der so viele Lichtquanten enthält, daß alle vorhandenen Chlorophyll-Moleküle angeregt werden, so sollten n/8 Sauerstoff-Moleküle entstehen, da 8 Quanten für 1 O_2 benötigt werden. Messungen ergaben, daß zur Bildung eines Moleküls Sauer-

stoff 2500 Chlorophyll-Moleküle angeregt werden müssen. Dies führte
zur Erkenntnis, daß etwa 2500/8 = 312 Chlorophyll-Moleküle in einer
Photosynthese-Einheit zusammenwirken. Geht man davon aus, daß mit
9 mol Quanten (9 mol Quanten von 680 nm: 9 177 kJ = 1593 kJ) 1 mol
CO_2 fixiert werden kann (pro 1 mol CO_2 wird 1/6 mol Glucose gebildet:
2870/6 kJ = 478 kJ), so kann man daraus den Wirkungsgrad der Photosynthese berechnen. Er beträgt ca. 30% (478 kJ sind etwa 30% von
1593 kJ). Dieser theoretische Wirkungsgrad liegt niedriger, wenn man
ihn für Blaulicht berechnet (für 440 nm: ca. 20%), da blaues Licht
energiereicher ist als rotes Licht (1 mol Quanten von 440 nm: 273 kJ).

Unter optimalen Laborbedingungen sind an Blättern Photosynthese-Wir-
kungsgrade zwischen 15 und 24% gemessen worden. Unter Freilandbedin-
gungen wurden Maximalwerte von 2% für Maiskulturen, von 8% für Zucker-
rohrkulturen und 4,5% für den tropischen Regenwald gemessen. In die
Bestimmung des Quantenbedarfs bzw. der Quantenausbeute der Photosynthese gehen alle Reaktionsschritte mit ein. So wird der Quantenbedarf
bei C_4- und CAM-Pflanzen im Vergleich zu C_3-Pflanzen erhöht, da C_4-
und CAM-Pflanzen zur primären Fixierung von CO_2 an Phosphoenolpyruvat
zusätzlich ATP verbrauchen.

10.1.2.3. Spektrum maximaler Quantenausbeute der Photosynthese

Wird die Photosynthese bei Belichtung mit sehr geringen Lichtintensitäten gemessen, so daß eine vollständige Absorption auch im Bereich
der Grünlücke gewährleistet ist, so kann man das Spektrum maximaler
Quantenausbeute erhalten (Abb. 87). Es zeigt die Quantenausbeute, d.h.
die Photosynthese-Aktivität pro absorbiertem Quant in Abhängigkeit von
der Wellenlänge des eingestrahlten Lichtes. Wie beim Wirkungsspektrum

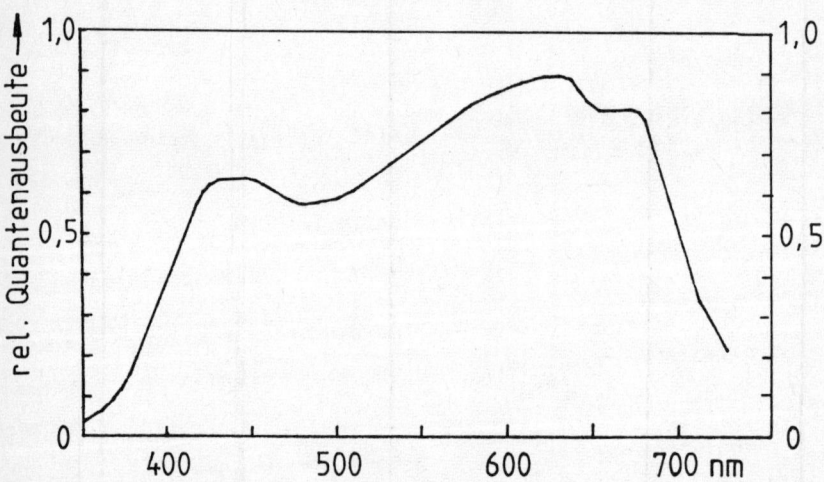

Abb. 87: Spektrum maximaler Quantenausbeute der Photosynthese
(McCree 1972); Mittel von 22 Ackerpflanzen.

der Photosynthese wird Licht von ca. 480 nm (Carotinoidabsorption)
schlechter für die Photosynthese genutzt. Im Gegensatz zum Wirkungsspektrum enthält das Spektrum maximaler Quantenausbeute keine Grünlük-

ke. Selbst grünes Licht, vorausgesetzt es wurde absorbiert, ist photosynthetisch besser wirksam als Licht der Wellenlänge um 480 nm. Oberhalb 680 nm sinkt das Spektrum der maximalen Quantenausbeute wie das Wirkungsspektrum stark ab (Rotabfall oder auch "red drop").

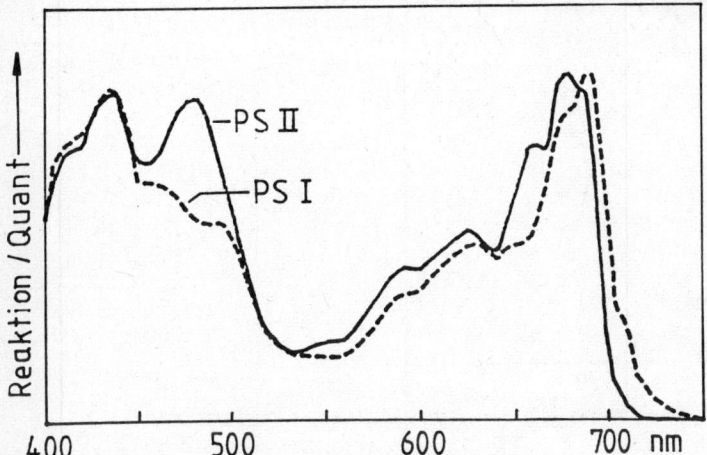

Abb. 88: Wirkungsspektrum der Aktivität von Photosystem I und II (Ried 1972).

10.1.2.4. Zusammenwirken zweier Photosysteme (Emerson Effekt)

Abb. 88 zeigt das Wirkungsspektrum für Photosystem I und II. In weiten Bereichen des Spektrums wird Licht von beiden Photosystemen genutzt. 650 nm-Licht regt hauptsächlich Photosystem II, 720 nm-Licht hauptsächlich Photosystem I an. 1957 konnte Emerson zeigen, daß bei gleichzeitiger Bestrahlung mit Licht von 650 nm und 720 nm eine höhere Photosynthese-Leistung (Quantenausbeute) erzielt wird als bei der Addition der Effekte bei getrennter Bestrahlung mit Licht der beiden Wellenlängen (Abb. 89). Diese Steigerung ("Emerson-Effekt") läßt sich nur durch das Zusammenwirken zweier Lichtreaktionen erklären. Ein Emerson-Effekt tritt bei Photosynthese-Bakterien nicht auf, da sie nur ein Photosystem besitzen.

Bis zu einem gewissen Grade kann die Pflanze steuern, welcher Anteil der absorbierten Lichtenergie auf Photosystem I und welcher auf Photosystem II übertragen wird. Wird eine mit PS II-Licht (650 nm) bestrahlte Pflanze zusätzlich mit PS I-Licht (720 nm) bestrahlt, so steigt die Photosyntheserate sofort an und nimmt dann in den folgenden 5 min weiter zu. Wird das PS I-Licht wieder ausgeschaltet, so sinkt die Photosyntheserate sofort steil ab. Der am Anfang des Experimentes mit PS II-Licht erzielte Wert wird dabei zunächst unterschritten und erst nach einigen Minuten wieder erreicht (Abb. 90). Dieses Verhalten wird so gedeutet, daß bei Bestrahlung mit PS II-Licht ein hoher Anteil der absorbierten Lichtenergie in Richtung PS I gelenkt wird. Man sagt der Photosynthese-Apparat befindet sich im Zustand "state 2". Bei Bestrahlung mit PS I-Licht oder auch nach längerer Dunkelphase wird das Licht bevorzugt in Richtung PS II gelenkt ("state 1"). Wird nun zusätzlich

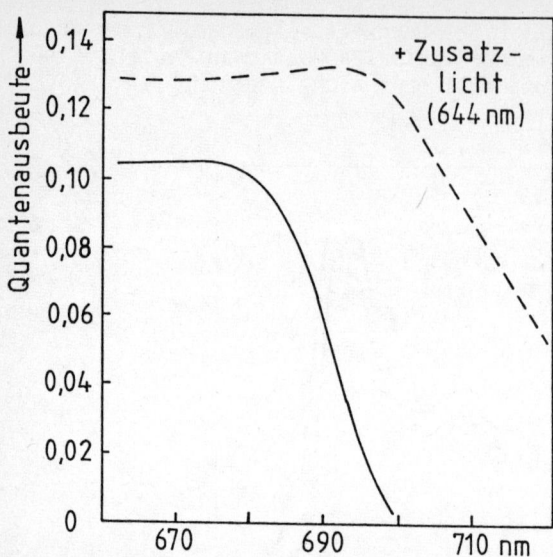

Abb. 89: Quantenausbeute der Photosynthese von Chlorella bei Belichtung mit Licht der Wellenlängen 660-720 nm ohne Zusatzlicht (———) und mit 644 nm Zusatzlicht (-----) (Emerson et al. 1957).

zum PS II-Licht PS I-Licht gegeben, so stellt sich der Photosyntheseapparat innerhalb weniger Minuten um und überträgt mehr Energie in Richtung PS II. Dieser Übergang ("state 2"⟶"state 1") wird heute im Zusammenhang mit der Phosphorylierung des "light harvesting"-Chlorophyll a/b-Proteins diskutiert (5.3.4.).

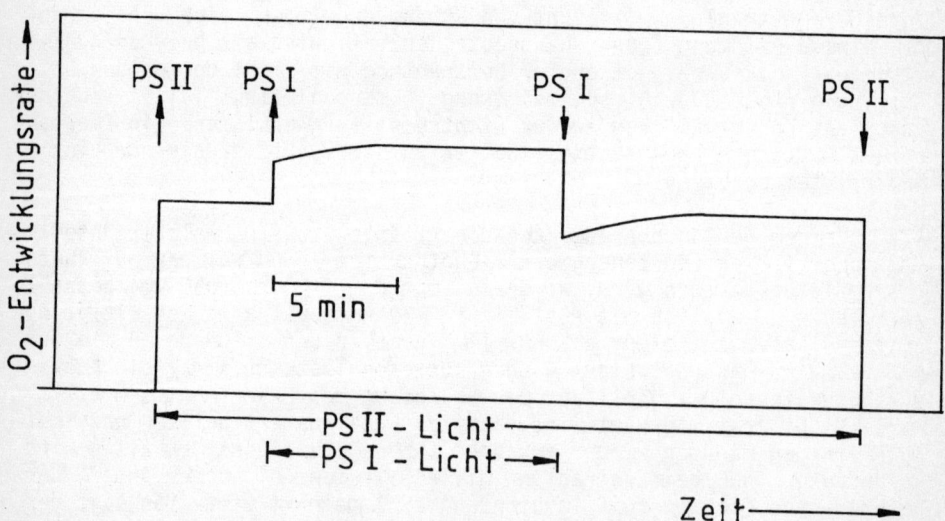

Abb. 90: Sauerstoff-Entwicklung bei Belichtung mit Photosystem I- und Photosystem II-Licht (Bennett 1983).

Literatur zu 10.1.:
- Clayton RK (1975) Photobiologie. Verlag Chemie Weinheim
- Dring MJ (1981) Chromatic adaptation of photosynthesis in benthic marine algae. Limnol Oceanogr 26: 271-284
- Gates DM 81980) Biophysical Ecology. Springer, Berlin
- Kirk JTO (1983) Light and photosynthesis in aquatic ecosystems. Cambridge University Press, Cambridge
- Osmond CB (1981) Photorespiration and photoinhibition: some implications for the energetics of photosynthesis. Biochim Biophys Acta 639: 77-98
- Rosenberg NJ, Blad BL, Verma SB (1983) Microclimate - The biological environment. J Wiley & Sons, New York

10.2. Temperatur

Die meisten Pflanzen leben an Standorten mit Temperaturen zwischen 10 und 30° C. Durch Absorption von Strahlung und durch Energie freisetzende Prozesse, wie z.B durch Atmung, kann die Temperatur in der Pflanze höher sein als die in der Umgebung. Sie kann vermindert sein, wenn bei der Transpiration Verdunstungskälte auftritt.

Mit zunehmender Temperatur steigt die Reaktionsgeschwindigkeit chemischer Prozesse (van´t Hoff´sche RGT-Regel). Bei Temperaturen über 60° C können enzymatische Reaktionen meist nicht mehr ablaufen, da die Enzyme irreversibel zerstört werden. Dies erklärt die Optimumskurve, die man erhält, wenn man die Photosynthese in Abhängigkeit von der Temperatur mißt (Abb. 91).

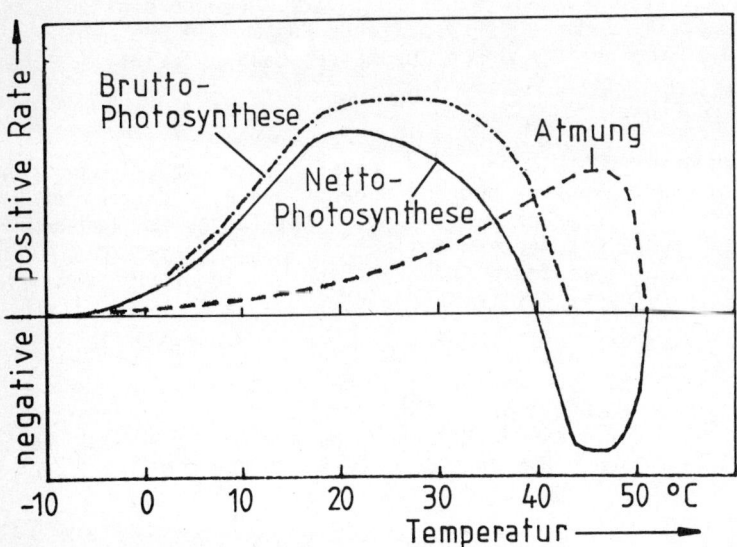

Abb. 91: Abhängigkeit der Photosynthese und der Atmung eines Blattes von der Temperatur.

Die optimale Temperatur für eine Pflanze ist meist artspezifisch an den jeweiligen natürlichen Standort angepaßt und kann im Verlauf der Pflanzenentwicklung schwanken. So können manche Flechten noch bei - 25° C Photosynthese betreiben. C_4-Pflanzen haben im allgemeinen eine höhere Optimumstemperatur. Manche Blaualgen können noch bei + 70° C Photosynthese betreiben. Auch die einzelnen Photosynthese-Prozesse unterscheiden sich in ihren Temperaturoptima. So liegt das Temperaturoptimum für die Sauerstoff-Entwicklung und die Photophosphorylierung bei ca. 35° C, für den Calvin-Zyklus bei ca. 50° C und für die nächtliche CO_2-Fixierung der CAM-Pflanzen bei ca. 13° C.

Das Temperaturoptimum für die Photosynthese liegt im allgemeinen bei niedrigeren Temperaturen als das der Atmung. Die Temperatur, bei der die Atmung und Photosynthese gleiche Raten besitzen, nennt man den Hitzekompensationspunkt. Wie beim Licht- und beim CO_2-Kompensationspunkt ist beim Hitzekompensationspunkt kein Gasaustausch meßbar (Abb. 91).

10.2.1. Hitze

Unter Hitzeeinwirkung werden die Spaltöffnungen geöffnet. Durch diesen Prozeß, der vermutlich durch das gleichzeitig auftretende Wasserdefizit ausgelöst wird, kann die Temperatur der Pflanze durch Transpirationskühle abgesenkt werden. Damit verstärkt sich allerdings auch der Wassermangel. Bei hohen Temperaturen ist die Aktivität der Calvin-Zyklus-Enzyme gesteigert. Die Enzyme bleiben jedoch wegen des geringen CO_2-Angebotes der Luft, das schon bei niedrigeren Temperaturen ein Mangelfaktor ist, nur begrenzt aktiv. Mit steigender Temperatur nimmt die Löslichkeit von Gasen in Wasser und auch die Affinität von CO_2 an RubP-Carboxylase zugunsten der Affinität von O_2 an RubP-Oxygenase ab. C_4-Pflanzen, die CO_2 effektiver binden als C_3-Pflanzen, sind besser an höhere Temperaturen angepaßt. Gleichzeitig mit der Hitzeeinwirkung tritt oft auch ein Starklichtstreß auf (10.1.1.). Besonders hitzelabil sind das Photosystem II, das Wasser-spaltende Enzym, die Photophosphorylierung und die lichtaktivierbaren Enzyme des Calvin-Zyklus.

10.2.2. Kälte und Frost

Bei Temperaturen unter 10° C werden die Spaltöffnungen geschlossen. Das dadurch verminderte Wasser- und CO_2-Angebot und auch die bei niedrigeren Temperaturen verminderte Enzym-Aktivität führen zur Drosselung der Photosynthese. Besonders kältelabil sind die Enzyme des Calvin-Zyklus. Durch die verminderte Photosynthese werden die Pflanzen meist anfälliger für Starklichtstreß (10.1.1.).

Bei Frost - Temperaturen unter 0° C - kann sich in der Pflanzenzelle Eis bilden. Dabei sollen sich membranzerstörende Stoffe im noch eisfreien Medium konzentrieren. Das Eis ist für CO_2 eine Diffusionsbarriere und die Eiskristalle können Membranen mechanisch zerstören. Besonders frostlabil sind das Wasser-spaltende Enzym und die Elektronentransportkette zwischen Photosystem I und II.

Literatur zu 10.2.:
- Berry J, Björkman O (1980) Photosynthetic response and adaptation to temperature in higher plants. Ann Rev Plant Physiol 31: 491-543

- Levitt J (1980) Responses of plants to environmental stresses. Academic Press, New York (Chilling, freezing and high temperature stresses, Vol 1)
- Marcelle R, Clijsters H, van Poucke M (1983) Effects of stress on photosynthesis. Dr W Junk Publ, Den Haag
- Santarius KA, Heber U, Krause GH (1979) Untersuchungen über die physiologisch-biochemischen Ursachen von Empfindlichkeit und Resistenz von Biomembranen gegenüber extremen Temperaturen und hohen Salzkonzentrationen. Ber Deutsch Bot Ges 92: 209-223

10.3. Wasserangebot

Die meisten Pflanzen bestehen zu 80-95% aus Wasser und benötigen daher eine ständige Wasserzufuhr, die über die Transpiration geregelt wird. Um 1 Molekül CO_2 in der Photosynthese zu fixieren, gibt die Pflanze zwischen 40 und 1000 Moleküle Wasser durch die Transpiration ab.

Wassermangel, der auch als Wasserstreß bezeichnet wird, tritt häufig zusammen mit Starklicht- (10.1.1.) und Hitzestreß (10.2.1.) auf. Bei Wassermangel wird zuerst das Wachstum der Pflanze, speziell die Zellwand- und Proteinsynthese, vermindert (Abb. 92). Ist durch Wassermangel das Zellvolumen um ca. 20% zurückgegangen, so wird auch die Photosynthese gehemmt. Bisher wurde allgemein angenommen, daß die Photosynthese dadurch vermindert wird, daß die Pflanze bei niedrigem Wasserangebot die Spaltöffnungen schließt und dadurch an CO_2 verarmt. Neuere Erkenntnisse zeigen jedoch, daß Wassermangel den Elektronentransport vor dem Reaktionszentrum von Photosystem II hemmt. Der CF_1-Teil der ATPase wird desaktiviert. Dadurch verschlechtert sich die Bindungsaffinität von ADP, und die Photophosphorylierung wird vermindert. Wassermangel desaktiviert außerdem die RubP-Carboxylase.

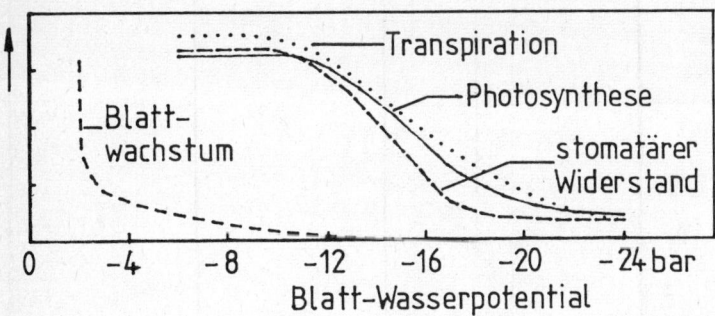

Abb. 92: Abhängigkeit des Blattwachstums, der Transpiration der Photosynthese und des stomatären Widerstandes vom Wasserpotential bei einer Soya-Pflanze. Ab ca. - 12 bar beginnt Wasserstreß (Boyer 1970).

Wenn eine Landpflanze von Wasser überflutet wird (Wasserüberschuß) tritt meist Sauerstoffmangel auf. Die Blätter welken, da die Wurzeln weniger Wasser aufnehmen.

Literatur zu 10.3.:
- Kramer PJ (1983) Water relations of plants. Academic Press, New York
- Lange OL, Nobel PS, Osmond CB, Ziegler H (1982) Encyclopedia of plant physiology. Springer, Berlin (Physiological plant ecology II, Water relations and carbon assimilation, Vol 12 B)
- Marcelle R, Clijsters H, van Poucke M (1983) Effects of stress on photosynthesis. Dr W Junk Publ, Den Haag

10.4. Mineralstoffangebot

Kohlenstoff, Wasserstoff und Sauerstoff sind die Hauptelemente, aus denen Pflanzen bestehen. Daneben enthält die Pflanze viele Elemente, die aus Gesteins- und Bodenstoffen, den Mineralien, über die Wurzeln aufgenommen werden. Es sind dies in der Reihenfolge ihrer Bedeutung die Makroelemente Stickstoff, Kalium, Calcium, Magnesium, Phosphor und Schwefel, sowie die Mikro- oder Spurenelemente Chlor, Eisen, Mangan, Kupfer, Bor und Molybdän. Innerhalb der Pflanze sind die einzelnen Elemente meist als Ionen vorhanden. Sie sind entweder fester Bestandteil großer Moleküle oder liegen als freie, mit einer Wasserhülle umgebene Ionen vor. Ionen könnem als Kofaktoren an enzymatischen Prozes-

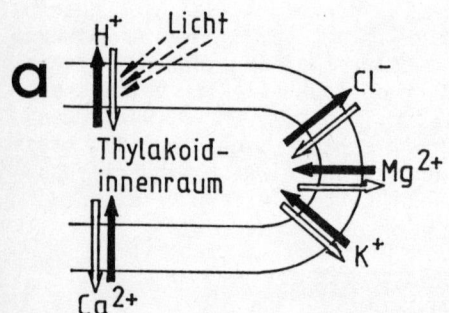

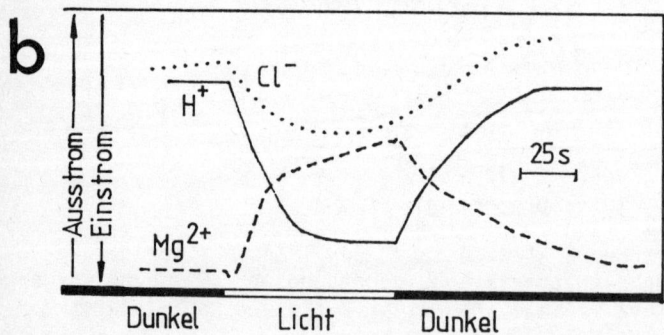

<u>Abb. 93</u>: a) Ionentransport durch die Thylakoidmembran im Licht (helle Pfeile) und im Dunkeln (dunkle Pfeile).
b) Kinetik des Ein- und Ausstroms von Mg^{2+}-, Cl^-- und H^+-Ionen an der Tylakoidmembran (Hind et al. 1974).

Tab. 28: Mineralstoffe und ihre Bedeutung für die Photosynthese und damit verbundener Prozesse (nach Gerwick 1982)

Element (Ionen)	µmol / g Trockengewicht	Bedeutung für die Photosynthese und damit verbundener Prozesse
Stickstoff (NH_4^+, NO_3^-, NO_2^-)	1000	-Komponente der Proteine und Nukleinsäuren
Kalium (K^+)	250	-Öffnungsmechanismus der Stomata -photosynthetischer Elektronentransport -Chlorophyllsynthese -Enzymkofaktor -Assimilattransport -Ladungsausgleich beim Protonengradienten an der Thylakoidmembran
Calcium (Ca^{2+})	125	-Enzymbestandteil -Membranstabilität (z.B. auch Chloroplastenhüllmembran)
Magnesium (Mg^{2+})	80	-Ladungsausgleich beim Protonengradienten -Kofaktor für Photophosphorylierung -Zentralatom des Chlorophylls -Kofaktor der RubP-Carboxylase -Kofaktor anderer Enzyme, wie z.B. PEP-Carboxylase, Fructose-1,6-bisphosphatase, Sedoheptulose-1,7-bisphosphatase -Kofaktor für Phosphattransfer an der Thylakoidmembran -Steuerung des Energietransfers auf PS I bzw. PS II
Phosphor (PO_4^{3-})	60	-Bestandteil des ATP und anderer energiereicher Verbindungen
Schwefel (SO_4^{2-}, SO_3^{2-}, S^{2-})	30	-Bestandteil der PS I-Akzeptoren -Bestandteil der Chloroplastenlipide -Bestandteil des Ferredoxins und des Thioredoxins
Chlor (Cl^-, ClO_3^-, ClO_4^-)	3	-Bestandteil von PS II -Ladungsausgleich für Protonentransport an der Thylakoidmembran
Eisen (Fe^{3+}, Fe^{2+})	2	-Bestandteil der PS I-Akzeptoren -Bestandteil des Ferredoxins und des Thioredoxins -Bestandteil der Cytochrome -Bestandteil der Cytochromoxydase -Bestandteil der Katalase -Kofaktor bei der Chlorophyllsynthese
Bor (BO_3^-)	2	-Assimilattransport
Mangan (Mn^{2+}, Mn^{5+})	1	-Bestandteil des Wasser-spaltenden Enzyms -Kofaktor für einige Enzyme
Zink (Zn^{2+})	0,3	-Bestandteil von Enzymen
Kupfer (Cu^{2+}, Cu^+)	0,1	-Bestandteil von Plastocyanin -Bestandteil von Enzymen
Molybdän	0,001	-Bestandteil der Nitratreduktase

sen beteiligt sein aber auch zum Ausgleich elektrischer Ladungen dienen (Tab. 28). So werden z.B. bei Belichtung Mg^{2+}-, K^+- und Ca^{2+}-Ionen aus dem Thylakoidinnenraum in das Stroma und im Gegentausch Protonen sowie Cl^--Ionen in den Thylakoidinnenraum gepumpt. Im Dunkeln werden die Ionen wieder zurücktransportiert (Abb. 93).

Fehlen einzelne Mineralstoffe, so kommt es zu Mangelerscheinungen, die sich besonders in den Pflanzenteilen auswirken, in denen die Elemente benötigt werden. Die Bedeutung der einzelnen Elemente für die Photosynthese und ihr verwandte Prozesse sind in Tab. 28 aufgezeigt.

Der Mineralstoffgehalt, der benötigt wird, um eine optimale Photosynthese zu erzielen, ist für die einzelnen Pflanzen sehr unterschiedlich. So haben z.B. C_4-Pflanzen einen höheren Stickstoffbedarf als C_3-Pflanzen. Pflanzen, die hohen natürlichen Salzbelastungen ausgesetzt sind, verfügen über Anpassungsmechanismen gegen zu hohe Ionenaufnahme und Wasserabgabe. Dazu gehören die Halophyten (11.3.1.) und die an natürliche schwermetallhaltige Böden angepaßten Chalkophyten (11.3.2.).

Literatur zu 10.4.:
- Amberger A (1983) Pflanzenernährung. Ulmer, Stuttgart
- Gerwick C (1982) Response of terrestrial plants to mineral nutrients. In: Mitsui A, Black CC (eds) CRC Handbook of biosolar resources, CRC Press, Boca Raton (Vol 1) pp 213-222
- Rottenberg H (1977)) Proton and ion transport across the thylakoid membrane. In: Trebst A, Avron M (eds) Encyclopedia of plant physiology. Springer, Berlin (Photosynthesis I, Photosynthetic electron transport and photophosphorylation, Vol 5) pp 338-349

10.5. Gasstoffwechsel

10.5.1. Abhängigkeit von der äußeren Gaskonzentration

Die Höhe der Photosynthese-Aktivität hängt zu einem großen Teil von der Menge des verfügbaren Sauerstoffs und Kohlendioxids ab. In der Luft sind etwa 21% O_2 und 0,033% CO_2 (330 μl / l) enthalten. In einem Pflanzenbestand ist die CO_2-Konzentration im Bereich der Blätter tagsüber durch die Photosynthese vermindert. Nachts steigt dagegen die CO_2-Konzentration zum Boden hin an (Abb. 94). Unter natürlichen Bedingungen ist CO_2 oft der für die Photosynthese-Aktivität begrenzende Faktor. Durch Erhöhung des CO_2-Angebots steigt die Photosynthese an (Abb. 95). Dies nutzt man bei der sogenannten CO_2-Düngung, bei der durch Einleiten von CO_2 in Gewächshäuser eine Ertragssteigerung erzielt wird. Wie der Lichtkompensations- und der Lichtsättigungspunkt ist auch der CO_2-Kompensationspunkt (Γ) eine für die Pflanze oder für ein Blatt charakteristische Größe. Er gibt an, wie stark die Aufnahmefähigkeit der Pflanze für CO_2 ist (E 20).

Der CO_2-Kompensationspunkt ist definiert durch die CO_2-Konzentration, die sich einstellt, wenn sich CO_2-Fixierung durch die Photosynthese und CO_2-Ausstoß durch die Atmung die Waage halten. Der CO_2-Kompensationspunkt ist hoch, wenn CO_2 schlecht aufgenommen oder verarbeitet

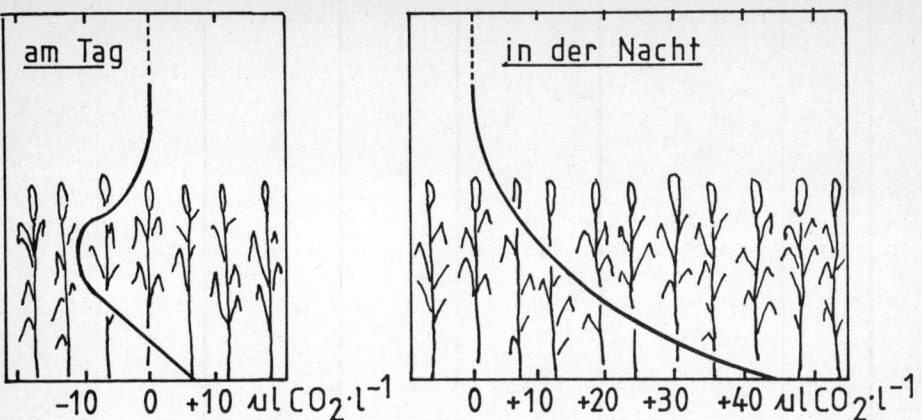

Abb. 94: CO_2-Konzentration in einem Getreidefeld am Tag und in der Nacht (Monteith 1973).

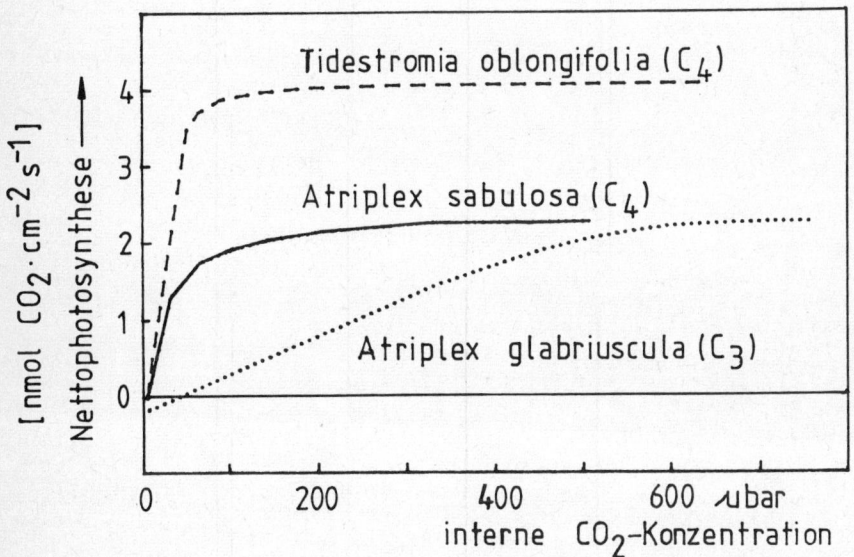

Abb. 95: Abhängigkeit der Photosynthese eines Blattes von der internen CO_2-Konzentration (Björkman 1975).

wird. Für C_3-Pflanzen werden CO_2-Kompensationspunkte zwischen 0,005 und 0,01 Volumen-% CO_2 angegeben. C_4-Pflanzen, die CO_2 über Phosphoenolpyruvat aufnehmen, binden CO_2 stärker als C_3-Pflanzen. Dieses verstärkte CO_2-Bindungsvermögen ermöglicht es C_4-Pflanzen ausreichend CO_2 zu fixieren, auch wenn die Stomata leicht geschlossen sind. Der CO_2-Kompensationspunkt für C_4-Pflanzen liegt unter 0,0005 Volumen-% CO_2. Der CO_2-Kompensationspunkt ist temperaturabhängig.

Er steigt mit zunehmender Temperatur an (bei Atriplex, nach Björkman):
   8,0° C: 0,0018 Volumen-% CO_2
  19,4° C: 0,0033 Volumen-% CO_2
  29,4° C: 0,0062 Volumen-% CO_2
Das bedeutet, daß bei zunehmender Umgebungstemperatur die Aufnahmefähigkeit für CO_2 abnimmt.

Ein hohes Sauerstoff-Angebot in der Luft erhöht die Atmungsrate und erniedrigt die Photosyntheserate der Pflanze (Warburg-Effekt). Im Gegensatz zur CO_2-Konzentration ist die Menge an Sauerstoff in der Luft relativ konstant, so daß starke O_2-Konzentrationsänderungen nur lokal in der Pflanze oder höchstens in kleineren Vegetationsbereichen auftreten.

10.5.2. Eindringen von CO_2 in das Blatt

Kohlendioxid der Luft muß erst in das Blatt eindringen bevor es in den Chloroplasten im Calvin-Zyklus umgesetzt werden kann. Bei Belichtung diffundiert CO_2 in das Blatt hinein, und gleicht damit das CO_2-Defizit im Inneren aus, das durch die CO_2-Fixierung der Photosynthese entsteht. CO_2 muß beim Eindringen in das Blatt verschiedene Diffusionswiderstände überwinden (Tab. 29, Abb. 96).

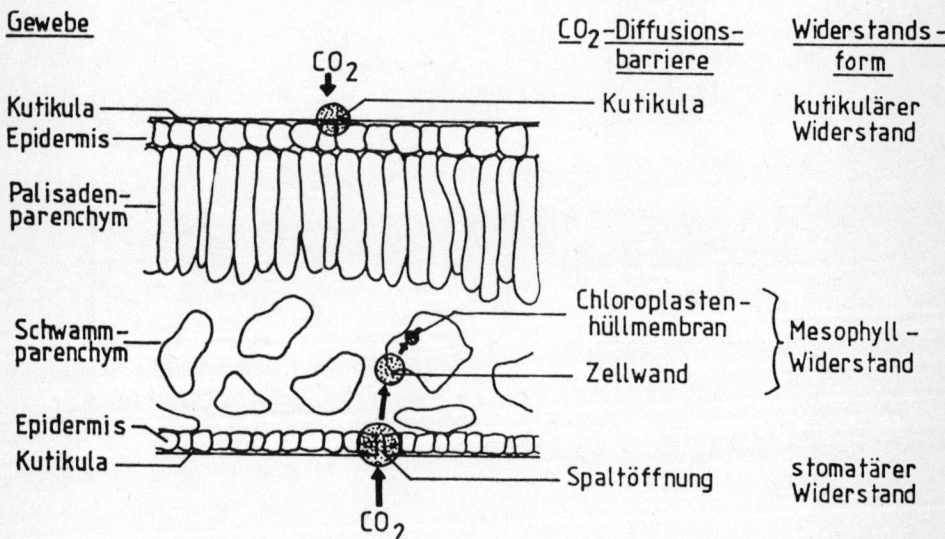

Abb. 96: Schema des Eindringens von CO_2 in das Blatt mit den Orten der CO_2-Widerstände.

Die Dimension des Diffusionswiderstandes ist s / m. Der reziproke Wert ist die Leitfähigkeit mit der Dimension m / s. Bei C_3-Pflanzen ist der Mesophyll-Widerstand am stärksten und bestimmt somit den Grad des CO_2-

Gasaustausches. Bei C_4-Pflanzen wird das Eindringen von CO hauptsächlich durch den Stomata-Widerstand reguliert, da die Affinität der PEP-Carboxylase zu CO_2 sehr groß ist.

Ähnliches wie für Kohlendioxid gilt auch für den Austausch von Sauerstoff und Wasser zwischen Blatt und Umgebungsluft.

Tab. 29: Diffusionswiderstände beim Eindringen von CO_2 in das Blatt

Widerstandsart	die Höhe des Widerstandes ist abhängig von:	die Höhe des Widerstandes für ein Blatt ist:	relative Bedeutung des Widerstandes
Kutikula-Widerstand	Dicke der Kutikula	unveränderlich	gering
Grenzflächen-Widerstand	Bau der Blattoberfläche, CO_2-Konzentration am Blatt, Luftbewegungen	variabel je nach Außenbedingungen	gering (abhängig vom Standort)
Stomata-Widerstand	Öffnungszustand der Stomata	variabel je nach CO_2-, Wasser- und Temperaturangebot	besonders hoch bei C_4-Pflanzen
Mesophyll-Widerstand	Zusammensetzung der Mesophyllzellen, Bau der Zellwände und Chloroplastenhüllmembran	unveränderlich	besonders hoch bei C_3-Pflanzen
Carboxylierungswiderstand (Teil des Mesophyll-Widerstandes)	CO_2-Bindungsaffinität an das die CO_2-Fixierung katalysierende Enzym (C_3-Pflanzen: RubP-Carboxylase, C_4-Pflanzen: PEP-Carboxylase)	variabel je nach interner Ionenkonzentration, Licht und Temperatur	hoch bei C_3-Pflanzen

10.5.3. Regulation der Spaltöffnungsweite

Durch die Regulation der Öffnungsweite der Spaltöffnungen können die Pflanzen auf Umwelteinflüsse, wie Wasser- und CO_2-Angebot und Temperaturänderungen reagieren (Abb. 97). Primär wird die Stomataöffnung durch die Wasserversorgung der Pflanze bestimmt (wasserabhängiger Regelkreis). Bei Wassermangel werden die Spaltöffnungen geschlossen. Dadurch wird ein weiterer Wasserverlust durch Transpiration verhindert. Im Licht tritt bei ablaufender Photosynthese in der inneren Stomatahöhle ein CO_2-Defizit auf, die Spaltöffnung wird geöffnet (CO_2-abhängiger Regelkreis). Der Sensor für Wasser- und CO_2-Angebot ist bisher unbekannt. Die Reaktion der Stomata auf das Wasserangebot ist der Reaktion auf das CO_2-Angebot übergeordnet, d.h. bei CO_2-Defizit im Blattinneren und gleichzeitigem Wassermangel bleiben die Stomata geschlossen.

Neben den beiden beschriebenen Regelkreisen gibt es einen Öffnungsmechanismus, der durch Licht, speziell durch Blaulicht, induziert wird. Bei den C_3- und C_4-Pflanzen werden die Stomata bei normalem Wasseran-

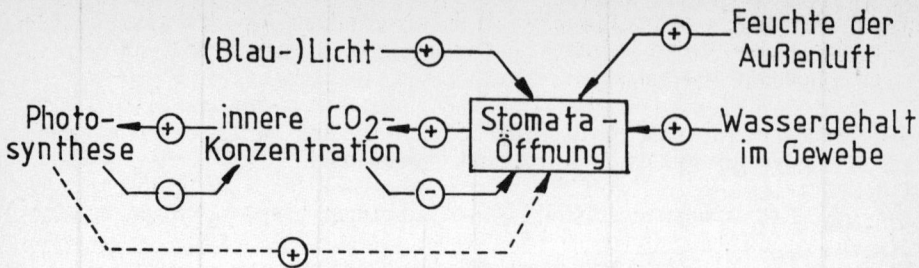

Abb. 97: Schema der Regulation der Stomataöffnung (+ = Förderung, - = Hemmung).

gebot im Licht (Photosynthese) geöffnet und im Dunkeln geschlossen. Eine Ausnahme bilden die CAM-Pflanzen, bei denen sich die Stomata im Dunkeln öffnen und CO_2 aufnehmen. Bei Belichtung schließen sich die Stomata der CAM-Pflanzen. Dadurch wird vermieden, daß die Pflanzen tagsüber einen zu hohen Wasserverlust erleiden.

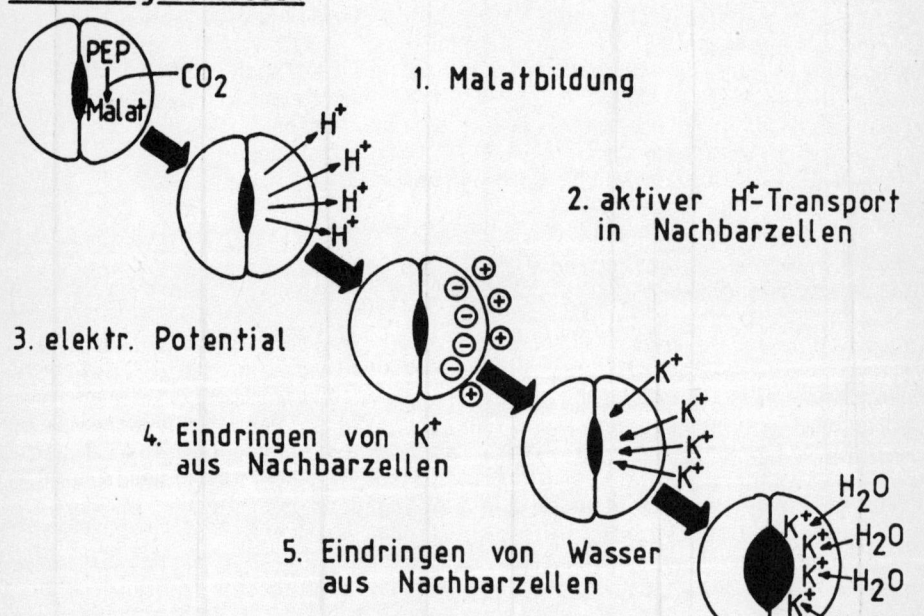

Abb. 98: Vorgänge bei der Öffnung der Stomata.

Das Öffnen und Schließen der Stomata wird durch den Turgor der Schließzellen reguliert (Abb. 98). An dieser Regulation ist die Phosphoenolpyruvat-Carboxylase (PEP-Carboxylase) wesentlich beteiligt. Im Licht bindet dieses Enzym CO_2 an Phosphoenolpyruvat. Dabei wird Malat synthetisiert. Die bei der Dissoziation des Malats entstehenden H^+-Ionen werden unter Energieverbrauch von einer Protonenpumpe aus den Schließzellen in die benachbarten Mesophyllzellen transportiert. Dabei entsteht ein Membranpotential. Gleichzeitig gelangen K^+-Ionen im Gegentausch von den Nebenzellen in die Schließzellen. Ausgelöst durch die erhöhte K^+-Konzentration nehmen die Schließzellen osmotisch Wasser auf. Sie werden dadurch turgeszenter, die Stomata öffnen sich.

Im Dunkeln, wenn die PEP-Carboxylase der Schließzellen nicht aktiv ist, fließen die K^+-Ionen wieder in die Nebenzellen zurück, der Turgor in den Schließzellen nimmt ab und die Stomata schließen sich. Bei Wassermangel wird in den Schließzellen Abscisinsäure in großen Mengen synthetisiert. Dabei verliert die Zelle durch Osmose Wasser und wird weniger turgeszent. Die Stomata schließen sich. Der genaue Mechanismus der Abscisinsäure-Wirkung ist nicht bekannt.

Literatur zu 10.5.:
- Brown RH (1982) Responses of terrestrial plants to light quality, light intensity, temperature, CO_2 and O_2. In: Mitsui A, Black CC (eds) CRC Handbook of biosolar resources. CRC Press, Boca Raton (Basic principles, part 2, Vol 1) pp 185-212
- Raschke K (1979) Movements of stomata. In: Haupt W, Feinleib ME (eds) Encyclopedia of plant physiology. Springer, Berlin (Physiology of movements, Vol 7) pp 383-441

E 25 Messung der Lichtintensität und der Lichtqualität

Die Intensität des Lichtes kann mit photoelektronischen Bauelementen gemessen werden. Dabei nutzt man die Energie des eingestrahlten Lichtes, um einen Elektronenfluß im Detektor zu erzeugen, der dann als Stromfluß gemessen wird.

Bei den gebräuchlichen Luxmetern (Methode A) wird ein Photoelement verwendet, bei dem Licht einen Elektronenfluß zwischen einem Metall und einem Halbleiter (Selen, CuO, Silicium) erzeugt. Vor dem Photoelement befindet sich ein Grünfilter, dessen spektrale Lichtdurchlässigkeit dem spektralen Helligkeitsempfinden des menschlichen Auges entspricht (Abb. 18).

In Photodioden wird durch eingestrahltes Licht ein Stromfluß zwischen zwei Halbleitern erzeugt. Photomultiplier, die auch Sekundärelektronenvervielfacher genannt werden, besitzen eine Elektrode, die bei Belichtung Elektronen freisetzt. Die primären "Photoelektronen" werden an Cäsium- oder Magnesiumoxid-Schichten sekundär vervielfacht. Dieser Prozeß wird durch eine angelegte Gleichspannung verstärkt. Für die Messung der Bestrahlungsstärke verwendet man Thermoelemente, die die Temperaturerhöhung an einer schwarzen Platte messen, die die Strahlung vollständig absorbiert (Ergmeter; Methode B).

Zur Messung der spektralen Zusammensetzung des Lichtes, der Lichtqualität, muß man die Lichtintensität jeweils getrennt für möglichst kleine Wellenlängenbereiche bestimmen. Dabei werden einzelne Filter oder ein Monochromator vor dem Detektor angebracht (Methode C).

Zur Messung der Lichtintensität benutzt man folgende Einheiten:

a) Beleuchtungsstärke: Lichtintensität gemessen mit der spektralen Empfindlichkeit des menschlichen Auges
- Einheiten:
  . Lux (lx)
  . Lumen pro Quadratmeter (lm / m^2)
  . Phot (ph)
  . foot candle (fc)
- Definition: 1 lx = 1 lm / m^2 = Beleuchtungsstärke durch eine "Standardhaushaltskerze" mit Lichtstärke 1 Candela aus 1 m Entfernung
  1 ph = Beleuchtungsstärke durch eine "Standardhaushaltskerze" aus 1 cm Entfernung
  1 fc = Beleuchtungsstärke durch eine "Standardhaushaltskerze" aus 1 foot (= 30,48 cm) Entfernung
  1 Candela pro Quadratmeter (cd / m^2) = 1 Stilb = 1/60 der Leuchtdichte eines schwarzen Körpers bei 2044 K (Erstarrungspunkt von Platin)
- Umrechnung: 1 lx = 1 lm / m^2 = 10^{-4} ph = 0,0929 fc

b) Bestrahlungsstärke: Lichtintensität der gesamten einfallenden Strahlung gemessen als Leistung pro Fläche oder Arbeit bzw. Energie pro Fläche und Zeit
- Einheiten:
  . Watt pro Quadratzentimeter (W / cm^2)
  . Kalorie pro Quadratzentimeter (cal / cm^2)
  . Erg pro Quadratzentimeter und Sekunde (erg / cm^2 / s)
  . Joule pro Quadratzentimeter und Sekunde (J / cm^2 / s)
- Definition: 1 J = Arbeit, die verrichtet wird, wenn sich der Angriffspunkt einer Kraft in Richtung der Kraft um 1 m verschiebt
  1 cal = Energie zur Erwärmung von 1 g Wasser von 14,5 auf 15,5° C
- Umrechnung: 1 W / cm^2 = 0,238 cal / cm^2 / s = 10 erg / cm^2 / s = 1 J / cm^2 / s

c) Quantenstromdichte: Anzahl der Lichtquanten, die auf eine Fläche pro Zeiteinheit treffen
- Einheiten:
  . Quant pro Quadratzentimeter und Sekunde (Quant / cm^2 / s)
  . Einstein pro Quadratzentimeter und Sekunde (E / cm^2 / s)
- Definition: 1 Quant = kleinstes nicht weiter teilbares Lichtenergieteilchen (Anzahl Quanten für ein Licht der Wellenlänge λ: n = E / h · ν ; 5.1.1.)
  1 E = 1 mol Quanten = 6,023 · 10^{23} Quanten
- Umrechnung: 1 E / cm^2 / s = 6,023 · 10^{23} Quanten / cm^2 / s

Da die Beleuchtungsstärke sich nur auf die sichtbare Strahlung, die Bestrahlungsstärke aber auf die gesamte Strahlung bezieht, können beide Größen nur bei Lichtquellen mit gleicher spektraler Zusammensetzung umgerechnet werden. Als Anhaltswerte können gelten (Angaben nach Nuernbergk):

Lampentyp	1000 lx entsprechen etwa
Glühlampe (500 W, 220 V)	550 $\mu W / cm^2$
Quecksilberhochdrucklampe mit Leuchtstoff (400 W)	300 $\mu W / cm^2$
Leuchtstoffröhre "Tageslicht" (40 W)	370 $\mu W / cm^2$

Literatur zu E 25:
- Deutsches Institut für Normung: DIN 5030 (spektrale Strahlungsmessung)
- Deutsches Institut für Normung: DIN 5031 (Strahlungsphysik im optischen Bereich und Lichttechnik)
- Nuernbergk E (1961) Kunstlicht und Pflanzenkultur. BLV, München
- Kubin S (1971) Measurement of radiant energy. In: Sestak Z, Catsky J, Jarvis PG (eds) Plant photosynthetic production - Manual of Methods. Dr W Junk Publ, Den Haag, pp 702-765

Material

- verschiedene Lichtquellen: Glühlampe, Halogenlampe, Leuchtstoffröhre, Quecksilberhochdrucklampe, Sonnenlicht, Himmelslicht, Sternenlicht, Mondlicht
- verschiedene Standorte: volles Sonnenlicht, Voll- bzw. Halbschatten, Gewächshaus, Zimmer, unter Wasser, Flachland, Gebirge
- verschiedene Zeiten: morgens, mittags, abends, nachts, bewölkt, sonnig
- Meßgerät: . Methode A: Luxmeter (evtl. mit Cosinus-Vorsatz)
  . Methode B: Ergmeter
  . Methode C: Photomultiplier mit Monochromator

Durchführung

Die Lichtintensität und die Lichtqualität werden für verschiedene Lichtquellen, verschiedene Standorte und zu verschiedenen Zeiten gemessen (s. Material).

Methode A: Die Beleuchtungsstärke wird mit einem Luxmeter gemessen. Bei seitlichem Lichteinfall muß mit einem Cosinus-Vorsatz gemessen werden.

Methode B: Die Bestrahlungsstärke wird mit einem Ergmeter gemessen. Will man die Bestrahlungsstärke nur im Bereich der photosynthetisch aktiven Strahlung (PhaR = photosynthetic active radiation = 400-700 nm) messen, so muß man mit einem IR- und ggf. auch noch mit einem UV-Filter die nicht sichtbare Strahlung von der Messung ausschließen.

Methode C: Die spektrale Zusammensetzung eines Lichtes wird bestimmt, indem man die Lichtintensität im Bereich zwischen 300 und 800 nm alle 10 nm mißt. Die gemessenen Werte müssen über Eichtabellen auf die

Bestrahlungsstärke umgerechnet werden. Dabei werden Unterschiede in der spektralen Empfindlichkeit des Photomultipliers und der Durchlässigkeit des Monochromators ausgeglichen. Für die einzelnen 10 nm-Spektralbereiche rechnet man jeweils von der Bestrahlungsstärke auf die Quantenstromdichte um (s.o.).

E 26 Messung der Stomataöffnung

Die Spaltöffnungen (Stomata) der Blätter sind normalerweise im Dunkeln geschlossen und bei Belichtung geöffnet. Wird dem Blatt Abscisinsäure zugeführt, so schließen sich die Stomata. Unter natürlichen Bedingungen löst Wassermangel einen Anstieg der internen Abscisinsäure-Konzentration in den Schließzellen und dadurch das Schließen der Stomata aus (10.5.3.).

Der Grad der Stomataöffnung läßt sich im Mikroskop entweder direkt am Blatt und an der abgezogenen Epidermis oder an einem Kollodiumabguß ausmessen (Methode A). Mit einem Diffusionsporometer (Methode B) läßt sich der Öffnungsgrad der Stomata als stomatäre Leitfähigkeit für Wasserdampf oder CO_2 bestimmen. Das zu messende Blatt wird mit der Unterseite an eine Meßkammer gedrückt. In der Meßkammer registriert ein Feuchtefühler die Zunahme der relativen Luftfeuchte durch die Transpiration des Blattes. Man mißt nun die Zeit, die benötigt wird um einen vorher festgelegten Anstieg der relativen Luftfeuchte (z.B. von 20 auf 30%) zu erreichen. Aus zuvor erstellten Eichkurven wird aus der gemessenen Anstiegszeit der stomatäre Diffusionswiderstand für Wasserdampf ermittelt.

Die stomatäre Leitfähigkeit c_s ist der reziproke Wert des stomatären Diffusionswiderstandes r_s ($c_s = 1 / r_s$). Der Diffusionswiderstand für CO_2 ist (unabhängig von Temperatur und Druck) um den Faktor 1,605 größer als der für Wasserdampf, da die CO_2-Moleküle größer als die Wassermoleküle sind und sich dadurch weniger schnell duch Diffusion ausbreiten ($r_s(CO_2) = r_s(H_2O) \cdot 1,605$)

Literatur zu E 26:
- Jarvis PG (1971) The estimation of resistances to carbon dioxide transfer. In: Sestak Z, Catsky J, Jarvis PG (eds) Plant photosynthetic production - Manual of methods. Dr W Junk Publ, Den Haag, pp 566-631
- Ludlow MM (1982) Measurement of stomatal conductance and plant water status. In: Coombs J, Hall DO (eds) Techniques in bioproductivity and photosynthesis, Pergamon Press, Oxford, pp 44-52
- Slavik B (1971) determination of stomatal aperture. In: Sestak Z, Catsky J, Jarvis PG (eds) Plant photosynetic production - Manual of methods. Dr W Junk Publ, Den Haag, pp 556-565

Material

- Blätter
- Puffer: . 8,5 g NaNO$_3$ (MG: 85,01)
         . 0,75 g K$_2$HPO$_4$ (MG: 174,18)
         . 0,91 g KH$_2$PO$_4$ (MG: 136,09)
         zusammen in Wasser lösen und auf 1 l auffüllen
- 13,2 mg Abscisinsäure (MG: 264,32)
in 500 ml Puffer lösen

Methode A:

- Mikroskop mit Einrichtung für Auf- und/oder Durchlicht mit Okularmikrometer
- flüssiges Paraffin
- 4% Kollodium (gelöst in einem Alkohol/Ether-Gemisch 7/1 v/v)

Methode B:

- Diffusionsporometer

Durchführung

Vier Blätter werden von einer Pflanze abgetrennt. Jedes Blatt wird sofort mit dem Stengel in Puffer getaucht. Zwei Gefäße enthalten die Pufferlösung mit Abscisinsäure. Von den Proben mit und ohne Abscisinsäure werden je eine über Nacht ins Licht und eine ins Dunkle gestellt.

Methode A: Die Stomata der Blätter werden im Mikroskop betrachtet und ihr Öffnungszustand mit dem Okularmikrometer ausgemessen:
a) Die Blattunterseite wird im Mikroskop mit Auflicht bei 100-200facher Vergrößerung betrachtet
b) Ein Blattstück wird mit der Unterseite nach oben auf einen Objektträger gelegt und mit flüssigem Paraffin beträufelt. Dann betrachtet man die Probe ohne Deckglas im Mikroskop mit Auflicht bei 500facher Vergrößerung.
c) Mit einer breiten Pinzette wird die untere Epidermis eines Blattes abgezogen, auf einen Objektträger gelegt, mit etwas Wasser beträufelt und mit einem Deckglas bedeckt. Dann betrachtet man die Probe im Mikroskop mit Durchlicht bei 200-500facher Vergrößerung.
d) Eine Blattunterseite wird mit einem Tropfen 4%igem Kollodium beträufelt. Man wartet bis das Kollodium einen festen Film bildet und zieht dann die durchsichtige Schicht vorsichtig mit einer breiten Pinzette ab. Dann betrachtet man den Abguß unter dem Mikroskop im Durchlicht bei 200-500facher Vergrößerung.

Methode B:
Eichung: An die Stelle des Blattes werden nacheinander verschiedene Lochplatten mit unterschiedlichen (bekannten) Diffusionswiderständen gelegt (Porometerzubehör). Auf der der Meßkammer abgewandten Seite wird die Lochplatte jeweils mit einem feuchten Filterpapier bedeckt. Bei unterschiedlichen Temeraturen wird nun die Zeit Δt gemessen, in der die relative Luftfeuchte in der Kammer um einen vorher festgelegten Betrag (z.B. von 20 auf 30%) ansteigt. In einem Diagramm (Abb.

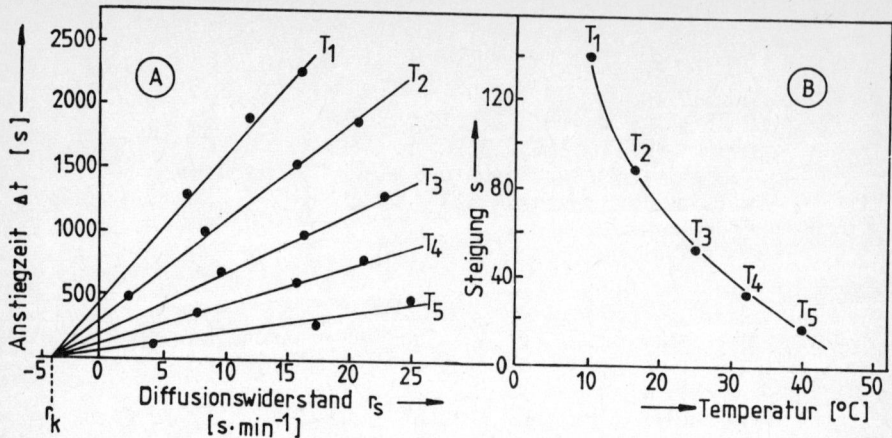

Abb. 99: Kurven zur Eichung eines Porometers.

99 a) trägt man die Anstiegszeit Δt gegen den Diffusionswiderstand rs auf. Die Werte für eine Temperatur liegen auf einer Geraden. Die Geraden für verschiedene Temperaturen haben einen gemeinsamen Schnittpunkt auf der x-Achse (rk). Die Steigung s der Geraden trägt man gegen die Temperatur auf (Abb. 99 b).

Messung: Zur Messung wird das Blatt mit der Unterseite an die Porometer-Meßkammer gelegt. Man mißt die Zeit, in der die Luftfeuchte in der Meßkammer um den bei der Eichung festgelegten Betrag ansteigt. Aus den Eichdiagrammen ermittelt man den Wert des stomatären Widerstandes rs nach der Formel:

$$rs = \frac{\Delta t}{s} - rk \quad (s/cm)$$

- t = gemessene Anstiegszeit (s)
- s = Steigung bei der Meßtemperatur (zu ermitteln aus Eichdiagramm, s. Abb. 99 b)
- rk = Wert des Diffusionswiderstandes im Schnittpunkt der Geraden des Eichdiagramms, s. Abb. 99 a)

11. Photosynthese und anthropogene Faktoren

Mit dem Einsetzen der Industrialisierung in diesem Jahrhundert hat die Umweltverschmutzung stark zugenommen. Bis zum Jahr 2000 rechnet man damit, daß 15-20% der heute vorhandenen Tier- und Pflanzenarten ausgestorben sind. Umweltverschmutzung hat schon zu einer sichtbaren Selektion resistenter Pflanzenarten, wie z.B. zu einer nitrophilen Ersatzgesellschaft an Flüssen geführt.

Umweltschäden lassen sich meist nicht lokal begrenzen. Rückstände von Pestiziden und Schwermetallen sind heute schon im Eis der Arktis nachweisbar. Durch ihre große Oberfläche - ein Laubbaum hat über der Erde eine Oberfläche von ca. 15000 m^2 - sind Pflanzen besonders anfällig. Durch die Spaltöffnungen (ca. 200 / mm^2) dringen die Schadstoffe leicht in das Gewebe ein. Entscheidend für den Grad einer Schädigung ist:
  - die Konzentration eines Schadstoffes,
  - die Konzentration parallel dazu auftretender Schadstoffe (evtl. potenzierende oder additive Wirkung),
  - die Dauer der Einwirkung,
  - die betroffene Pflanzenart (manche Arten haben eine genetisch festgelegte Resistenz mit speziellen Schutzmechanismen),
  - das Entwicklungsstadium der Pflanze zum Zeitpunkt der Schädigung (junge Pflanzen sind oft resistenter als alte),
  - die Klimabedingungen zur Zeit der Schadeinwirkung (hohe Temperaturen, hohe Feuchtigkeit und Licht erhöhen oft die Wirkung der Schadstoffe),
  - die Wasserversorgung und der Ernährungszustand der Pflanze.

Eine umweltgeschädigte Pflanze ist oft auch anfälliger gegen tierische Schädlinge, Pilzkrankheiten oder klimatische Streßeinflüsse. Man muß damit rechnen, daß eine Reihe von Schadfaktoren bisher noch nicht erkannt oder nicht nachweisbar sind. Für andere Faktoren werden ihre Wirkung und das Ausmaß ihrer Schädigung noch diskutiert.

11.1. Herbizide

Neben Insektiziden und Fungiziden werden besonders die Herbizide (Unkrautbekämpfungsmittel) in der intensiven Landwirtschaft eingesetzt. Heute gibt es mehr als 100 verschiedene Wirkstoffe. Je nach Anwendung unterscheidet man Vorsaat-, Vorauflauf- und Nachauflauf-Herbizide. Aber auch nach der Art, wie die Pflanze die Herbizide aufnimmt, teilt man die Herbizide in Boden- und Blattherbizide ein. Herbizide wirken sich grundsätzlich auf alle Pflanzen aus. Sie können aber nur deshalb erfolgreich eingesetzt werden, weil die sogenannten Unkräuter (Tab. 30) bereits bei einer Konzentration lethal geschädigt werden, die es der Nutzpflanze noch erlaubt, zu überleben. Gerade die dikotylen Unkräuter sind besonders empfindlich gegenüber Herbiziden, während viele Nutzpflanzen in der Lage sind, die Herbizide durch Hydroxylierung und Glykosidierung zu inaktivieren.

Tab. 30: Pflanzen, die als sogenannte Unkräuter den größten Beitrag zur Verminderung des Ertrages von Kulturpflanzen leisten

Gramineae:	Agropyron repens (Gemeine Quecke)
	Apera spica-venti (Windhalm)
	Avena fatua (Flughafer)
	Cynodon dactylon (Fingerhundszahn)
	Digitaria sanguinalis (Bluthirse)
	Echinochloa colona (Schamahirse)
	Eleusine indica (Indischer Hundszahn)
	Imperata cylindrica
	Paspalum conjugatum
	Sorghum halepense (Wilde Mohrenhirse)
Cyperaceae:	Cyperus esculentus (Erdmandel)
	Cyperus rotundus (Nußgras)
Portulacaceae:	Portulaca oleracea (Gemüseportulak)
Chenopodiaceae:	Chenopodium album (Weißer Gänsefuß)
Convulvulaceae:	Convulvus arvensis (Ackerwinde)
Pontederiaceae:	Eichhornia crassipes (Wasserhyazinthe)

Die physiologische Wirksamkeit der Herbizide wird im wesentlichen durch die Art der Herbizidaufnahme, den Transport innerhalb der Pflanze, die Intensität des Lichtes, die Konzentration des Herbizides am Wirkungsort, die Art der Pflanze und besonders die Metabolisierung oder den Abbau der Substanz bestimmt. Die Effektivität eines Herbizides wird durch seine strukturellen Eigenschaften wesentlich bestimmt. Für die quantitativen Beziehungen zwischen den strukturellen Effekten, den Reaktionsgeschwindigkeiten und den Gleichgewichtskonstanten sind mathematische Modelle entwickelt worden. Auf der Basis dieser Modelle versucht man die Wirksamkeit eines Stoffes vorauszuberechnen. Man erhofft sich davon, effektive Wirkstoffe "am Reißbrett" entwerfen zu können.

Eines dieser Modelle ist die Hammett-Gleichung, die sich allerdings nur auf meta- und para-substituierte Verbindungen anwenden läßt. Trägt man die Logarithmen der Geschwindigkeitskonstanten (k) der meta- und para-substituierten Benzoesäureester als Funktion der pks-Werte der entsprechenden freien Benzoesäuren auf, so erhält man für meta- und para-substituierte Verbindungen eine Gerade. Die Werte der ortho-substituierten Verbindungen sind dagegen regellos zerstreut (Abb. 100). Die Linearität meta- und para-substituierter Benzoesäureester wird durch die Gleichung

$$\log k = -\varrho \cdot pks + A \quad \text{beschrieben.}$$

Für die unsubstituierte Benzoesäure gilt entsprechend:

$$\log k_o = -\varrho \cdot pk_o + A$$

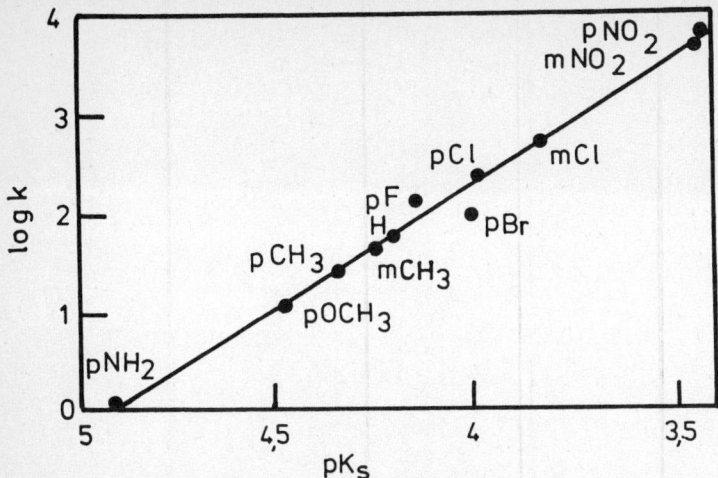

Abb. 100: Abhängigkeit der Verseifungsgeschwindigkeit meta- und para-substituierter Benzoesäureethylester von der Acidität der entsprechenden Benzoesäuren.

Durch Subtraktion der Gleichungen erhält man die Hammett-Gleichung

$$\log (K / K_0) = \rho \cdot (pk_0 - pks) = \rho \cdot \sigma$$

Diese Gleichung gilt nur für meta- und para-substituierte Verbindungen. Zu ihren Voraussetzungen gehört, daß sich die Substituenteneffekte nur auf die Enthalpie, aber nicht auf die Entropie des aktivierten Komplexes auswirken. Die Aktivierungsentropien werden aber nur dann nicht von den Substituenteneffekten beeinflußt, wenn die Substituenten genügend weit vom Reaktionszentrum entfernt sind, wie z.B. in meta- oder para-Stellung.

Die Substituentenkonstante (σ) beschreibt das Vermögen des Substituenten, durch induktive und mesomere Effekte Elektronen anzuziehen oder abzugeben. σ ist um so positiver (gegenüber H = 0,00), je größer die Fähigkeit des Substituenten ist, Elektronen anzuziehen und um so negativer, je größer die Fähigkeit ist, Elektronen abzugeben. Der Proportionalitätsfaktor ρ (die Reaktionskonstante) beschreibt die Empfindlichkeit der betreffenden Reaktion auf Substituenteneffekte von Substituenten in meta- oder para-Stellung. Ist ρ groß, wird die fragliche Reaktion durch die Substituenteneffekte stark beeinflußt. Bei negativen ρ-Werten ist die Elektronendichte am Reaktionszentrum erhöht und bei positiven Werten erniedrigt.

Tab. 31 zeigt die Wirkungsorte der gebräuchlichen Herbizide und die jeweils spezifischen Substanzklassen. In den Mechanismus der Photosynthese greifen besonders die Hemmstoffe des Elektronentransportes und die Chlorose-induzierenden Herbizide ein.

Tab. 31: Klassifizierung der Herbizide nach ihrer biologischen Wirkung

Wirkungsort	Substanzklasse
A) Photosynthese	
- Elektronentransport	. Harnstoffderivate
	Carboxynitrile
	Triazine
	Triazinone
	Uracilderivate
	Biscarbamate
	Hydroxybenzonitrile
	Nitrophenole
	Benzimidazole
- Carotinoidbiosynthese	. Fluometurone
	Pyridazinone
	Haloxidine
	Pyrichlor
B) Mikrotubulibildung und Mitose	. Carbamate
	Dinitroaniline
	Phosphoramide
C) Keimung und Lipidbiosynthese	. Thiolcarbamate
	Chloracetamide
D) Zellulosebiosynthese	. Dichlorbenil
E) Biosynthese aromatischer Aminosäuren	. Glyphosphate
F) Phytohormonhaushalt	. 2,4-Dichlorphenoxyessigsäure (2,4-D)
	Chlor-cholin-chlorid (CCC)

11.1.1. Hemmstoffe des photosynthetischen Elektronentransportes

Photosystem II-Herbizide sind Substanzen, die ganz verschiedenen Stoffklassen angehören, aber alle den Elektronentransport am Photosystem II hemmen. Vergleicht man die Strukturen der Photosystem II-Herbizide, so fällt auf, daß folgende zwei Substrukturen bei vielen Verbindungen vorkommen:

$$-\underline{N}-\overset{H}{\underset{\|}{C}}-\overset{}{\underset{O}{\|}}\quad \text{oder} \quad -\underline{N}-\overset{H}{\underset{\|}{C}}-\overset{}{\underset{\underset{|}{N}}{\|}}$$

Neben diesen Gruppierungen befindet sich meistens eine hydrophobe Seitenkette. Herbizide mit diesen Eigenschaften sind die in Abb. 101 abgebildeten Stoffe DCMU (3-(3,4-Dichlorphenyl)-1,1-dimethyl-harnstoff = "Diuron"), Atrazin (2-Chlor-4-ethylamino-6-isopropylamino-1,3,5-triazin) und DBMIB (2,5-Dibrom-6-methyl-3-isopropyl-p-benzochinon). Zur Entfaltung ihrer Hemmwirkung werden die Photosystem II-Herbizide an spezifische Proteine des Photosystems II gebunden. Erst seit kurzem wurden zwei verschiedene Herbizid-Binde-Proteine am Photosystem II nachgewiesen, ein 32 kD-Peptid, das hauptsächlich Phenylharnstoffderivate wie DCMU (Diuron-Typ-Herbizide) bindet und ein 42 kD-Peptid, das phenolartige Hemmstoffe (Phenol-Typ-Herbizide) bindet. Beide Proteine katalysieren den Elektronentransport vom Reaktionszentrum des Photosy-

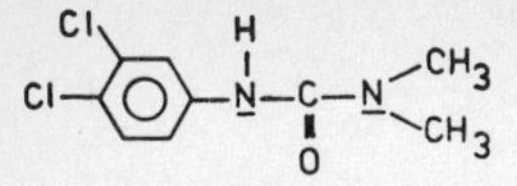

3-(3,4-Dichlorphenyl)-1,1-dimethylharnstoff; (DCMU)

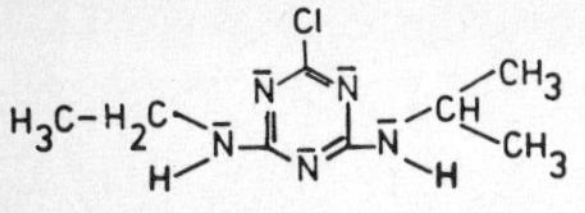

2-Chlor—4-äthylamino-6-isopropylamino-s-triazin(Atrazin)

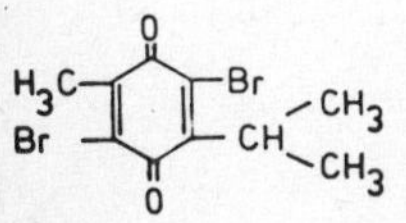

2,5-Dibromo-6-methyl-3-isopropyl-1,4-benzochinon
(DBMIB)

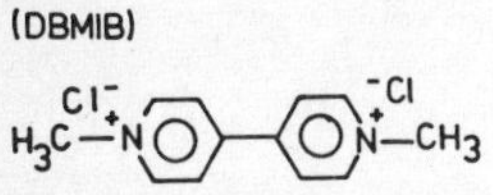

Paraquat,(Methylviologen)

Abb. 101: Strukturformel von Herbiziden, die in den photosynthetischen Elektronentransport eingreifen

stems II über Q und B zum Plastochinon-pool und schirmen die beiden Redoxsubstanzen Q und B zur Thylakoidaußenseite hin ab. Durch die Hemmung des linearen Elektronentransportes am Photosystem II wird der Quencher Q vollständig reduziert. Als Folge der Hemmung des linearen Elektronentransportes werden auch die Photophosphorylierung und die CO_2-Fixierung gehemmt.

Auf der reduzierenden Seite des Plastochinon-pools läßt sich der Elektronentransport durch das Herbizid DBMIB hemmen. DBMIB soll seine hemmende Wirkung dadurch entfalten, daß es sich an das Eisen-Schwefel-Protein des Cytochrom b-6/f-Komplexes bindet. Viologene, wie z.B. Methylviologen (1,1-Dimethyl-4,4-dipyridyl-dichlorid = "Paraquat") sind in der Lage, Elektronen von Photosystem I aufzunehmen. Dadurch wird eine Reduktion des $NADP^+$ verhindert. Die toxische Wirkung der Viologene besteht darin, daß diese Substanzen als Radikale mit molekularem Sauerstoff reagieren (E 15). Die entstandenen Peroxiradikale können mit anderen Zellsubstanzen reagieren und innerhalb des Chloroplasten und der Zelle oxidative Schäden verursachen.

11.1.2. Chlorose-induzierende Herbizide

Neben den Herbiziden, die den Elektronentransport hemmen, werden in der Landwirtschaft Chemikalien eingesetzt, die zum Ausbleichen (Chlorose) der Blätter führen. Auch bei den Chlorose-induzierenden Herbiziden bewirken chemisch völlig verschiedene Strukturen (Abb. 102) ähnliche physiologische Effekte. Alle Chlorose-induzierenden Herbizide entfalten ihre Wirkung, indem sie die Biosynthese der zyklischen Carotinoide hemmen. Dadurch reichern sich die azyklischen Carotine wie Phytoen, Phytofluen, Neurosporin, Zeta-Carotin und Lycopin an (Tab. 32).

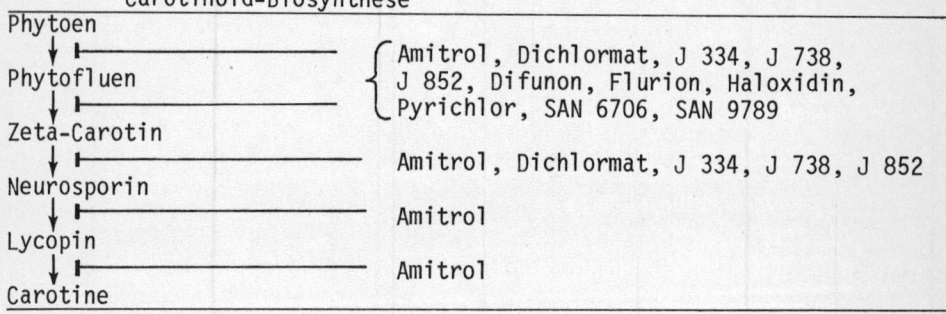

3-Amino-1,2,4-triazol (Amitrol)

4-Chlor-5-(dimethylamino)-2-(3-tri-
fluormethylphenyl)-3(2H)-pyridazinon (SAN 6706)

2-Isopropylamino-4-methyl-6-isobutyloxy-
pyrimidin (J852)

Abb. 102: Strukturformeln einiger bleichender Herbizide.

Durch das Fehlen der farbigen Carotinoide, die die Thylakoide vor photooxidativer Zerstörung schützen, bleichen die Chlorophylle aus (5.3.1.).

Tab. 32: Chlorose-induzierende Herbizide und ihr Angriffsort in der Carotinoid-Biosynthese

Phytoen	
↓ ├──────────	⎧ Amitrol, Dichlormat, J 334, J 738,
Phytofluen	⎨ J 852, Difunon, Flurion, Haloxidin,
↓ ├──────────	⎩ Pyrichlor, SAN 6706, SAN 9789
Zeta-Carotin	
↓ ├──────────	Amitrol, Dichlormat, J 334, J 738, J 852
Neurosporin	
↓ ├──────────	Amitrol
Lycopin	
↓ ├──────────	Amitrol
Carotine	

Literatur zu 11.1.:
- Böger P (1979) Action of herbicides and insecticides on the photosynthetic apparatus. Zeitschrift für Naturforschung 34c: 893-1074
- Böger P (1983) Die Photosynthetische Membran als Angriffsort für Herbizide. Biologie in unserer Zeit 13: 170-177
- Fedtke C (1982) Biochemistry and physiology of herbicide action. Springer, Berlin
- Moreland DE (1980) Mechanisms of action of herbicides. Ann Rev Plant Physiol 31: 597-638
- van Rensen JJS, Trebst A, Böger P (1983) Mode of action of herbicides in photosynthesis. Zeitschrift für Naturforschung 39c: 327-513
- Trebst A (1981) Action mechanism of herbicides in photosynthetic electron transport. In: Akoyunoglou G (ed) Photosynthesis. Balaban Intern Science Serv, Philadelphia (Vol 6) pp 507-520

11.2. Verunreinigungen der Luft

Gasförmige, feste und flüssige Schadstoffe können über die Luft zur Pflanze transportiert werden. Verunreinigungen der Luft stammen nicht nur aus dem Bereich der Industrie, auch die Haushalte und der Verkehr geben beträchtliche Mengen an Schadstoffen ab. In bebauten Gebieten führt die verminderte Luftgeschwindigkeit zu einem verminderten Gasaustausch. Gleichzeitig tritt durch erhöhte Abwärme und verminderte Wärmeabstrahlung eine Erhöhung der Temperatur auf. Verunreinigungen der Luft, die lokal in der Umgebung einzelner Industrieanlagen schon früher zu Pflanzenschäden führten, breiten sich heute über weite Areale aus ("saurer Regen", "Waldsterben").

Im Bereich der Bundesrepublik Deutschland konnten in den letzten Jahren die Staub- und die Kohlenmonoxid-Emission eingedämmt werden. Der Ausstoß an SO_2 und organischen Verbindungen steigt seit 1970 nicht weiter an. Dagegen nehmen die Stickoxidemissionen, besonders durch den Anstieg des Kfz-Verkehrs, weiter zu.

Typische Schäden an Blättern sind Verfärbungen (gelb, rot, braun) und Ausbleichen (Chlorosen), Absterben des gesamten Gewebes oder von Blatteilen (Nekrosen) oder Verätzungen der Blattoberfläche. Verkürzte Spitzenaustriebe, schlaff herabhängende Äste und verminderte Jahresringbreite sind Schadphänomene bei Bäumen. Pflanzen können auch schon vor dem Auftreten äußerlich sichtbarer Schadphänomene physiologisch krank sein.

11.2.1. Abgase

Abgase werden durch Industrie, Verkehr und Hausbrand in die Luft abgegeben. Während Kohlenoxide, Stickoxide und Kohlenwasserstoffe weltweit gesehen größtenteils in biologischen Prozessen der Natur entstehen, werden Halogene und Schwefeldioxid hauptsächlich vom Menschen erzeugt.

Abgase können entweder direkt auf die Pflanze einwirken oder wirken erst nach einer chemischen Reaktion, wie z.B. Säurebildung mit Wasser oder Oxidation im Licht, schädigend. Abgase können, an die Blattoberfläche chemisch gebunden, abgelagert werden und von dort in die Blattzellen eindringen. Häufiger gelangen Abgase jedoch über die Spaltöffnungen in das Blattinnere und von dort in die Zellen.

11.2.1.1. Kohlenoxide

Die Kohlenoxide CO und CO_2 entstehen bei Verbrennung von Erdöl, Kohle, Benzin und Holz. Kohlenmonoxid entsteht bei unvollständiger Verbrennung. Der Calvin-Zyklus und der photosynthetische Elektronentransport der Pflanze können durch CO allerdings erst in hohen Konzentrationen gehemmt werden. Oxidation von CO zu CO_2 führt dagegen im allgemeinen zu einer erhöhten Photosyntheserate. Kohlendioxid, das sich bei vollständiger Verbrennung bildet, reichert sich z.Z. in der Atmosphäre an.

Die Zunahme beträgt ca. 0,0001% pro Jahr. Die Photosynthese der gesamten Pflanzenwelt reicht nicht mehr aus, um den CO_2-Gehalt der Luft konstant zu halten. Die Anreicherung der Atmosphäre mit CO_2 hat für die Photosynthese der Pflanze primär eine positive Wirkung, da CO_2 unter normalen Bedingungen der wichtigste die Photosynthese begrenzender Faktor ist.

11.2.1.2. Schwefeldioxid

Schwefeldioxid (SO_2) entsteht bei der Verbrennung der fossilen Brennstoffe Erdöl, Kohle, Benzin und Erdgas. Jährlich werden ca. 146 Millionen Tonnen SO_2 in die Atmosphäre abgegeben. Aus Wasser und SO_2 entstehen Schwefelige Säure (H_2SO_3) und Schwefelsäure (H_2SO_4). Diese drei Verbindungen wirken stark oxidierend. Die beiden Säuren sind charakteristisch für den "sauren Regen", der neben seiner direkten Schadwirkung auch andere Schadstoffe, wie z.B. Schwermetalle, in Lösung bringt. H_2SO_3 und H_2SO_4 zerstören Chlorophylle durch die Bildung von Phäophytin und hemmen die Atmung und die Photosynthese. Speziell Ferredoxin und die RubP-Carboxylase werden angegriffen. Auch wurde eine Entkopplung der zyklischen und der nicht-zyklischen Photophosphorylieerung beobachtet.

Braune Verfärbungen der Blätter (Nekrosen) sind Anzeiger einer SO_2-Vergiftung. Der Schwefel des SO_2 kann zum Teil in Aminosäuren der Pflanze eingebaut werden (Cystein, Methionin), so daß SO_2 in geringeren Konzentrationen einen positiven Effekt auf die Pflanze hat. Pflanzen, die auf kalkhaltigem Boden wachsen, sind weniger anfällig gegen SO_2, da ein Teil der bei der Reaktion von SO_2 mit Wasser entstehenden Säuren neutralisiert wird.

11.2.1.3. Stickoxide und Ozon

Die Stickoxide NO und NO_2 entstehen bei der Verbrennung von Erdöl, Kohle, Benzin und Holz sowie bei der Düngemittelherstellung. Bei der bakteriellen Denitrifikation wird N_2O gebildet. Mit Wasser bilden Stickoxide Salpetersäure (HNO_3). In ihrer schädigenden Wirkung gleichen die Stickoxide dem Schwefeldioxid; die Schäden treten allerdings erst bei höheren Konzentrationen auf. In Verbindung mit SO_2 kann sich die Wirkung der Stickoxide allerdings potenzieren. Säure- und Oxidationsschäden sind auch für Stickoxide charakteristisch. N_2O wird mit atomarem Sauerstoff zu NO umgesetzt und wird weiter zu NO_2 oxidiert.

NO wird unter der Einwirkung von kurzwelliger Strahlung (<400 nm) in NO und atomaren Sauerstoff zerlegt. Atomarer Sauerstoff und molekularer Sauerstoff verbinden sich zu Ozon (O_3). In Verbindung mit Kohlenwasserstoffen, z.B. aus Autoabgasen, entstehen eine Vielzahl von agressiven Oxidationsprodukten, die sogenannten Photooxidantien ("Los Angeles smog"). Ozon selber ist ein starkes Oxidationsmittel. Äußerlich sichtbare Kennzeichen einer Ozoneinwirkung sind die Bildung von "Silberblättern", die vermutlich durch die Einlagerung von Luft unter der Epidermis als Folge der Zerstörung des Palisadenparemchyms auftreten. Typisch ist auch das Ausbleichen der Blattfarbstoffe auf der dem Licht zugewandten Seite. Thylakoide werden zerstört und die Chloroplastenhüllmembran wird durchlässiger, so daß die Zwischenprodukte des Calvin-Zyklus nicht mehr im Chloroplasten gehalten werden können.

11.2.1.4. Kohlenwasserstoffe

Kohlenwasserstoffe entstehen bei unvollständigen Verbrennungsprozessen. Etwa 88 Millionen Tonnen Kohlenwasserstoffe in Form von mehr als 100 chemisch verschiedenen Verbindungen werden jährlich in die Atmosphäre abgegeben. Für die Pflanze sind speziell die Kohlenwasserstoffe mit Doppelbindungen schädlich. Sie werden im Licht aber auch speziell unter Ozoneinwirkung zu hochreaktiven Oxidationsprodukten umgesetzt, die Membranen angreifen können. Als typischer Anzeiger für solche Photooxidantien gelten die Peroxyacylnitrate (PAN's). Ein für die Pflanze physiologisch hochaktiver Kohlenwasserstoff ist das Ethylen, das die Pflanze selbst als Alterungs- und Reifungshormon bildet.

11.2.1.5. Halogene

Die Halogene Fluor und Chlor und ihre Verbindungen gelangen durch die Industrie und bei der Verwendung von Treibgasen und Kühlmitteln in die Atmosphäre. Fluoride und Flußsäure (HF) können im Blatt angereichert werden. Sie hemmen Enzyme durch Bindung zweiwertiger Metallionen. So wird z.B. die Chlorophyllsynthese unterbunden. Ihre Schadwirkung ist additiv zu der von SO_2. Flußsäure und Salzsäure (HCl) schädigen die Pflanze aber auch dadurch, daß sie den pH-Wert der Zelle erniedrigen und dadurch z.B. Chlorophyll in Phäophytin umsetzen. Auch wurde eine Entkopplung der Photophosphorylierung beobachtet. Ausbleichen und Bräunen der Blätter besonders an den Spitzen sind für Halogenverbindungen typische Schäden. Auf kalkhaltigem Boden kann die Pflanze einen Teil der Halogensäuren neutralisieren.

Frigen (CCl_2F_2) und Freon (CCl_3F) sollen zur Zersetzung des vor UV-Strahlen schützenden Ozongürtels in der Stratosphäre (ca. 25 km über der Erdoberfläche) beitragen. Eine erhöhte UV-Belastung der Pflanzen führt auch zu einer verminderten Photosynthese.

11.2.2. Stäube und Aerosole

Etwa 1-2,6 Milliarden Tonnen Staub (Durchmesser größer 10 um) und Aerosole (Durchmesser kleiner 10 µm) werden jährlich in die Atmosphäre abgegeben. Bis zu 80% der Partikel in der Atmosphäre sind natürlichen Ursprungs. Stäube und Aerosole entstehen bei Verwitterung von Böden, bei Sandstürmen und bei Vulkanausbrüchen. In der Luft schweben auch die Pollen von Pflanzen und eine relativ große Menge fein verteiltes Meersalz. Stäube und Aerosole entstehen zusätzlich in der Industrie, im Verkehr und im häuslichen Bereich. In Ballungszentren enthält die Luft größere Mengen an Partikeln, die als Kondensationskeime die Bildung von Nebeln und "Dunstglocken" fördern. Die Pflanzen erhalten dadurch weniger photosynthetisch nutzbares Licht. Gleichzeitig kommt es zu einem regionalen Temperaturanstieg, da ein großer Teil der Wärmestrahlung der Sonne unter der Dunstglocke zurückgehalten wird (Treibhauseffekt, Inversion, städtische Wärmeinseln). Stäube und Aerosole besitzen eine relativ große Oberfläche und können daher Gase, Dämpfe und Salzionen adsorbieren. Auch können chemische Reaktionen an ihrer Oberfläche ablaufen.

11.2.2.1. Chemisch inerte Substanzen

Chemisch inerte Substanzen sind z.B. Ruß, der bei Verbrennungsprozessen auftritt, Gummiabrieb und Flugasche. Diese Stäube, die meist so schwer sind, daß sie sich von selbst absetzen, können die Spaltöffnungen der Pflanzen verkleinern oder verkleben. Der Gas- und Wasserhaushalt der Pflanze wird dadurch gestört. Photosynthese und Atmung sowie Wasser- und Nährstoffaufnahme werden gehemmt. Staubablagerungen auf Blättern nehmen der Pflanze photosynthetisch nutzbares Licht. Die langwelligen Wärmestrahlen der Sonne durchdringen meist die Staubauflage und heizen dadurch das Blattgewebe zusätzlich auf. Staub auf dem Boden verhindert, daß die Wurzeln der Pflanze Sauerstoff erhalten.

11.2.2.2. Chemisch aktive Substanzen

Chemisch aktive Substanzen in Stäuben und Aerosolen sind z.B. Schwermetallsalze. Sie gelangen mit dem Wasser über die Blattoberfläche oder vom Boden über die Wurzel ins Innere der Pflanze (Schadwirkung der Schwermetalle s. 11.3.2.). Kalkstäube der Industrie sind chemisch aktiv durch ihre alkalischen, ätzenden Eigenschaften. In Verbindung mit Wasser führen sie zu einem pH-Anstieg in der Zelle. Dies hat eine direkte membranzerstörende Wirkung und führt zur Hemmung von Enzymen. Außerdem entziehen Kalkstäube den Pflanzen Wasser, was zu einem Zusammenbruch des osmotischen Gleichgewichtes der Zelle führt.

Literatur zu 11.2.:
- Däßler HG (1981) Einfluß von Luftverunreinigungen auf die Vegetation. VEB G Fischer, Jena
- Heath RL (1980) Initial events in injury to plants by air pollutants. Ann Rev Plant Physiol 31: 395-431
- Jacobson JS, Hill AC (1970) Recognition of air pollution injury to vegetation: A pictorial atlas. Air pollution control association, Pittsburgh
- Odzuck W (1982) Umweltbelastungen. Ulmer, Stuttgart
- Treshow M (1984) Air pollution and plant life. J Wiley & Sons, Chichester

11.3. Verunreinigungen des Bodens

Salz und Schwermetalle gelangen über den Boden in die Wurzeln der Pflanzen. Sie können aber auch durch die Blattoberfläche, speziell durch die Spaltöffnungen, aufgenommen werden. In städtischen Regionen leiden Pflanzen oft unter Wassermangel, da ein Großteil des Bodens bebaut ist (Versiegelung des Bodens) oder das vorhandene Wasser schnell über die Kanalisation abgeleitet wird und dadurch der Grundwasserspiegel relativ niedrig liegt. Steht der Pflanze aber wenig Wasser zur Verfügung, so führt das zur Konzentrierung der Schadstoffe.

11.3.1. Salz

Kochsalz (NaCl) wird im Winter als Auftaumittel auf Straßen und Fußwege gestreut. NaCl reichert sich im Bereich der Pflanzenwurzeln an. Dadurch kommt es zur Erhöhung des osmotischen Wertes des Bodens und die Pflanze kann nur noch mit Mühe Wasser aufnehmen. Das Austrocknen der Pflanze, das sekundär auch die Photosynthese hemmt (10.3.), ist die Hauptursache von Salzschäden an Pflanzen. Durch zu hohe Salzkonzentrationen sterben die Blätter von den Rändern her ab (Blattrand-Nekrosen). Eine Versalzung des Bodens zerstört auch seine Mikroflora und führt zu Verkrustungen. An salzreiche Standorte angepaßte Pflanzen, Halophyten, haben osmotische Barrieren bzw. können Salze im Gewebe ablagern oder aktiv abgeben. Zu den Halophyten, die besonders im und am Meer leben, gehören Bakterien, Algen, Pilze und höhere Pflanzen.

11.3.2. Schwermetalle

Schwermetalle wie Zink, Kupfer, Blei, Quecksilber und Cadmium werden von der metallverarbeitenden Industrie und vom Erzbergbau über die Luft auf die Vegetation übertragen. Blei stammt zum großen Teil aus dem Entklopfungsmittel des Benzins. Jedes der genannten Schwermetalle gelangt in ca. 10^3 -10^6 Tonnen pro Jahr in die Atmosphäre. Auf die Pflanze treffen die Schwermetalle entweder elementar oder als Oxide und Halogenide. Kupfer und Zink werden von der Pflanze als Spurenelemente benötigt. Zink soll die Chlorophyll- und die IES-Synthese aktivieren. Fehlen Kupfer und Zink im Boden, so kommt es zu Wachstumsstö-

Tab. 33: Schwermetalle, ihre Emissionsquellen und ihre Wirkungen auf die Pflanze

Schwermetall	Emissionsquellen	sichtbare Schäden	Photosynthese-Schäden
Zink	Metallverarbeitung (Galvanisierung), Pestizidherstellung	rote oder blaue Blätter, geringes Wachstum	Hemmung der Chlorophyllsynthese, des linearen Elektronentransportes vor PS II, der CO_2-Fixierung und der Calvin-Zyklus-Enzyme
Kupfer	Metallverarbeitung, Farben- und Pestizidherstellung	Ausbleichen, geringes Wachstum	Bildung von Kupfer-Chlorophyll; Hemmung der Cytochrome des Ferredoxins, der Phophorylierung und des linearen Elektronentransportes vor PS II
Blei	Antiklopfmittel des Benzins, Batterien,	geringes Wachstum	Hemmung der Chlorophyllsynthese, des linearen Elektronentransportes vor PS II, des P 700 und der Calvin-Zyklus-Enzyme; verminderte Granabildung
Quecksilber	Elektrolyse, elektrische Geräte, Farbe, Pestizide	Nekrosen, geringes Wachstum	Hemmung von Enzymen, der Photophosphorylierung; Bildung von Quecksilber-Plastocyanin
Cadmium	Metallverarbeitung (Galvanisierung), Pestizidherstellung	geringes Wachstum	Hemmung der CO_2-Fixierung und des linearen Elektronentransportes vor PS II

rung und Ausbleichungen. Zu hohe Schwermetallkonzentrationen können zur Hemmung der Photosynthese und anderer physiologischer Reaktionen der Pflanze führen (Tab. 33). Dabei kann sich die Pflanze verfärben und im Wachstum zurückbleiben. Schwermetalle konkurrieren mit anderen Ionen um Enzyme und zerstören dadurch das elektrostatische Gleichgewicht der Zelle. Die Aufnahme der Schwermetalle über die Wurzel hängt von der Bodenbeschaffenheit ab. Sie nimmt mit sinkendem pH-Wert zu. Schwermetalle werden aber auch mit Wasser über die Blätter aufgenommen. Innerhalb der Pflanze werden Zink und Cadmium schnell, Blei dagegen langsam transportiert.

Literatur zu 11.3.:
- Ernst W (1974) Schwermetallvegetation der Erde. G Fischer, Stuttgart
- Kinzel H (1982) Pflanzenökologie und Mineralstoffwechsel. Ulmer, Stuttgart
- Lange OL, Nobel PS, Osmond CB, Ziegler H (1983) Encyclopedia of plant physiology. Springer, Berlin (Physiological plant ecology III, Responses to the chemical and biological environment, Vol 12 C)
- Odzuck W (1982) Umweltbelastungen. Ulmer, Stuttgart

11.4. Ionisierende Strahlung

Pflanzliche und tierische Organismen haben schon immer unter dem Einfluß von ionisierender Strahlung gestanden. Zu den natürlichen ionisierenden Strahlungsarten zählt man:
  - Neutronenstrahlung: Neutronen
  - α-Strahlung: Helium-Kerne,
  - β-Strahlung: Elektronen und
  - γ-Strahlung: elektromagnetische Strahlen.

Im Verlauf der Evolution haben sich Pflanzen und Tiere durch spezielle Schutzmechanismen an die natürliche Strahlung angepaßt. Ionisierende Strahlung kann cytoplasmatische Prozesse hemmen und DNA-Schäden erzeugen. Im Zellkern der Organismen sind Enzyme vorhanden, die DNA-Schäden bis zu einem gewissen Grad reparieren können. Gegenüber den niedrigen natürlichen Strahlendosen sind die meisten Organismen resistent. Erst bei höherer Strahlenbelastung werden die Schäden an der DNA irreparabel und die Transkription und Translation werden gestört. Zunächst kann es zu Tumorbildung und unkontrolliertem Wachstum kommen, später sterben die Zellen jedoch ab. Ionisierende Strahlung wirkt auf die Photosynthese, indem sie die Proteinsynthese hemmt. Ähnlich wie bei den Chlorose-induzierenden Herbiziden verlieren die Chloroplasten die Fähigkeit, Chlorophylle und Carotinoide zu synthetisieren. Hohe Dosen von γ-Strahlung hemmen die RNA-Polymerase.

Im zunehmendem Maße erhöht sich die Belastung durch künstlich erzeugte ionisierende Strahlung. Vor allem β-Strahler wie $^{14}CO_2$ und ^3H_2O sind in der Atmosphäre in steigender Konzentration zu finden. Sie werden von der Pflanze aufgenommen und durch die Photosynthese und andere Stoffwechselprozesse in die Pflanze eingebaut (Abb. 103). Durch diese Kontamination der Pflanze reichert sich radioaktiv markierte Substanz an und wird über die Nahrungskette auch auf den tierischen Stoffwechsel übertragen.

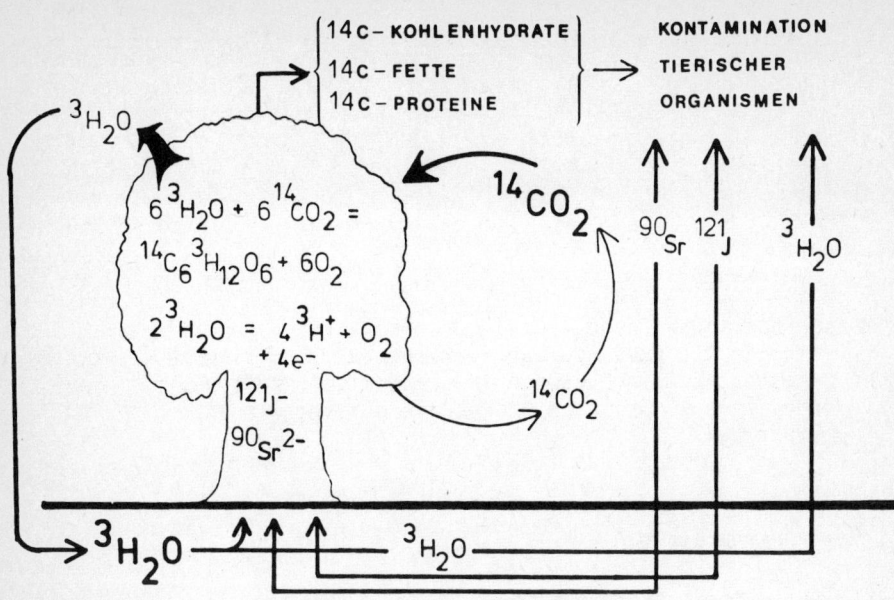

Abb. 103: Der Kreislauf radioaktiver Isotope.

Literatur zu 11.4.:
- Dertinger H, Jung H (1969) Molekulare Strahlenbiologie. Springer, Berlin
- Kiefer J (1981) Biologische Strahlenwirkung. Springer, Berlin
- Moll WLH (1982) Taschenbuch für Umweltschutz, E Reinhardt, München (Chemische und technologische Informationen, Band 1)

12. Biotechnische Ansätze zur Nutzung der Photosynthese

Der Mensch hat schon lange versucht, durch Ackerbau und Forstwirtschaft sich die Pflanzen nutzbar zu machen (2.3.2.). Heute werden Methoden getestet, z.T. auch schon angewandt, bei denen gezielt Naturstoffe produziert werden oder Bioenergie erzeugt wird.

12.1. Produktion von Biomasse

12.1.1. Gezielte Stoffproduktion

Kohlenhydrate, Fette und Proteine sind die drei Substanzklassen, die für die Ernährung von Menschen und Tieren notwendig sind. Von Natur aus Stärke-, Zucker-, Fettsäuren- und Protein-reiche Pflanzen (Tab. 5) werden durch Züchtung weiter verbessert. Auch versucht man den Zellstoffwechsel gezielt zur Produktion gewünschter Stoffe anzuregen. So bilden z.B. Algenkulturen bei Stickstoffmangel vermehrt Fette. Protein-reiche Nahrung kann man erzeugen, indem man Algen an Fische verfüttert. Besonders Mikroorganismen oder auch isolierte Enzyme haben sich schon bei technischen Synthesen von Naturstoffen, wie Aminosäuren, Zuckern, Vitaminen, Steroiden, Carotinoiden und Antibiotika bewährt. Dabei nutzt man den natürlichen Stoffwechsel von frei oder an Trägermaterialien "immobilisierten" Mikroorganismen oder Enzymen.

12.1.2. Gewebe- und Zellkulturen

Teilungsaktives Pflanzengewebe (Meristem) kann einer Pflanze entnommen und auf einem Nährmedium wieder zum Wachsen angeregt werden (E 27). Auf Agarnährböden können Pflanzenzellen eine Art Wucherungsgewebe, einen Kallus, bilden. Kallusgewebe kann durch Zugabe von Phytohormonen gezielt zur Ausbildung von Wurzeln, Sproß oder Blättern veranlaßt werden. In flüssigem Nährmedium vermehrte Pflanzenzellen nennt man Submers- oder Flüssigkeitszellsuspensions-Kulturen (E 28). Gewebe- und Zellkulturen müssen belichtet werden, damit die Photosynthese die Stoffe für das Wachstum liefern kann.

Aus Gewebe- oder Zellkulturen lassen sich besonders einfach Protoplasten herstellen (E 29). Protoplasten sind isolierte intakte Zellen, die durch Inkubation mit zellwandabbauenden Enzymen isoliert werden können und die sich in einem flüssigen Nährmedium halten lassen. Gewebe- und Zellkulturen sowie Protoplasten sind durch die genau kontrollierbaren Wachstumsbedingungen beliebte Forschungsobjekte. Die gezielte Stoffproduktion ist dagegen bisher meist noch im Erprobungsstadium.

Folgende Nutzungsmöglichkeiten bietet das Anlegen von Gewebe-, Zellsuspensions- oder Protoplasten-Kulturen:

A) Stoffproduktion
- Produktion von Inhaltsstoffen (Futtermittel, Kosmetika, Arzneistoffe)
- Produktion von Methan, Ammoniak und Wasserstoff
- Stoffumsetzung in der Pflanze (z.B. Glykosidierung)

B) Forschung
- Optimierung von Wachstumsbedingungen
- Photosynthese-Forschung
- Aufklärung von Biosynthesewegen
- vegetative Vermehrung
- Klonierung von Pflanzen
- genetische Experimente
- Entdeckung neuer Substanzen

Literatur zu 12.1.:
- Czygan FC (1984) Biogene Arzneistoffe. Vieweg, Braunschweig
- Dohmen K (1982) Biotechnologie. JB Metzler, Stuttgart
- Präve P, Faust U, Sittig W, Sukatsch DA (1984) Handbuch der Biotechnologie. R Oldenbourg, München

12.2. Produktion von Bioenergie

Die meiste Energie wird heute durch Verbrennung fossiler Stoffe wie Öl, Kohle und Erdgas gewonnen. Ein geringer Teil stammt aus der Verbrennung von lebender und regenerierbarer Biomasse, wie Holz. Energetisch gesehen würde die jährliche Biomasseproduktion den jährlichen Energiebedarf von heute um das Zehnfache decken (Angaben nach Wagner 1982):

- Weltenergieverbrauch $0{,}314 \cdot 10^{18}$ kJ / Jahr
  (konventionelle Energie 1980)
- menschlicher Nahrungsverbrauch $0{,}037 \cdot 10^{18}$ kJ / Jahr

- Gesamtbiomasse-Produktion $2{,}850 \cdot 10^{18}$ kJ / Jahr
  . Weltbiomasse der Landwirtschaft $0{,}152 \cdot 10^{18}$ kJ / Jahr
  . Weltbiomasse der Wälder $1{,}338 \cdot 10^{18}$ kJ / Jahr

Die Nutzung von Biomasse zur Energiegewinnung befindet sich noch im Erprobungsstadium. So versucht man z.B. auf "Energiefarmen" den Anbau von Pflanzen, die kurzkettige Kohlenwasserstoffe als Saft abgeben, den man direkt oder nach kurzer Aufarbeitung als Treibstoff verwenden kann. In Brasilien deckt die Produktion von Alkohol aus eigens dafür angebautem Zuckerrohr z.Z. schon 20% des Benzinbedarfs. In China werden mit 7 Millionen Anlagen, die über anaerobe Gärung Biogas erzeugen, 30 Millionen Menschen mit Energie versorgt. Im folgenden wird an zwei Beispielen gezeigt, wie der Prozeß der Photosynthese zur Produktion von Bioenergie nutzbar gemacht werden kann.

12.2.1. Produktion von Wasserstoff

Einige photosynthetisch aktive Mikroorganismen sind in der Lage, Wasserstoff zu produzieren. Bisher konnte jedoch in keinem Fall eine wirtschaftliche Wasserstoff-Produktionsrate erreicht werden. Die Vorteile einer Wasserstoff-Produktion für Energiezwecke bestehen darin, daß:
- nur Wasser und Sonnenlicht benötigt werden,
- Wasserstoff eine hohe Energieausbeute (etwa 3 fachen Heizwert gegenüber Benzin) hat,
- Wasserstoff lager- und transportfähig ist,
- die Energiegewinnung umweltfreundlich ist (bei der Reaktion mit Sauerstoff wird nur Wasser gebildet)
- Wasserstoff wichtig als Synthesekomponente der chemischen Industrie ist.

Die Forschung über den Einsatz der Wasserstoff-Produktion für die Energiegewinnung hat heute folgende Ziele:

am lebenden System:
- Selektion und Suche nach neuen Organismen mit hoher Wasserstoff-Bildungsrate
- Suche nach Methoden zum Entzug von Sauerstoff, der die Wasserstoff-bildenden Enzyme hemmt
- Suche nach verbesserten Anzuchtsbedingungen
- gentechnologische Versuche zur Optimierung der Produktionsrate
- Suche nach speziellen Inhibitoren von unerwünschten Nebenreaktionen

am zellfreien System:
- Auswahl geeigneter Komponenten
- Suche nach Mitteln, die die Stabilität der Systeme erhöhen

Den natürlichen und künstlichen Systemen ist gemeinsam, daß die absorbierte Lichtenergie einen Elektronentransport in Gang setzt. Der Elektronenakzeptor am Ende der Elektronentransportkette überträgt mit Hilfe eines Enzyms seine Elektronen auf Protonen (H^+) und es entsteht Wasserstoff (H_2). Die Fähigkeit zur Wasserstoff-Produktion wurde u.a. bei Bakterien wie Clostridium, Escherichia coli, Rhodospirillum (bis 130 ml H_2 / g Trockengewicht / h), Rhizobium und Xantobacter, bei Blaualgen wie Anabaena und Nostoc sowie bei Grünalgen wie Scenedesmus, Chlorella und Chlamydomonas nachgewiesen. In der Natur kommen die ATP-unabhängige Hydrogenase-Reaktion und die ATP-abhängige Nitrogenase-Reaktion vor.

12.2.1.1. ATP-unabhängige Hydrogenase

Einige Grünalgen können mit Hilfe des Enzyms Hydrogenase unter anaeroben Bedingungen Wasserstoff produzieren. Aus H^+ des Wassers und Elektronen des reduzierten Ferredoxins (aus der photosynthetischen Lichtreaktion oder evtl. aus dem Glucoseabbau) kann durch das Enzym Hydrogenase Wasserstoff gebildet werden (Abb. 104 a).

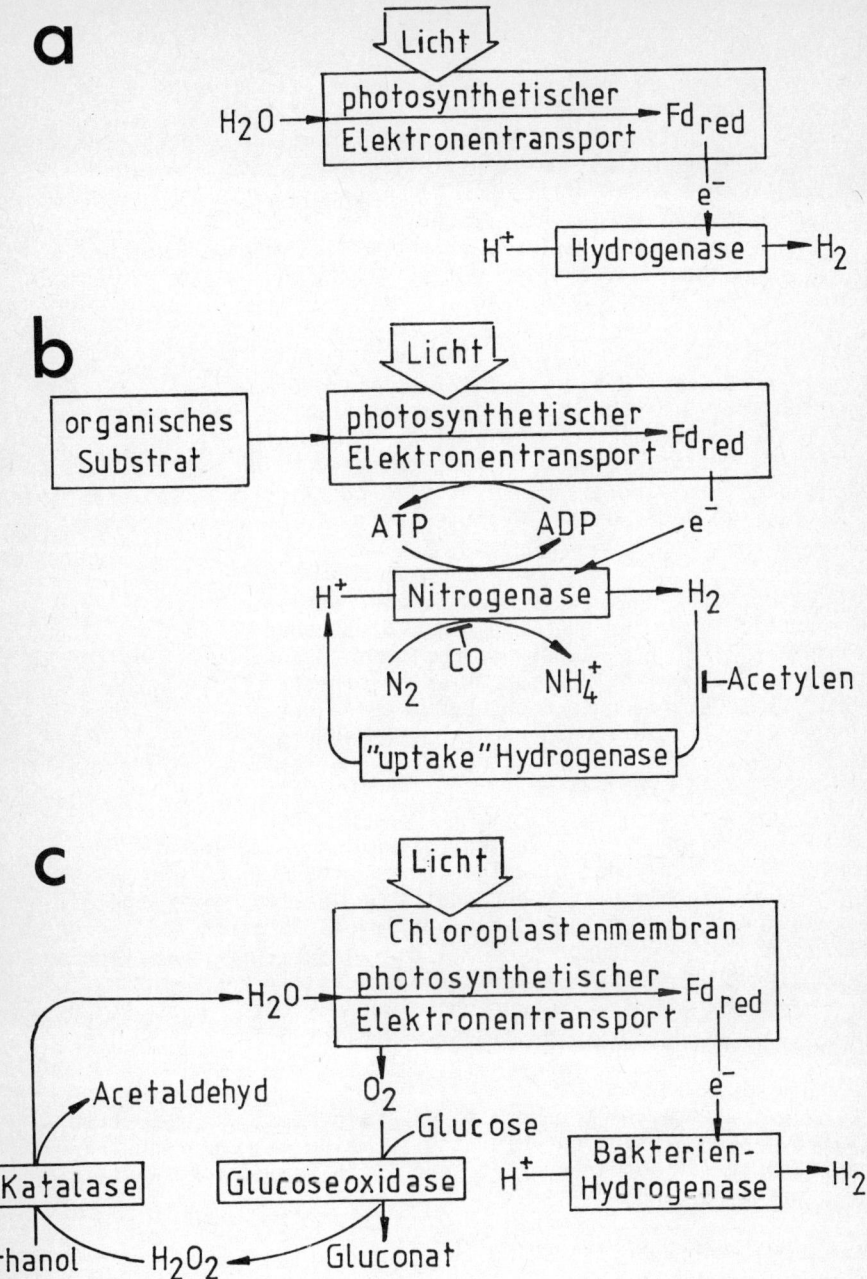

Abb. 104: Wasserstoff-Bildung bei unterschiedlichen biologischen Systemen. a) ATP-unabhängige Hydrogenase bei Grünalgen, b) ATP-abhängige Nitrogenase bei Blaualgen, c) künstliches zellfreies System.

12.2.1.2. ATP-abhängige Nitrogenase

Bei einigen fadenförmigen Blaualgen, wie z.B. Anabaena variabilis, sind bis zu 20% der Zellen als dickwandige Heterocysten ausgebildet. Diese Heterocysten enthalten Tylakoide aber keine für Blaualgen sonst typische Phycobilisomen. Außerdem besitzen sie Nitrogenase, ein Enzym, das die Reduktion von Stickstoff zu Ammoniak, aber auch die Wasserstoffbildung katalysiert. Die Elektronen für die Nitrogenase-Reaktion werden von Ferredoxin geliefert, das Bestandteil einer Photosystem I-Lichtreaktion ist (7.1.; Abb.67). Elektronendonator ist ein organisches Substrat. Photosystem II-Aktivität und die für Nitrogenase schädliche Sauerstoff-Entwicklung sind in den Heterocysten nicht vorhanden.

Normalerweise wird Wasserstoff an der Nitrogenase nur in geringem Umfang gebildet und dann durch eine sogenannte uptake-Hydrogenase wieder in 2 Protonen gespalten. Wird aber durch Spülung mit Argon dem System Stickstoff entzogen oder die Stickstoff-Reduktion mit Kohlenmonoxid unterbunden, so wird die Wasserstoff-Produktion zur Hauptreaktion. Zusätzlich kann die uptake-Hydrogenase durch Acetylen gehemmt werden (Abb. 104 b).

Die Nitrogenase-Reaktion verbraucht ATP, das aus der zyklischen Photophosphorylierung oder auch aus dem Glucoseabbau (oxidativer Pentosephosphat-Zyklus) der Heterocysten stammt. Bei einigen Blaualgen gibt es ebenso wie z.B. bei Purpurbakterien eine durch Nitrogenase katalysierte Wasserstoff-Produktion obwohl keine Heterocysten gebildet werden. Als Substrat dienen organische Verbindungen wie z.B. Lactat.

12.2.1.3. Zellfreie Systeme

Aus einem Gemisch von isolierten Chloroplasten höherer Pflanzen oder Lamellen von Grün- oder Blaualgen wurde versucht, mit Methylviologen oder Ferredoxin als Elektronendonator und Bakterien-Hydrogenase (aus Desulfovibrio, Chromatium oder Clostridium), Wasserstoff herzustellen (Abb. 104 c). Das Hauptproblem bei der Wasserstoff-Produktion ist die Hemmung der Enzyme durch Sauerstoff, Stickstoff und Ammonium-Ionen, das aufwendige Schutzvorkehrungen notwenig macht. Um den Sauerstoff abzufangen, werden Glucose-Oxidase und Glucose sowie Katalase und Ethanol zugegeben.

Am wenigsten entwickelt sind z.Z. die rein künstlichen Systeme, wie Membranen mit Farbstoffen, die stabiler sind als Chlorophyll (Rutheniumtrisbipyridyl) oder synthetische Eisen-Schwefel-Katalysatoren, die Ferredoxin ersetzen.

12.2.2. Biomembranen

In der Photosynthese wird an den Thylakoiden eine Potentialdifferenz aufgebaut. Von verschiedenen Arbeitsgruppen wird z.Z. versucht, diese Ladungstrennung direkt als Energiequelle zu nutzen. Dabei werden isolierte Thylakoide oder den Thylakoiden nachempfundene künstliche Systeme verwendet. Eine in eine Membran eingebettete lichtabsorbierende Substanz, wie z.B. Chlorophyll oder Rutheniumtrisbipyridyl, soll als Photosensibilisator bei Belichtung Elektronen an einen Elektronenak-

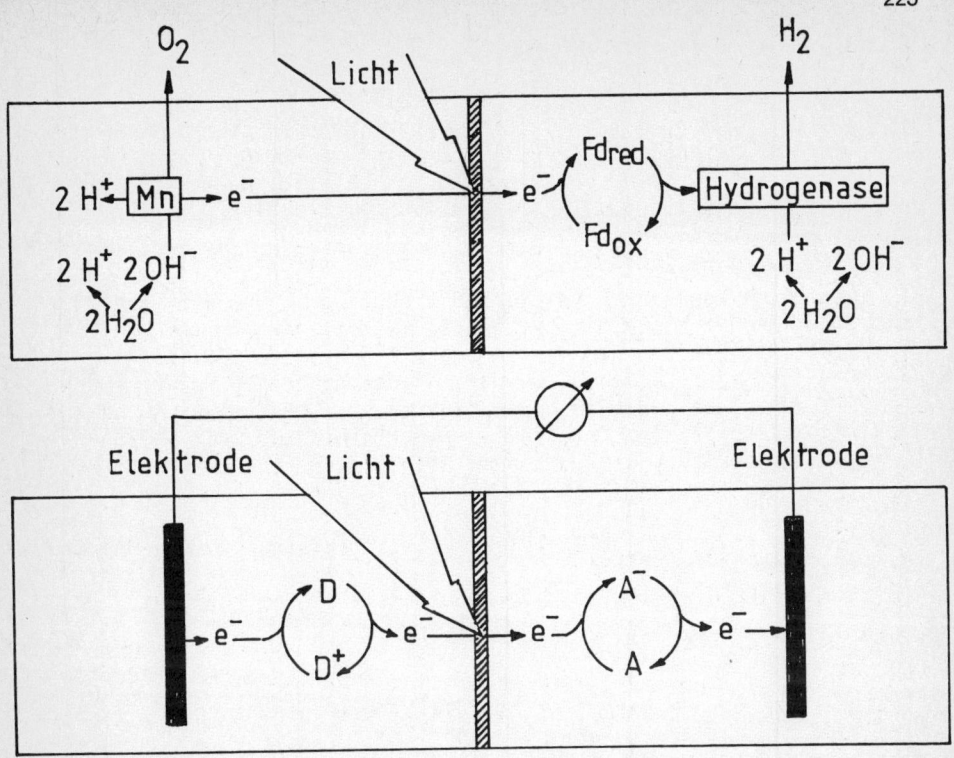

Abb. 105: Möglichkeiten zur Gewinnung von Bioenergie an Biomembranen.

zeptor (z.B. Kaliumhexacyanoferrat(III)) abgeben. Das resultierende Elektronendefizit wird von Elektronendonatoren, wie z.B. Natriumascorbat, wieder ausgeglichen. Elektronenakzeptoren und -donatoren sind durch die künstliche Membran getrennt. Mit zwei Elektroden, die an beiden Membranseiten angebracht sind, kann dann an einem solchen photogalvanischen System Strom abgenommen werden, sobald die Membran Licht erhält (Abb. 105 a).

M. Calvin schlug ein System vor, bei dem auf der einen Seite einer Membran mit einem dem Wasser-spaltenden Enzym der Photosynthese ähnlichen Mangan-Komplex als Elektronendonator Sauerstoff entwickelt wird. Gleichzeitig könnte auf der anderen Seite der Membran mit einem Ferredoxin-Analogon als Elektronenakzeptor ein Hydrogenase-Enzym Wasserstoff produzieren (Abb. 105 b).

Literatur zu 12.2.:
- Böger P (1978) Photobiologische Umwandlung der Sonnenenergie. Die Naturwissenschaften 65: 407-412
- Calvin M (1976) Photosynthesis as a resource for energy and materials. Photochem Photobiol 23: 425-444
- Hall DO (1976) Photobiological energy conversion. FEBS Letters 64: 6-16
- Plaz W, Charter P, Hall DO (1981) Energy from Biomass. Applied Science Publ, London

E 27 Anlegen einer Kalluskultur

Teilungsaktive Pflanzenzellen können in vitro unter sterilen Bedingungen zur Zellteilung angeregt werden. Dazu werden Meristemzellen aus einer Pflanze herauspräpariert und auf eine Agar-Unterlage gegeben, die zusätzlich Nährsalze und Wachstumsregulatoren enthält. Dabei bildet sich zunächst ein undifferenziertes Gewebe, ein Kallus. Je nach dem Verhältnis, in dem die Phytohormone Kinetin und IES (Indol-3-essigsäure) dem Agar zugesetzt werden, bildet der Kallus unterschiedliche Pflanzenorgane aus. Ein hoher Kinetinanteil führt zur Sproßbildung, ein niedriger Kinetinanteil zur Wurzelbildung. Mit Kalluskulturen hat man sterile Einzelgewebe mit gleicher genetischer Information.

Literatur E 27:
- Reinert J, Yoeman MM (1982) Plant cell and tissue culture. Springer, Berlin
- Werner D (1982) Biologische Versuchsobjekte. G Fischer, Stuttgart

Material

- junge Pflanzen von Daucus carota (Karotte), Spinacia oleracea (Spinat) oder Nicotiana tabacum (Tabak)
- Autoklav
- Kocher
- Rasierklingen
- Pinzette
- Alufolie
- Petrischalen
- Agar Agar
- Saccharose
- 10 g / 100 ml $HgCl_2$ (10%)
- 0,4 g / 100 ml NaOH (MG: 40,00)
- Makronährsalze (Lösung 1)
    . 16,5 g NH_4NO_3 (MG: 80,04)
    . 19,0 g KNO_3 (MG: 101,11)
    . 4,4 g $CaCl_2 \cdot 2\ H_2O$ (MG: 147,02)
    . 3,7 g $MgSO_4 \cdot 7\ H_2O$ (MG: 246,48)
    . 1,7 g KH_2PO_4 (MG: 136,09)
    zusammen in Wasser lösen und auf 1 l auffüllen
- Mikronährsalze (Lösung 2)
    . 6,2   g H_3BO_3 (MG: 61,83)
    . 1,5   g $MnSO_4 \cdot H_2O$ (MG: 169,00)
    . 0,5   g $ZnSO_4 \cdot 7\ H_2O$ (MG: 287,54)
    . 0,025 g $Na_2MoO_4 \cdot 2\ H_2O$ (MG: 241,95)
    . 0,08   g KJ (MG: 166,01)
    . 0,003 g $CuSO_4 \cdot 5\ H_2O$ (MG: 249,68)
    . 0,003 g $CoCl_2 \cdot 6\ H_2O$ (MG: 237,93)
    zusammen in Wasser lösen und auf 1 l auffüllen
- EDTA/Eisen-Lösung (Lösung 3)
    . 0,4 g EDTA $\cdot Na_2 \cdot 2\ H_2O$ = Ethylendinitrilotetraessigsäure
        (MG: 372,24)

- 0,3 g FeSO$_4$ · 7 H$_2$O (MG: 278,02)
  zusammen in Wasser lösen und auf 50 ml auffüllen
- Vitamine (Lösung 4)
  - 1   g meso-Inosit (MG: 180,16)
  - 0,005 g Pyridoxin-hydrochlorin = Vitamin b-6 (MG: 205,69)
  - 0,005 g Thiaminiumdichlorid = Vitamin b-1 (MG: 337,27)
  - 0,005 g Nicotinsäure = Vitamin B (MG: 123,11)
  zusammen in Wasser lösen und auf 1 l auffüllen
- IES (Lösung 5)
  - 0,008 g IES = Indol-3-essigsäure (MG: 175,19)
  mit 10 ml NaOH-Lösung lösen und mit Wasser auf 200 ml auffüllen
- 2,4-D (Lösung 6)
  - 0,008 g 2,4-D = (2,4-Dichlorphenoxy)-essigsäure (MG: 221,04)
  mit 10 ml NaOH-Lösung lösen und mit Wasser auf 200 ml auffüllen
- Kinetin (Lösung 7)
  - 0,008 g Kinetin = 6-(Furfurylamino)-purin (MG: 215,22)
  mit 10 ml 0,1 n HCl lösen und mit Wasser auf 200 ml auffüllen

Durchführung

Zur Herstellung des Agarnährbodens mischt man:
      100   ml   Lösung 1 (Makronährsalze),
       50   ml   Lösung 2 (Mikronährsalze),
        2,5 ml   Lösung 3 (EDTA/Eisen),
       50   ml   Lösung 4 (Vitamine) und
       20   g   Saccharose.
Der pH-Wert der Lösung wird auf 6,0 eingestellt. Dann wird mit Wasser auf 1 l aufgefüllt und 60 g Agar Agar zugegeben. Diese Lösung wird so lange aufgekocht bis sich der Agar gelöst hat. Je nach gewünschter Differenzierung gibt man zu der Agar-Lösung die Phytohormon-Lösungen hinzu:

	Differenzierung in		
Lösung	Wurzel	Kallus	Sproß
Agar-Lösung	150,0 ml	150,0 ml	150,0 ml
IES (Lösung 5)	1,0 ml	0,5 ml	0,5 ml
2,4-D (Lösung 6)	0,5 ml	0,5 ml	0,5 ml
Kinetin (Lösung 7)	0,25 ml	1,0 ml	2,5 ml
Verhältnis IES/Kinetin	1 : 0,25	1 : 2	1 : 5

Die fertige Nährbodenlösung wird 30 min im Autoklaven sterilisiert und dann in sterile Petrischalen ausgegossen. Nach dem Erkalten des Agars werden die Petrischalen verschlossen aufbewahrt.

Ansatz der Kalluskultur: Die Sproßspitze der jungen Pflanzen wird ca. 2 cm lang abgeschnitten und für 10 min in die HgCl$_2$-Lösung getaucht, um anhaftende Keime abzutöten. Anschließend werden die Sproßstückchen gründlich mit destilliertem Wasser gewaschen und auf sterile Alufolie gelegt. Mit einer Rasierklinge fertigt man dünne Schnitte parallel zum Sproßquerschnitt an und legt diese mit einer sterilen Pinzette auf den Agarnährboden. Die Petrischalen werden zugedeckt und mit Parafilm abgedichtet. Man bewahrt sie bei 25° C auf.

E 28 Anlegen einer Submerskultur aus Kallusgewebe

Aus einer Kalluskultur kann man eine Submers- oder Flüssigkeitszellsuspensionskultur herstellen, indem man das Kallusgewebe zerteilt und in ein flüssiges Nährmedium überführt. Submerskulturen haben den Vorteil, daß angebotene Nährstoffe oder Gase schneller aufgenommen werden als bei Kalluskulturen. Die Entwicklung zu einer vollständigen Pflanze ist jedoch nicht möglich.

Literatur zu E 28:
- Reinert J, Yoeman MM (1982) Plant cell and tissue culture. Springer, Berlin
- Werner D (1982) Biologische Versuchsobjekte. G Fischer, Stuttgart

Material

- Kalluskultur (E 27)
- Autoklav
- Lichtquelle
- Magnetrührer oder Schüttler
- evtl. CO_2-Gasflasche (0,5 Volumen-% CO_2)
- 500 ml Erlenmeyer-Kolben
- Nährmedium (wie bei E 27 jedoch ohne Agar, als Phytohormonquelle werden 3 ml 5%ige Kokosnußmilch zugesetzt)

Durchführung

Erlenmeyerkolben und Nährmedium werden im Autoklaven sterilisiert. Eine Kalluskultur wird vorsichtig zerkleinert und in den Erlenmeyer gegeben. Dann setzt man pro g Kallus 20 ml Nährmedium zu. Die Suspension muß dann ständig gerührt oder geschüttelt werden. Kontinuierliche Belichtung und Begasung mit CO_2 fördern das Wachstum.

E 29 Isolation von Protoplasten

Protoplasten sind isolierte Zellen, die aus verschiedenen Pflanzengeweben präpariert werden können. Sie sind für viele Experimente besonders geeignet, da sie die am leichtesten zugänglichen intakten Zellen sind. Durch die Einwirkung von Zellulase und Pektinase werden die Zellwände des ursprünglichen Pflanzengewebes abgebaut und die Protoplasten freigesetzt. Zellen, die bei der Präparation verletzt wurden, werden durch Zugabe von Mannit-Lösung plasmolysiert und somit vom intakten Gewebe abgetrennt.

Literatur zu E 29:
- Giles KL (1983) Plant protoplasts. Academic Press, New York
- Rueshink A (1980) Protoplasts of plant cells. In: San Pietro A (ed) Methods in enzymology. Academic Press, New York (Photosynthesis and nitrogen fixation, part C, Vol 69) pp 69-84

Material

- grünes Kallusgewebe von Spinacia oleracea (Spinat), Nicotiana tabacum (Tabak) oder Daucus carota (Karotte)
  oder grüne Blätter von Spinacia oleracea (Spinat), Nicotiana tabacum (Tabak), Raphanus sativus (Radieschen) oder Hordeum vulgare (Gerste)
- Zentrifuge
- Brut- oder Trockenschrank
- breite Pinzette
- Rasierklinge
- Pinzette
- Teesieb
- Petrischalen
- 70%ig wäßriges Ethanol (v/v)
- 9,1 g / 100 ml Mannit (MG: 182,18)
- 0,56 g / 100 ml KOH (MG: 56,11)
- Enzymlösung:
  . 9,1 g Mannit (MG: 182,18)
  . 0,15 g $CaCl_2 \cdot 2\ H_2O$ (147,02)
  . 0,43 g MES = 2-Morpholinoethansulfonsäure (MG: 213,25)
  zusammen in 80 ml Wasser lösen, mit KOH-Lösung auf pH 5,5 einstellen. Dazu:
  . 2,0 g Zellulase (2%)
  . 1,0 g Pektinase (1%)
  mit Wasser auf 100 ml auffüllen
- 2,94 g / 100 ml $CaCl_2 \cdot 2\ H_2O$ (MG: 147,02)
- Suspensionsmedium:
  . 60,1 g Sorbit (MG: 182,18)
  . 0,84 g $NaHCO_3$ (MG: 84,01)
  . 0,74 g $CaCl_2 \cdot 2\ H_2O$ (MG: 147,02)
  . 8,96 g Tricin = N-(Tris-(hydroxy)-methyl)-glycin (MG: 121,14)
  zusammen in 800 ml Wasser lösen, mit KOH-Lösung auf pH 7,6 einstellen und mit Wasser auf 1 l auffüllen

Durchführung

(Beispiel: Spinatblatt) Mit der Pinzette wird die untere Epidermis des Blattes abgezogen. Das Blatt wird durch Eintauchen in das 70%ige Ethanol oberflächlich sterilisiert und dann mit einer Rasierklinge in feine Streifen geschnitten. Die Schnitte werden in Mannit-Lösung gegeben und darin geschüttelt. Zur eigentlichen Protoplastenisolation werden die Schnitte in Petrischalen mit Enzymlösung inkubiert. Die Petrischalen werden 3 bis 4 Stunden bei 30° C gehalten und am Ende der Inkubationszeit vorsichtig geschwenkt. Dann gießt man die Suspension durch ein Teesieb und trennt so die Protoplasten vom übrigen Gewebe. Zur Entfernung der Enzymlösung wird die Protoplastensuspension 2 min bei 100xg abzentrifugiert. Das Sediment wird in der $CaCl_2$-Lösung suspendiert und nochmals 2 min bei 100xg zentrifugiert. Danach nimmt man die sedimentierten Protoplasten in Suspensionsmedium auf.

E 30 Messung der Wasserstoff-Produktion bei Blaualgen

Mit CO und Acetylen begaste Blaualgen bilden Wasserstoff über das Enzym Nitrogenase. Mit einer Wasserstoff-spezifischen Elektrode kann man die Wasserstoff-Entwicklung kontinuierlich messen. Wie bei der Sauerstoff-Elektrode (E 14) wird eine Spannung zwischen einer Platin- und einer Silberelektrode angelegt. Bei der Wasserstoff-Elektrode fließt der Strom jedoch in umgekehrter Richtung. Vor der Messung muß die Platinelektrode mit fein verteiltem Platin ("Platinschwarz") und die Silberelektrode mit Silberchlorid beschichtet werden. Analog zur Sauerstoff-Elektrode werden bei der Messung geringe Mengen des zu messenden Gases verbraucht:

Platin-Anode: $H_2 \longrightarrow 2 H^+ + 2 e^-$
Silber-Kathode: $2 AgCl + 2 e^- \longrightarrow 2 Ag + 2 Cl^-$

Summe: $H_2 + 2 AgCl \longrightarrow 2 Ag + 2 H^+ + 2 Cl^-$

Durch diese Reaktion an den Elektroden wird der Stromfluß zwischen Platin und Silber verstärkt und ist somit ein Maß für den vorhandenen Wasserstoff. Vor der Messung muß die Wasserstoff-Elektrode mit einer bekannten Menge Wasserstoff geeicht werden.

Literatur zu E 30:
- Wang RT (1980) Amperometric hydrogen electrode. In: San Pietro A (ed) Methods in enzymology. Academic Press, New York (Photosynthesis and nitrogen fixation, part C, Vol 69) pp. 409-413

Material

- Blaualgen z.B. Anabaena, Nostoc
- Wasserstoff-Elektrode mit Spannungsgerät und Stromstärkemesser
- yt-Schreiber (1 oder 10 mV)
- Thermostat mit Pumpe
- Lichtquelle (>20000 lx)
- CO-Gas
- Acetylen-Gas
- Wasserstoff-Eichgas

Durchführung

Zuerst muß die Wasserstoff-Elektrode mit Wasserstoff-gesättigtem Wasser geeicht werden. Dazu leitet man Wasserstoff in Wasser von genau 25° C ein. Wasserstoff-gesättigtes Wasser enthält bei 25° C 79,2 µmol H_2 / 100 ml. Das Reaktionsgefäß wird mit Wasser von 25° C ständig temperiert. Vor Beginn der Messung werden die Blaualgen im Reaktionsgefäß mit 0,15 mmol CO und 15 mmol Acetylen begast. Die Wasserstoff-Elektrode wird so aufgesetzt, daß zwischen Meßmedium und Elektrode keine Blasen zurückbleiben. Die Wasserstoff-Konzentration wird kontinuierlich im Dunkeln und bei Belichtung gemessen. Weitere Angaben zur Versuchsdurchführung und Auswertung s. E 14.

13. Photosynthese und Symbiose

Symbiosen gibt es zwischen Pflanzen, aber auch zwischen Tieren und Pflanzen. Auch innerhalb einer Zelle findet man symbioseähnliche Wechselwirkungen zwischen den einzelnen Organellen.

13.1 Pflanzliche Symbiosegemeinschaften

13.1.1 Flechten

Die Flechten stellen eine Symbiosegemeinschaft von einzelligen Grün- oder Blaualgen mit Ascomyceten (Schlauchpilzen) oder seltener mit Basidiomyceten (Hutpilzen) dar. Dabei dringen Pilzfäden, die Hyphen, in die Algenzelle ein. Pilze nehmen Wasser und Nährstoffe für die Algen auf und erhalten dafür bis zu 80% der Photosynthese-Produkte der Algen in Form von Glucose (im Falle der Blaualgen) oder Polyalkoholen (im Falle der Grünalgen). Die Pilze sondern außerdem Stoffe ab, die die Permeabilität der Algenmembran für Photosynthese-Produkte erhöhen. Auch sollen Enzyme abgegeben werden, die extrazellulär Zucker spalten können.

Flechten sind oft Pionierpflanzen, die hohe Temperaturen und lange Trockenperioden überstehen können. Die hohe Resistenz von Blaualgen wird wahrscheinlich dadurch erzielt, daß sie in den Flechten von Sporopollenin, einem Isoprenoidpolymer, das auch in den Pollen von Blütenpflanzen vorkommt, umgeben sind. Flechten besitzen keine Stomata und sind daher für Schadstoffe der Luft frei zugänglich. Einige Flechtenarten werden daher als Anzeiger für Luftverschmutzungen benutzt.

13.1.2. Mykorrhiza

Die meisten Basidiomyceten (Hutpilze) leben in Symbiose mit einer höheren Pflanze, z.B.:

```
Boletus grevillei (Goldröhrling)    Larix decidua (Lärche)
Boletus scaber (Birkenpilz)         Betula pendula (Birke)
Boletus luteus (Butterpilz)         Pinus silvestris (Kiefer)
```

Dabei umgeben die Pilzhyphen das Wurzelsystem der höheren Pflanze und dringen vereinzelt in die Rhizodermiszellen der Wurzeln ein ("ektotrophe Mykorrhiza"). Die Pilze versorgen sich somit mit den Assimilaten der höheren Pflanze. Die Pilze übertragen Wasser, Stickstoff und Phosphor in Form von Salzen aber auch Zucker, Aminosäuren und Wuchsstoffe auf den Symbiosepartner.

Bei Ericaceen, Pirolaceen und Orchideen dringen die Pilze direkt in die Zellen des Rindengewebes der Wurzel ihres Partners ein ("endotrophe Mykorrhiza"). Pilze, die Proteine, Kohlenhydrate und Fette speichern, versorgen bei vielen Orchideen die keimenden Samen mit Reservestoffen. Manche Orchideen, wie z.B Neottia nidus-avis (Nest-Korallenwurz), sind auf die Stofflieferung der Pilze angewiesen, da sie selber kaum Photosynthese betreiben.

13.1.3. Stickstoff-bindende Bakterien und Blaualgen

Eine typische Symbiose zwischen höherer Pflanze und einem Bakterium ist die Gemeinschaft von Luftstickstoff-bindenden Rhizobium-Arten mit den Leguminosen (Hülsenfrüchtler). Rhizobium löst bei den Leguminosenwurzeln durch Induktion von Zellteilung und Zellvergrößerung die Bildung von Wurzelknöllchen aus. Im Zellplasma dieser Wurzelknöllchen vermehren sich dann die Bakterien. Das Nitrogenase-Enzym der Bakterien wandelt Luftstickstoff in Ammonium-Ionen um. Als Nebenprodukt entsteht bei diesem Prozeß Wasserstoff. Die höhere Pflanze gibt Assimilate an die Bakterien ab und erhält dafür Nitrat- und Ammonium-Salze oder auch Aminosäuren. Die Stoffe der Pilze werden von den Leguminosen zum Aufbau von Proteinen verwendet. Da diese Symbiose eine künstliche Stickstoffdüngung überflüssig macht, versucht man, den genetischen Code dieses Systems auch auf andere Pflanzen zu übertragen.

Wurzelknöllchen-Bakterien finden sich auch bei Elaeagnus (Ölweide), Hippophae (Sanddorn) und Alnus (Erle). In den Tropen gibt es Bäume mit Blattknöllchen-bildenden Bakterien. Bei Chlorella ist die Symbiose mit dem Stickstoff-bindenden Bakterium Azotobakter bekannt. Der Wasserfarn Azolla bezieht Stickstoff in Form von Glutamin aus den Heterocysten von Anabaena. Diese Blaualge ist in Höhlen des Blattgewebes eingelagert und wird vom Farn zur Heterocysten-Bildung angeregt. Symbiosen findet man auch zwischen der Stickstoff-bindenden Blaualge Nostoc und Ascomyceten, Moosen (z.B. Blasia), Palmfarnen (z.B. Zamia) und der Angiospermen-Art Gunnera.

13.2. Symbiose zwischen Tieren und Pflanzen

Zwischen Planzen und Tieren gibt es vielseitige Wechselwirkungen. Die Bestäubung der Pflanzen durch Insekten ist wohl die häufigste Symbiose. Hier sei nur auf zwei Symbiose-Formen hingewiesen, bei denen Tiere die Photosynthese-Produkte der Pflanzen aufnehmen.

13.2.1. Algen-Tier-Symbiose

Einige niedere, ausschließlich im Wasser lebende Tierarten nehmen Grün-, Rot- oder Blaualgen auf, ohne sie zu verdauen (Tab. 34). Die Tiere profitieren von den Photosynthese-Produkten (Zucker und Sauerstoff) der Algen. Die Algen können ihrerseits das Atmungs-CO_2 der Tiere zur Photosynthese nutzen.

Tab. 34: Partner bei der Symbiose zwischen Algen und Tieren (nach Kremer 1976); nicht identifizierte Algen: grün = "Zoochlorellen", braun = "Zooxanthellen"

Tier	Alge
Sarcodina (Schleimtierchen)	
- Paulinella chromatophora	Synechococcus sp. (Blaulage)
- Globigerina	Zooxanthellen
- Difflugia	Zoochlorellen
Ciliata (Wimpertierchen)	
- Paramecium bursaria	Chlorella sp.
- Parapleurotes	Zooxanthellen
Porifera (Schwämme)	
- Ircina variabilis	Aphanocapsa sp. (Blaualge)
- Ephidatia	Zoochlorellen
Hydrozoa (Polypen)	
- Hydra viridis	Chlorella sp.
- Velella velella	Endodinium chattonii
- Halecium	Zooxanthellen
Scyphozoa (Scyphopolypen)	
- Cassiopeia spec.	Gymnodinium microadriaticum
Anthozoa (Korallentiere)	
- Actinia	Zooxanthellen
- Anemonia	Zooxanthellen
- Favia	Zooxanthellen
Turbellaria (Strudelwürmer)	
- Amphiscolops langerhansi	Amphidinium clepsii
- Convoluta rescoffensis	Platymonas covolutae
- Convoluta convoluta	Licmophora hyalina
- Dalyellia	Zoochlorellen
Lamellibranchiata (Muscheln)	
- Anodonta	Zoochlorellen
- Tridacna	Zooxanthellen
Gastropoda (Schnecken)	
- Limnaea	Zoochlorellen
- Aeolis	Zooxanthellen

13.2.2. Chloroplasten-Schnecken-Symbiose

Einige marine Schnecken, wie Saccoglossa, Tridachnia, Tridaciella, Elysia und Placobranchus, enthalten Chloroplasten, die die Schnecken aus Schlauchalgen (Caulerpa oder Codium) isolieren. Die Chloroplasten bleiben mehrere Wochen in den Darmdivertikeln der Schnecken photosynthetisch aktiv. Die Wechselwirkungen zwischen Chloroplasten und Schnecke verlaufen analog zu denen zwischen Algen und Tieren.

13.3. Die Pflanzenzelle als symbiontisches System

Innerhalb einer Pflanzenzelle gibt es eine Vielzahl von Wechselwirkungen zwischen den einzelnen Zellkompartimenten. Das Cytoplasma steht in Wechselwirkung mit den einzelnen Zellorganellen: dem Kern, den Chloroplasten und den Mitochondrien. Die einzelnen Zellorganellen können auch untereinander in Wechselwirkung stehen: z.B. Peroxisomen mit Chloroplasten und Mitochondrien.

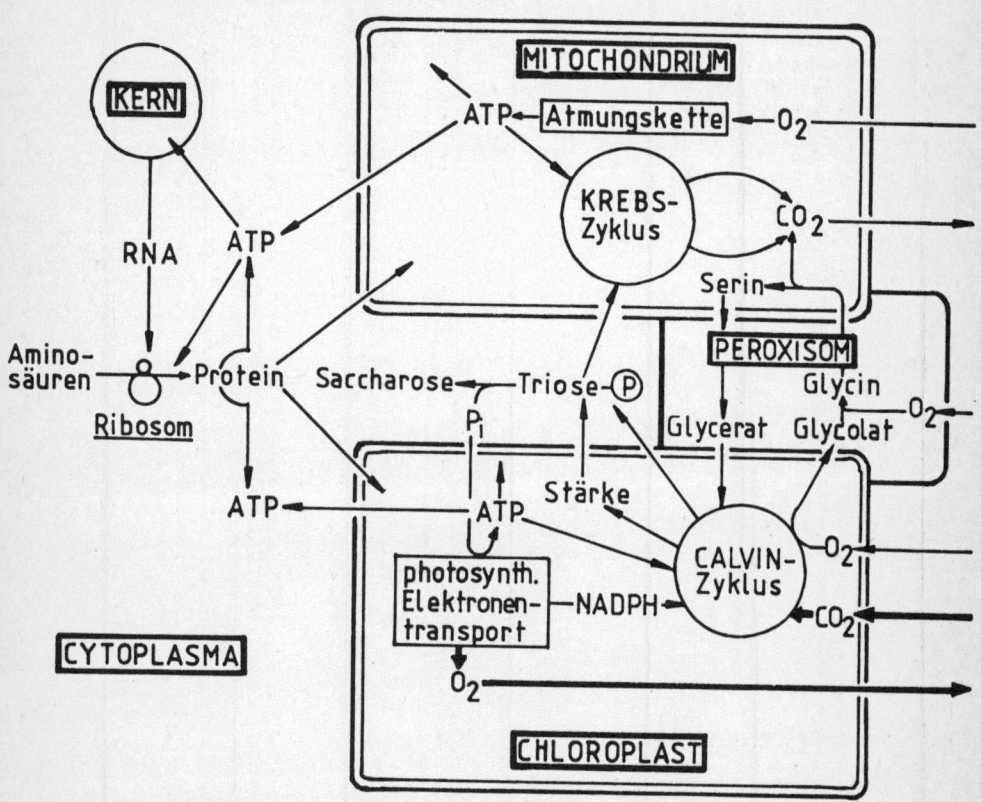

Abb. 106: Symbioseartige Wechselwirkungen innerhalb einer Zelle.

Wie bei der Symbiose zwischen artverschiedenen Organismen besteht zwischen den einzelnen Zellkompartimenten eine gegenseitige Abhängigkeit zum beiderseitigen Nutzen. Einige Wissenschaftler vertreten die Hypothese, daß Zellorganellen, wie Chloroplasten, ursprünglich in die Zelle eingewanderte Mikroorganismen sind ("Endosymbionten-Hypothese"). Die Wechselwirkungen in der Pflanzenzelle sind besonders komplex, da mehr als zwei Partner vorhanden sind (Abb. 106).

Vom Kern werden messenger- und transfer-RNA, sowie ribosomale RNA ins Cytoplasma abgegeben. Dort tragen die RNA-Moleküle zur Bildung der Proteine an den Ribosomen bei. Proteine verbleiben im Cytoplasma oder werden in die durch Membranen abgetrennten Zellorganellen eingeschleußt. Aus den Chloropasten wird Triosephosphat exportiert, das aus dem Calvin-Zyklus oder aus dem Abbau von Stärke stammt. Dieses Triosephosphat wird im Cytoplasma zu Saccharose umgesetzt oder in die Mitochondrien transportiert, wo es im Krebs-Zyklus zu CO_2 abgebaut wird.

Bei der Bildung von Saccharose entsteht Phosphat, das in die Chloroplasten transportiert wird und dort bei der ATP-Bildung verbraucht wird. ATP der Chloroplasten und Mitochondrien wird in das Cytoplasma und von dort teilweise in den Kern exportiert, wo es für endergonische Prozesse gebraucht wird. Im Verlauf der Lichtatmung kommt es zum Stoffaustausch zwischen Chloroplasten und Peroxisomen, sowie zwischen Mitochondrien und Peroxisomen. CO_2 und Sauerstoff können zwischen Chloroplasten, Mitochondrien und Peroxisomen ausgetauscht werden.

Literatur zu 13:
- Harley JL, Smith SE (1983) Mycorrhizae symbiosis. Academic Press, London
- Kremer BP (1982) Algen/Wirbellosen-Endosymbiosen. Naturwissenschaften 69: 428-435
- Mathes U, Feige GB (1983) Ecophysiology of lichen symbiosis. In: Lange OL, Nobel PS, Osmond CB, Ziegler H (eds) Encyclopedia of plant physiology. Springer, Berlin (Physiological plant ecology III, Responses to the chemical and biological environment, Vol 12 C) pp 423-467
- Stewart WDP (1978) Nitrogen fixing cyanobacteria and their associations with eucaryotic plants. Endeavour 2: 170-179
- Stocking CR, Heber U (1976) Encyclopedia of plant Physiology. Springer, Berlin (Transport in plants III, Intracellular interactions and transport processes, Vol 3)

Fachbücher zum Thema Photosynthese

A) Spezielle Photosynthese-Bücher

- Akoyunoglou G (1981) Photosynthesis. Balaban International Science Service, Philadelphia (Vol 1-6)
- Avron M (1975) Procceedings of the 3rd international congress on photosynthesis. Elsevier, Amsterdam (Vol 1-3)
- Barber J (1976) The intact chloroplast. Elsevier, Amsterdam
- Barber J (1982) Electron transport and photophosphorylation. Elsevier, Amsterdam
- Clayton RK (1980) Photosynthesis - Physical mechanism and chemical patterns. Cambridge University Press, Cambridge
- Edwards G, Walker D (1983) C_3, C_4: Mechanisms and cellular and environmental regulation of photosynthesis. Blackwell Scientific Publ, Oxford
- Forti G, Avron M, Melandri A (1972) Proceedings of the 2nd international congress on photosynthesis research. Dr W Junk Publ, Den Haag (Vol 1-3)
- Gibbs M, Latzko E (1979) Encyclopedia of plant physiology. Springer, Berlin (Photosynthesis II, Photosynthetic carbon metabolism and related processes, Vol 6)
- Govindjee (1975) Bioenergetics of photosynthesis. Academic Press, New York
- Govindjee (1982) Photosynthesis. Academic Press, New York (Energy conversion by plants and bacteria, Vol 1)
- Govindjee (1982) Photosynthesis. Academic Press, New York (Development, carbon metabolism and plant productivity, Vol 2)
- Hatch MD, Boardman NK (1981) The biochemistry of plants. Academic Press, New York (Photosynthesis, Vol 8)
- Heath OVS (1972) Zur Physiologie der Photosynthese. Thieme, Stuttgart
- Hoffmann P (1975) Photosynthese. Akademie Verlag, Berlin
- Kirk JTO, Tilney-Basset RAE (1978) The plastids. Elsevier, Amsterdam
- Metzner H 81969) Progress in photosynthesis research. Tübingen (Vol 1-3)
- Mitsui A, Black CC (1982) CRC Handbook of biosolar resources. CRC Press, Boca Raton (Basic principles, Vol 1)
- Rabinowitch E, Govindjee (1969) Photosynthesis. J Wiley, New York
- Ruhland W (1960) Handbuch der Pflanzenphysiologie. Springer, Berlin (Die CO_2-Assimilation, Band 5)
- Sybesma C (1984) Advances in photosynthesis research. Martinus Nijhoff/Dr W Junk Publ, Den Haag (Vol 1-4)
- Trebst A, Avron M (1977) Encyclopedia of plant physiology. Springer, Berlin (Photosynthesis I, Photosynthetic electron transport and photophosphorylation, Vol 5)

B) Pflanzenphysiologie-Bücher mit ausführlichem Photosynthese-Teil

- Heß D (1970) Pflanzenphysiologie, Ulmer, Stuttgart
- Leopold AC, Kriedemann PE (1975) Plant growth and development. Mc Graw Hill, New York
- Libbert E (1979) Lehrbuch der Pflanzenphysiologie. G Fischer, Stuttgart
- Mohr H, Schopfer P (1978) Lehrbuch der Pflanzenphysiologie. Springer, Berlin
- Nobel PS (1983) Biophysical plant physiology and ecology. WH Freeman, San Francisco
- Richter G (1982) Stoffwechselphysiologie der Pflanzen. Thieme, Stuttgart
- Strasburger E u.a. (1983) Lehrbuch der Botanik. G Fischer, Stuttgart

C) Ökophysiologie-Bücher mit ausführlichem Photosynthese-Teil

- Kreeb K (1974) Ökophysiologie der Planzen. VEB G Fischer, Jena
- Lange OL, Nobel PS, Osmond CB, Ziegler H (1981) Encyclopedia of plant physiology. Springer, Berlin (Physiological plant ecology I, Responses to the physical environment, Vol 12 A)
- Lange OL, Nobel PS, Osmond CB, Ziegler H (1982) Encyclopedia of plant physiology. Springer, Berlin (Physiological plant ecology II, Water relations and carbon assimilation, Vol 12 B)
- Lange OL, Nobel PS, Osmond CB, Ziegler H (1983) Encyclopedia of plant physiology. Springer, Berlin (Physiological plant ecology III, Responses to the chemical and biological environment, Vol 12 C)
- Lange OL, Nobel PS, Osmond CB, Ziegler H (1983) Encyclopedia of plant physiology. Springer, Berlin (Physiological plant ecology IV, Ecosystem processes: Mineral cycling productivity, man´s influence, Vol 12 D)
- Larcher W (1984) Ökologie der Pflanzen. Ulmer, Stuttgart
- Morris I (1980) The physiological ecology of phytoplankton. Blackwell Scientific Publ, Oxford
- Round FE (1981) The ecology of algae. Cambridge University Press, Cambridge
- Steubing L, Schwantes HO (1981) Ökologische Botanik. Quelle & Meyer, Heidelberg

D) Methodische Bücher mit ausführlichem Photosynthese-Teil

- Bukatsch F (1980) Das kleine pflanzenphysiologische Praktikum. G Fischer, Stuttgart
- Coombs J, Hall DO (1982) Techniques in bioproductivity and photosynthesis. Pergamon Press, Oxford
- Jakobi G (1974) Biochemische Cytologie der Pflanzenzelle. Thieme, Stuttgart
- Lichtenthaler HK, Pfister K (1978) Praktikum der Photosynthese. Quelle & Meyer, Heidelberg
- Metzner H (1982) Pflanzenphysiologische Versuche. G Fischer, Stuttgart
- San Pietro A (1971) Methods in enzymology. Academic Press, New York (Photosynthesis, part A, Vol 23)
- San Pietro A (1972) Methods in enzymology. Academic Press, New York (Photosynthesis and nitrogen fixation, part B, Vol 24)

- San Pietro A (1980) Methods in enzymology. Academic Press, New York (Photosynthesis and nitrogen fixation, part C, Vol 69)
- Schopfer O (1976) Experimente zur Pflanzenphysiologie. Springer, Berlin
- Sestak Z, Catsky J, Jarvis PG (1971) Plant photosynthetic production - Manual of methods. Dr W Junk Publ, Den Haag
- Urbach W, Rupp W, Sturm H (1983) Praktikum zur Stoffwechselphysiologie der Pflanzen. Thieme, Stuttgart
- Williams BL, Wilson K (1978) Praktische Biochemie. Thieme, Stuttgart

Sachregister

A1, A2 84
Absorptionsmessung 40f., 97f.
Absorptionsspektrum
  Allophycocyanin 60
  Bakterien 61
  Bakteriochlorophyll 60
  Blatt 57, 59, 60, 186
  Blaualgen 187
  Braunalgen 187
  Carotinoide 58
  Chlorobium-Chlorophyll 60
  Chlorophylle 56, 57, 58, 97f.
  Chloroplasten 59
  Cytochrom f 47, 48
  Fucoxanthin 60
  Grünalgen 59
  Phycocyanin 60
  Phycoerythrin 60
  Rotalgen 187
  Tieftemperatur 59, 66
Adenosin-5´-triphosphat, s. ATP
ADP-Glucose 134
Aerosole 215f.
aktivierte Glucose, s. UDP-Glucose
akzessorische Pigmente 18, 73, 186
Aldolase 118, 119, 123
Allophycocyanin 18, 27, 60, 73, 74
Amylopektin 134
Amyloplasten 162
Amylose 134, 142
Anregungszustand 55f., 63f.
Antennen 70ff., 87, 155, 175
apparente Photosynthese, s. Netto-Photosynthese
Aspartat 128, 129, 133, 143
  -aminotransferase 128
Assimilate 133ff., 143f., 231f.
  Biosynthese 133f.
  Speicherung 134f.
  Transport 133f.

ATP 3, 195
  Bildung 54, 89f., 147, 157, 158
  Messung 111f.
  Phosphatübertragung 76, 117, 121, 122, 123, 134
  Verbrauch 2, 54, 117, 121, 122, 123, 124, 126, 129, 147, 149, 158, 166, 188, 224, 235
ATP/2 e$^-$-Verhältnis 93
ATPase 25, 26, 75, 90, 91f., 163, 177
  Regulation 94
  Struktur 91f.
ATP-Synthase 94
Auge, spektrale Empfindlichkeit 55, 56

B (QB) 51f., 80, 82f., 87, 88, 183, 211
Bakterien-Photosynthese 86, 92, 153ff.
Bakteriochlorophyll 18, 19, 60, 74, 153
Bakteriorhodopsin 95, 96
Beleuchtungsstärke 202, 203
Bestrahlungsstärke 201, 202, 203
Bicarbonat (HCO_3^-) 83, 117, 136, 137, 149
Bioenergie 221ff.
Biolumineszenz 111, 112
Biomasse 11ff., 220f.
Biomembran, künstliche 224f.
Brutto-Photosynthese 136, 146, 151, 182

δ^{13}C-Wert 126, 130
C_3-Pflanzen 127
  Biomasseproduktivität 13
  CO_2-Fixierung, s. Calvin-Zyklus

C_3-Pflanzen
   CO_2-Kompensationspunkt 141, 197
   Lichtatmung 126, 146f.
   Lichtsättigung 126, 182
   Quantenbedarf 188
   Stomataöffnung 199f.
   Temperaturoptimum 126
   Umstellung auf CAM 132
C_4-Pflanzen 127
   Biomasseproduktivität 13, 146
   Chloroplasten-Dimorphismus 125f., 128, 129, 149
   CO_2-Fixierung 126, 128f.
   CO_2-Kompensationspunkt 141, 197
   Lichtatmung 126, 146, 149
   Lichtsättigung 126, 182
   Quantenbedarf 188
   Stickstoffbedarf 196
   Stomataöffnung 199
   Temperaturoptimum 126, 131, 192
C-550 82
Calvin-Zyklus 54, 115ff., 122, 155, 157, 158, 175
   ATP-Bedarf 121
   Komponenten 115f., 122
   Lichtaktivierung 117, 118, 121, 123, 124
   $NADPH/H^+$-Bedarf 121
   Regulation 123 f.
   Temperaturotpimum 192
CAM-Pflanzen 127
   CO_2-Fixierung 125, 128f., 192
   Lichtsättigung 126
   Quantenbedarf 188
   Säuregehalt 144f.
   Stomataöffnung 199
   Temperaturoptimum 126
   Umstellung auf C_3 132
Carboanhydrase 117
Carboxylierung, s. CO_2-Fixierung
Carotinoide 18, 19, 25, 73f., 153, 161, 162, 163, 179, 186
   Absorption 58
   Biosynthese 164f., 167f., 177, 210, 211f., 218
   Fluoreszenz 63
   Isolation 34f., 35f.
   Messung 40f.
   Triplett 71f.
CF_0 91f., 177
CF_1 91f., 177, 193
Chalkophyten 196, 217f.

chemiosmotische Hypothese 90f., 95f.
Chemosynthese 157ff.
Chlorid (Cl^-) 81, 124, 194, 195, 196
Chlorobium-Chlorophyll 18, 60
Chlorophylle 18, 25, 195
   Absorption 56, 57, 58, 97f.
   Anregungszustände 56f., 62f.
   in Antennen 71f.
   Biosynthese 163f., 166, 175, 177, 195, 217, 218
   Fluoreszenz, s. Fluoreszenz
   Isolation 34f., 35f.
   Messung 40f.
   Protein-Komplexe 26, 44f., 58, 59, 72, 74
Chloroplasten 22, 23ff., 125, 161, 162, 179, 234
   Absorption 59
   chemische Zusammensetzung 24f.
   -Dimorphismus bei C_4-Pflanzen 125f., 128, 129, 149
   DNA 176f.
   Entstehung 161f.
   Hüllmembran, s. Envelope
   Intaktheit isolierter Chloroplasten 32f.
   Isolation 28f.
   -Schnecken-Symbiose 233
   Ultrastruktur 23f., 162f.
Chlorose 211, 213, 214, 215, 217, 218
chromatische Adaptation 186
Chromoplasten 26, 162
CO 213
CO_2
   -Diffusionswiderstand 198f., 204
   -Düngung 196
   Einfluß auf Photosynthese 196f., 213f.
   Einfluß auf Stomata 132, 199f.
   Fixierung bei Bakterien 155f.
   Fixierung bei C_4-Pflanzen 126, 128f., 197
   Fixierung im Calvin-Zyklus, s. Calvin-Zyklus
   Fixierung bei CAM-Pflanzen 126, 130f., 192
   -Kompensationspunkt (Γ) 141, 196f.
   -Kreislauf 7f.

CO_2
  Messung 136f.
Coupling-Faktor, s. CF_0, CF_1
Crassulaceen-Säurestoffwechsel (CAM) 130f., 144f.
Cytochrom (Cyt)
  b-559HP 25, 78, 81, 87, 163
  b-559LP 25, 78, 89
  b-563 (b-6) 25, 78, 80, 83, 88, 177
  b-6/f-Komplex 83, 86, 87, 88, 89, 211
  c 154, 155
  f 25, 47f., 78, 80, 83, 84, 87, 88, 154, 177, 179

DBMIB 51, 106, 107, 210f.
DCMU 51, 103, 106, 107, 210f.
Decarboxylierung 128ff.
Desaktivierung 62ff.
Diffusionswiderstand 198f., 204
Dihydroxyacetonphosphat (DHAP) 118, 119, 122, 123, 124, 133f., 174
Diphosphoglycerat (DPGS) 117, 122, 123
Diurnaler Säurerhythmus, s. Crassulaceen-Säurestoffwechsel
Druckstrom-Hypothese 134
Dunkelatmung 146, 147
Dunkelreaktion, s. Calvin-Zyklus

elektrochemische Potentialdifferenz 90, 94, 95
Elektronenakzeptoren 3, 77f., 105f., 107, 157, 223, 224
Elektronendonatoren 3, 77f., 106f., 107, 153, 157, 223, 224
Elektronentransport 77ff.
  entkoppelt 107
  gekoppelt 108
  Kinetik 87
  Komponenten 81f.
  linearer 79f., 105f., 175
  Messung, s. Hill-Reaktion
  nicht gekoppelter 108
  nicht-zyklischer, s. linearer
  Prinzip 77f.
  pseudozyklischer 86, 147
  räumliche Anordnung der Komponenten 87
  zyklischer 83, 86, 154, 155, 175
Emerson-Effekt 189f.
endergone Reaktionen 1, 2f.

Endosymbionten-Hypothese 23, 176, 234
energetisiertes Thylakoid 90
Energie
  -äquivalent, s. ATP
  -fluß 9f.
  -niveau, s. Anregungszustand
  -transfer, s. Energieübertragung
  -übertragung 70f., 99, 101, 175, 195
Enthalpie 1f., 90
Entkoppler 107, 214, 215
Entropie 2
Entwicklung
  erdgeschichtliche 5f.
  der Photosynthese-Aktivität im Licht 161, 175f.
  stammesgeschichtliche 20f.
Envelope 24, 25, 31f., 177, 195, 214
Erythrose-4-phosphat (E4P) 119, 122
Etioplasten 161, 162, 163, 175, 177
Eukaryonten 7, 20f.
Evolution 5f.
exergone Reaktionen 1, 2f.
Extinktion 40
Exzitonentransfer, s. Energieübertragung

Ferredoxin (Fd) 78, 80, 85, 86, 88, 107, 124, 154, 155, 156, 163, 177, 179, 195, 214, 217, 222, 223, 224
  -NADP-Reduktase (FNR) 25, 78, 80, 85, 88, 177
  -reduzierende Substanz (FRS) 80, 84, 86, 87, 88, 154
  -Thioredoxin-System 117, 124, 195
Flechten 231
Fluoreszenz (des Chlorophylls) 62ff.
  Anregungsspektrum 66f., 98f.
  Emissionsspektrum 64, 65f., 98f.
  Induktionskinetik 51f., 68f., 100f.
  prompte 63f.
  schnelle, s. prompte
  verzögerte 63f., 68f.
Frost 192

Fructose-1,6-bisphosphat (FbP) 115, 118, 119, 121, 122, 123, 133, 134
  -aldolase 118, 177
  -ase 118, 119, 123, 124, 134, 177, 195
Fructose-2,6-bisphosphat 134
Fructose-6-phosphat (F6P) 118, 119, 122, 123, 129, 133, 134
  -2-kinase 134
Fucoxanthin 18, 27, 60, 73

Galaktolipide 24, 25, 26, 161, 163, 172f., 177
Gewebekulturen 220, 226f., 228
Glucose
  aktivierte, s. UDP-Glucose
  -1-phosphat 133, 134
  -6-phosphat 122, 133, 134
Glühlampe 185, 203
Glutamat 128, 129, 163, 164
Glycerinaldehydphosphat (GAP) 115, 117, 118, 119, 120, 122, 123, 133f.
  -dehydrogenase 117, 124, 177
Glycolat 133, 143, 147f., 148, 149
Glykogen 134
Grana 26, 162, 175
  -thylakoide 26, 76, 89
Grundzustand 55f., 62f., 79
Grünlücke 186, 188

H^+/ATP-Verhältnis 93
H^+/e^--Verhältnis 93
Halogene 215
Halogenlampe 185
Halophyten 196, 217
Hammett-Gleichung 208f.
Herbizid-Binde-Protein 82, 177, 183, 210
Herbizide 207f.
Hill-Reagenzien, s. Elektronen- akzeptor
Hill-Reaktion 105f.
Hitze 106, 107, 192, 193
Hydrogenase 154, 159, 222, 223, 224, 225

Infrarot (IR) 56, 58, 183
  -Falschfarben-Photographie 61
"inside/out"-Partikel 87
intracytoplasmatische Membran 19

ionisierende Strahlung 5, 218f.

Kalluskulturen 220f., 226f.
Kälte 192
Katalase 106, 147f., 163, 195, 223, 224
Kautsky-Effekt, s. Fluoreszenz- Induktionskinetik
Kohlenhydrate, s. Assimilate
Kohlenwasserstoffe 215
Kranztyp-Anatomie 125, 128

Ladungstrennung 79, 155, 224
Lambert-Beer'sches-Gesetz 40
Leitbündelscheidenzellen 125, 128
Licht (sichtbare Strahlung) 55
  -absorption 40, 55f., 60, 67, 97f.
  Enzymaktivierung 94, 117, 118, 121, 123, 124, 132
  -intensität 93, 94, 131, 178, 179, 181f., 201f.
  -Kompensationspunkt 179, 182
  künstliches 185
  Messung 201f.
  -qualität 178, 179, 183f., 201f.
  -reflexion 60, 61, 67, 68
  -sättigung 126, 179, 181
  -streuung 41, 57, 183, 185, 186
Lichtatmung 123, 126, 146ff., 183, 235
  ATP-Verbrauch 149
  Hemmstoffe 147, 148, 149
  Komponenten 147f.
  Messung 150f.
  NADPH/H^+-Verbrauch 149
  Regulation 123f., 149f.
Lichtreaktion 54ff.
"light harvesting"-Chlorophyll a/b-Protein (LHCP) 26, 44f., 66, 74f., 87, 175, 177, 179
  Phosphorylierung 76, 101, 190

Magnesium 28, 75, 76, 194f.
  Enzyminduktion 115, 116, 118, 121, 123, 124
Malat 128, 129, 130, 131, 132, 133, 143, 144, 201
  -dehydrogenase 128, 130, 131
Mehler-Reaktion 86f., 147
Methylviologen 78, 105, 106, 107, 211, 224

Mineralstoffe 194f.
Mitchell-Hypothese, s. chemiosmotische Hypothese
Mitochondrium 21, 22, 23, 95, 96, 147, 148, 176, 234, 235
Mykorrhiza 231f.

NAD 128, 129, 131, 147, 148, 155, 156, 157, 158
 -Malat-Enzym 126, 128, 129, 130, 131
NADP 54, 78, 80, 85, 88, 92, 110, 117, 121, 122, 123, 124, 126, 128, 129, 147, 148, 154, 155, 166
 -Malat-dehydrogenase 128, 130, 131, 132, 177
 -Malat-Enzym 126, 128, 129, 130
 -Reduktion 85, 110f.
Nekrose 213, 214, 217
Netto-Photosynthese 136, 146, 151, 182
Nitrogenase 154, 223, 224, 230, 232
Normalpotential 77f.
Nutzpflanzen 12

Ökosystem 7f.
Oxalacetat 128, 129, 130, 131, 133, 155
Ozon (O_3) 8, 214, 215

P-430 84
P 680 68, 70, 72, 78, 79, 80, 82, 87, 88, 175
P 700 49f., 72, 78, 79, 80, 84, 86, 87, 88, 154, 175, 217
P 840 154, 155
P 870 154, 155
Peroxisomen 21, 22, 147, 234, 235
Pflanzenzelle 21f.
Phäophytin 78, 82, 214, 215
Phäoplasten 27
Phosphat-Translokator 24, 117, 124, 133, 172, 174, 177
Phosphoenolpyruvat (PEP) 128, 129, 130, 131, 132, 155, 201
 -carboxykinase 126, 128, 129, 130, 141
 -carboxylase 126, 128, 130, 131, 132, 195, 199, 201

Phosphoglycerat (PGS) 115, 116, 117, 122, 123, 126, 129, 143, 147, 148, 149, 156
 -kinase 117, 123, 177
Phosphoglycerinaldehyd, s. Glycerinaldehydphosphat
Phosphoglycerinsäure, s. Phosphoglycerat
Phosphoglycolat 118, 122, 123, 143, 147, 148
Phospholipide 24, 25, 26, 163, 174
Phosphoreszenz 63, 64
Phosphoribulo-Kinase 121, 123, 124, 177
Phosphorylierung des LHCP 76, 101, 190
Photoinhibition, s. Starklichtstreß
Photolyse, s. Wasserspaltung
Photooxidantien 72, 214, 215
Photophosphorylierung 89ff., 193, 195
 lineare 92f., 175
 Messung 111f., 114f.
 nicht-zyklische, s. lineare
 pseudozyklische 92f.
 Regulation 94
 Temperaturoptimum 192
 Thermodynamik 89f.
 zyklische 92f.
Photorespiration, s. Lichtatmung
Photosynthese
 apparente, s. Netto-Photosynthese
 Dunkelreaktion, s. Calvin-Zyklus
 Geschichte der Forschung 14f.
 Lichtreaktion 54ff.
 -Produkte, s. Assimilate
photosynthetisch aktive Strahlung (PAR, PhAR) 10, 183
Photosystem I (PS I) 72, 74f., 87f., 93, 101, 125, 175, 189f.
Photosystem II (PS II) 72, 74f., 87f., 93, 101, 125, 175, 189f.
Phycobilisom 20, 27
Phycocyanin 18, 19, 27, 60, 73, 74
Phycoerythrin 18, 19, 27, 60, 73, 74
Phyllochinon 25
 Biosynthese 166, 172
 Isolation 34f., 35f.

Phyllochinon
  Messung 40f.
Phytochrom 178, 179
Phytohormone 178, 201, 220, 226
Pigment-Protein-Komplexe, s.
  Chlorophyll-Protein-Komplexe
Pigmentsysteme, s. Photosysteme
Plastiden
  Entwicklung 161f.
  Isolierung 28f.
  Ultrastruktur 23f., 161f.
Plastochinon (PQ) 25, 76, 78,
  80, 82, 83, 87, 88, 92, 95,
  154, 179
  Biosynthese 166, 170
  Isolation 34f., 35f.
  Messung 40f., 51f.
Plastocyanin (PC) 78, 80, 84,
  87, 88, 154, 163, 177, 195,
  217
Plastoglobuli 25, 162, 163
Prokaryonten 7, 18f.
Prolamellarkörper 161, 175
Proplastiden 161, 162
Prothylakoide 161
Protochlorophyllid 161, 164,
  165, 175
Protonengradient 90, 95, 117,
  124, 195
  Messung 114f.
Protonen-Kanal 90, 91, 92
"proton-motive-force" (pmf) 91,
  92, 94
Protoplasten 220f., 228f.
Pyruvat 128, 129, 130, 131, 155

Q (Quencher) 51f., 78, 80, 82,
  87, 88, 101, 183, 211
Q-Hypothese 101
Q-Zyklus 83
QB, s. B
Quantenausbeute 187f.
Quantenbedarf 187
Quantenstromdichte 202
Quecksilber-Hochdrucklampe 185,
  203

Reaktionszentrumschlorophyll,
  s. P 700, P 680, P 840, P 870
"red-drop" 189
Redoxpotential 3, 77f.
Redoxreaktion 3, 77f.
Redoxsubstanzen 3, 77f.
  künstliche 78, 105, 106
  natürliche 78

Reduktionsäquivalent, s. NADP
Reduktions-Oxidations-Reaktion,
  s. Redoxreaktion
Reduktiver Carbonsäure-Zyklus
  155, 156
Reduktiver Pentosephosphat-Zyklus, s. Calvin-Zyklus
Reflexion 60, 61, 67, 68
Rf-Wert 36
Rhodoplasten 27
Ribose-5-phosphat (R5P) 120,
  121, 122, 123
  -isomerase 120, 121, 123, 177
Ribulose-1,5-bisphosphat
  (RubP) 115f., 121, 122, 123,
  124, 129, 143, 147, 148, 149,
  156
  -carboxylase 115f., 123, 124,
  126, 130, 131, 141, 147,
  149, 150, 177, 179, 192,
  193, 195, 214
  -oxygenase 123, 147, 149,
  150, 192
Ribulose-5-phosphat (Ru5P) 120,
  121, 122, 123, 124
  -epimerase 120, 123
Rieske-Eisen-Schwefel-Protein
  80, 83, 88

S-Zustände des Wasser-spaltenden Enzyms 81, 82
Saccharose 133f., 143, 234, 235
Salz (NaCl) 216f.
Sauerstoff 8, 81, 123, 149, 198
  -Entwicklung 81, 192
  -Kreislauf 8
  Messung 103
  -Reduktion 86, 147, 157, 158,
  159
  -reduzierender Faktor (SRF)
  86
  Singulett-Zustand 72, 183
  -Verbrauch 86, 123, 146f.
Schattenpflanzen 178, 179, 181,
  182
Schließzellen 23, 200, 201
Schwefeldioxid (SO_2) 214, 215
Schwermetalle 194f., 216, 217f.
Sedoheptulose-1,7-bisphosphat
  (SbP) 119, 120, 122, 123
  -ase 119, 120, 123, 124, 195
Sedoheptulose-7-phosphat (S7P)
  120, 122, 143
sichtbare Strahlung, s. Licht
Siebröhren 133, 134

Siebzellen 133, 134
Singulett-Zustand 56, 62
sink 17, 135, 178
Solarkonstante 9
Sonnenlicht 58, 183
Sonnenpflanzen 178, 179, 181, 182
source 17, 135, 178
Spaltöffnung, s. Stomata
"spill over" 74f., 175
Stärke 25, 118, 122, 124, 130, 134, 162, 234
  Abbau 124
  Biosynthese 134
  Messung 142
Starklichtstreß 147, 182f., 192, 193
"state 1" 75f., 101, 189f.
"state 2" 75f., 101, 189f.
Stäube 215f.
Stickoxide 8, 214
Stickstoff-Fixierung 224
Stokes-Shift 65
Stomata 21, 132, 179, 192, 193, 195, 199f., 204, 213, 216
stomatäre Leitfähigkeit 198f., 204f.
stomatärer Diffusionswiderstand 193, 198f., 204f.
strahlenloser Übergang 62f., 65f., 67f.
Stroma 24, 25f.
  -thylakoide 26, 76, 89
Sulfolipid (SL) 24, 25, 26, 163, 172f.
Symbiose 231f.

Tageslicht 183, 184
Temperatur 126, 131, 147, 149, 179, 191f., 197, 198
Thioredoxin 117, 124, 195
Thylakoid 24, 25, 26f., 87f., 90, 91, 161, 162
Tierzelle 21f.
α-Tocopherol 25, 107f.
  Biosynthese 166, 170f.
  Isolation 34f., 35f.
  Messung 40f.
Transketolase 119, 120, 123, 177
Transmission 40, 60, 61
Triosephosphat 118, 121, 122, 124, 129, 133, 143, 234
  -dehydrogenase 123
  -isomerase 118, 123, 177

"tri-partite"-Modell 74f.
Triplett-Zustand 62

Ubichinon 95, 154, 155
UDP-Galaktose 173
UDP-Glucose 133
Ultraviolett (UV) 5, 8, 56, 215
Unkräuter 208

Vant-Hoff´sche Regel 191
Vitamin K_1, s. Phyllochinon

Warburg-Effekt 149, 198
Wärmeabstrahlung 62f., 65f., 67f.
Wasser
  -Kreislauf 8f.
  Lichtabsorption 183, 184, 185
  -mangel, s. Wasserstreß
  -spaltendes Enzym (WSE) 25, 80, 81f., 87, 88, 163, 192, 195, 225
  -spaltung 6, 81f., 92
  -streß 132, 147, 192, 193, 199, 201, 216
Wasserstoff 222f.
  -Entwicklung 212
  Messung 230
Wasserstoffperoxid (H_2O_2) 86, 147, 148
Wellenlänge (λ) 55
Wirkungsgrad 188
Wirkungsspektrum 186f.
  Algen 187
  Blatt 186
  PS I, PS II 189

X 78, 80, 84, 86, 87, 88
X-320 82
Xylulose-5-phosphat (Xu5P) 119, 120, 122, 123

Y 81

Z 81
Z-Schema 79, 80
Zellkompartimente 21f.
Zellkulturen 220f., 228f.
Zentrifugalkraft 28
Zickzack-Schema 79, 80

H. Mohr, P. Schopfer

Lehrbuch der Pflanzenphysiologie

3., völlig neubearbeitete und erweiterte Auflage. 1978.
639 Abbildungen, 35 Tabellen. IX, 608 Seiten
Gebunden DM 84,-. ISBN 3-540-08739-7

Das Buch ist eine von Grund auf neu gestaltete, inhaltlich stark erweiterte Darstellung der gesamten Pflanzenphysiologie, insbesondere für Biologie-Studenten mittlerer und höherer Semester.
Wie in den früheren Auflagen steht der Verständnisprozeß (experimentelle Daten, Hypothesen, Thoerien) im Vordergrund. Die Abschnitte über Stoffwechselphysiologie wurden erheblich erweitert und auf den neuesten Stand gebracht. neu hinzugekommen ist ferner ein umfangreiches Kapitel über Ertragsphysiologie. Die exemplarische Darstellung – häufig anhand von Fallstudien – wurde noch stärker zur Bewältigung der Stoffülle ausgenützt. Neben einer ausgewogenen Darstellung der derzeitigen Theorien und Hypothesen legten die Autoren eine besondere Betonung auf die wesentlichen experimentellen Grundlagen. In 639 Abbildungen und 35 Tabellen präsentieren sie vorwiegend quantitative Daten in einheitlicher Nomenklatur unter Verwendung des SI-Einheitssystems. Nach jedem der 49 Kapitel folgen Angaben über weiterführende Literatur. Damit versteht sich dieses Lehrbuch als Grundlage und gleichzeitig auch als Brücke zur aktuellen Forschung.

P. Schopfer

Experimente zur Pflanzenphysiologie

Eine Einführung

Nachdruck. 1976. 40 Abbildungen. 416 Seiten
Broschiert DM 32,-. ISBN 3-540-07736-7
Erstauflage erschien bei Verlag Rombach, Freiburg

Inhaltsübersicht: Einleitung. – Die qualitative Analyse einiger Pflanzeninhaltsstoffe. – Pflanzliche Pigmente. – Die chromatographische Trennung einiger Pflanzeninhaltsstoffe. – Die quantitative Analyse einiger Pflanzeninhaltsstoffe. – Die Keimung. – Das Wachstum. – Die Steuerung der Entwicklung durch Phytohormone. – Die Regeneration. – Das Wachstum und die Differenzierung von Geweben. – Die Steuerung der Entwicklung durch Licht. – Die Ernährung der Pflanze. – Die Dissimilation. – Die Photosynthese. – Der Wasserhaushalt. – Anhang.

Springer-Verlag
Berlin
Heidelberg
New York
Tokyo

H. Remmert

Ökologie

Ein Lehrbuch

3., neubearbeitete und erweiterte Auflage. 1984.
188 Abbildungen. X, 334 Seiten
Broschiert DM 48,–. ISBN 3-540-13681-9

„… das unkonventionelle Herangehen an den Gegenstand, die Originalität der Betrachtungsweise und eine eingängige Sprache auf der einen, die souveräne Stoffbeherrschung, Verantwortungsbewußtsein und eine realistische Einschätzung auf der anderen Seite sprechen einen breiten Leserkreis an. Die große Stärke des Buches liegt in der dynamischen Betrachtung, in der Einführung in Beziehungsgefüge und im Mut des Autors, auch Hypothesen zu berücksichtigen.…"
Biologische Rundschau

E. A. Birge

Bakterien- und Phagengenetik

Eine Einführung

Übersetzt aus dem Englischen von H. Matzura, E. Zyprian
1984. 111 Abbildungen. XVI, 311 Seiten
Broschiert DM 68,–. ISBN 3-540-13125-6

Inhaltsübersicht: Besonderheiten der Prokaryonten und ihrer Genetik. – Die Gesetze der Wahrscheinlichkeit und ihre Anwendung auf Kulturen und Prokaryonten. – Mutationen und Mutagenese. – Der Bakteriophage T4 als genetisches Modellsystem. – Die Genetik anderer intemperente Bakteriophagen. – Die Genetik der temperenten Bakteriophagen. – Transduktion. – Die Transformation. – Die Konjugation. – Das F-Plasmid. – Andere Plasmide als F.-Regulation. – Reparatur und Rekombination von DNA-Molekülen. – Das Gen-Spleissen und die Herstellung künstlicher DNA-Strukturen. – Zukunftsentwicklungen. – Sachverzeichnis.

Springer-Verlag
Berlin
Heidelberg
New York
Tokyo